U0215082

安全技术经典译丛

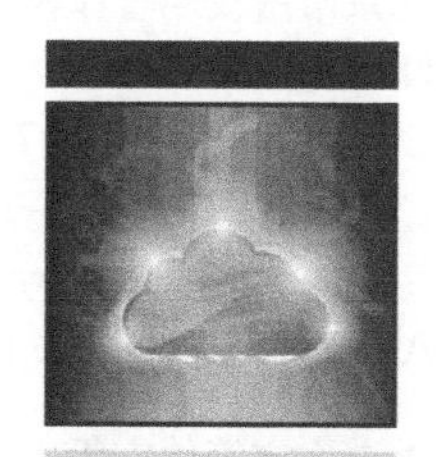

网络安全防御实战

——蓝军武器库

[美] 纳迪斯・坦纳(Nadean H. Tanner) 著
贾玉彬 李燕宏 袁明坤 译

清华大学出版社
北 京

北京市版权局著作权合同登记号 图字：01-2019-5239
Nadean H. Tanner
Cybersecurity Blue Team Toolkit
EISBN：978-1-119-55293-2

图书在版编目(CIP)数据

网络安全防御实战：蓝军武器库/(美)纳迪斯•坦纳(Nadean H. Tanner)著；贾玉彬，李燕宏，袁明坤 译. —北京：清华大学出版社，2020.5（2023.5 重印）
(安全技术经典译丛)
书名原文：Cybersecurity Blue Team Toolkit
ISBN 978-7-302-55164-5

Ⅰ. ①网… Ⅱ. ①纳… ②贾… ③李… ④袁… Ⅲ. 计算机网络—网络安全—手册 Ⅳ. ①TP393.08-62

中国版本图书馆 CIP 数据核字(2020)第 049054 号

责任编辑：王　军
装帧设计：孔祥峰
责任校对：成凤进
责任印制：杨　艳

出版发行：清华大学出版社
网　　址：http://www.tup.com.cn，http://www.wqbook.com
地　　址：北京清华大学学研大厦 A 座　　邮　　编：100084
社 总 机：010-83470000　　邮　　购：010-62786544
投稿与读者服务：010-62776969，c-service@tup.tsinghua.edu.cn
质 量 反 馈：010-62772015，zhiliang@tup.tsinghua.edu.cn
印 装 者：涿州市般润文化传播有限公司
经　　销：全国新华书店
开　　本：170mm×240mm　　印　　张：15.75　　字　　数：312 千字
版　　次：2020 年 5 月第 1 版　　印　　次：2023 年 5 月第 4 次印刷
定　　价：68.00 元

产品编号：085201-01

来自全球的赞誉

网络安全指南中的翘楚之作！

——N. Riley

我在过去几年阅读的大多数网络安全书籍都重点讨论一些高级主题，这些主题对于那些尚未达到中级水平的人士而言过于深奥；也有些书籍只介绍一些浅显的理论知识，却避谈实际流程和概念。

而本书的选材恰到好处，十分新颖，为那些开始从事网络安全工作的人士提供了强有力的基础。为便于读者理解，本书使用了一些形象的类比。我已在网络安全领域工作了10多年，仍从书中学到不少新知识。

我发现，一旦你专攻某个网络安全领域(如探测、恶意软件分析等)，就会逐渐远离与自己的日常工作无关的其他基本技能。因此，本书对那些从一个专业领域过渡到另一个专业领域的人很有帮助。如果你是一位网络安全新手，或想复习一些自己不常接触的基础知识，强烈向你推荐本书！

一本优秀的入门书籍。

——Nick

本书编排精妙，开头精细讲解一些基础知识，然后循序渐进地过渡到一些较高级的主题。如果你是安全领域的新人，或从事渗透测试工作，一定能从书中学到大量宝贵的技巧。

精品书籍，令人爱不释手！

——Robert J. Taylor

本书通俗易懂，内容广泛，极具启发性，将激发你的求知欲。本书适合刚进入IT安全领域的人士学习。

初级和中级从业人员的良师益友！

——Kennedy

对于初级和中级从业人员而言，本书无疑是指路明灯。通过本书，可学到一些基础知识，也能了解其他同事正在做哪些工作。我是一名从业时间超过 10 年的项目经理，我觉得本书文字生动有趣，内容紧贴实用。

技术价值高，物超所值！

——PeteyPeacock

我以前从未写过书评，但发现本书内容丰富，十分有用，自己颇受启发，于是想写一点感想。起初，我的同事买了本书，他认为这是一本上佳的参考书，于是推荐给我。作者思路清晰，呈现足够多的技术信息，将为新手指明前进的方向。

本书行文简洁，让你在学习过程中保持专注，将为你提供极佳的知识补充。

妙趣横生，极富价值。

——Lisa C

作为一名 22 年的银行会计专业人员，我认为本书第 13 章关于社会工程的信息是最有用的。我的 IT 经验和知识十分有限，但我可通过插图和表格，一目了然地汲取知识营养。

作者擅长传道授业，她很好地将自己的知识和经验转化为其他人容易理解的内容。如果你有兴趣了解更多网络安全知识，我强烈向你推荐本书。

译者序

多年来一直有翻译信息安全专业书籍的想法，但一直没有去尝试。这次碰巧美国同事 Nadean H. Tanner 的这本书出版，有朋友建议我尝试翻译。于是我联系 Nadean 表达了我的意愿。Nadean 非常支持我做这件事，并热情地把我介绍给 Wiley 出版社的助理发行人 Jim Minatel，在 Jim 的帮助下我联系上了 Wiley 中国的版权经理 Elena Luo，Elena 又把我介绍给清华大学出版社的王军老师，最终实现了我翻译本书的愿望，李燕宏和袁明坤也参与翻译了本书的部分内容，感谢你们。

关于中文版书名的问题和王军老师进行了反复讨论和斟酌，最后我们决定沿用原作者的意愿，Blue Team 翻译成"蓝军"，表示防守方的意思。国内通常将"蓝军"定义为攻击方，与本书作者的用词相反，特在这里进行澄清，希望不会给读者带来困惑。也因此基于对 Blue Team 的翻译，我们把 Toolkit 译成了"武器库"，这样也和蓝军相对应。

在翻译本书之后我越发感觉这是一本极好的信息安全基础书籍，内容基础但又非常重要及实用，坚实的基础对于信息安全行业来说至关重要。本书很适合信息安全从业者、IT 运维人员、大专院校相关专业的学生阅读。由于是第一次翻译书籍，难免存在用词方面的瑕疵，还请读者多多指正。

作者简介

当我 7 岁的儿子向他二年级的全体同学介绍我时，他是这样说的："我妈妈教人们如何保护他们的电脑不被坏人攻击。她有一把蓝光剑。"

从市场营销到培训，从网络开发到硬件，我在 IT 技术行业工作了 20 多年。我曾在教育界担任过私立小学/中学的 IT 主管，还在路易斯安那州立大学作为技术讲师教授研究生课程。我曾在企业界为《财富》50 强企业提供培训和咨询，并具有在美国国防部工作和培训的实践经验，专注于先进的网络安全技术和认证培训。目前，我是 Rapid7 的首席教育技术专家，负责管理 Nexpose、InsightVM、Metasploit、Ruby、SQL 和 API 的课程和教学相关工作。

我喜欢我所做的一切——作为作者、培训讲师和工程师——一点一滴地让世界更安全。

我目前拥有的认证如下：

A+
Network+
Security+
CASP
Server+
CIOS
CNIP
CSIS
CISSP
MCSA
MCITP
MCTS
MCP
AVM
NCP
MPCS
IICS
IVMCS
ITILv3

技术编辑简介

Emily Adams-Vandewater (SSCP、Security +、Cloud +、CSCP、MCP)是位于纽约长岛的 Flexible Business Systems 公司的技术战略和安全经理，她专注于网络安全和漏洞管理、备份和数据恢复、端点保护和事件响应领域。她拥有恶意软件和网络入侵分析、检测和取证方面的认证和专业知识。Emily 活跃于各种女性技术团体，并且通过自愿担任 ICS2 考试开发和各种网络安全会议的专家来分享自己的知识。在业余时间，Emily 学习新的安全工具和技术，以满足自己对知识和未知事物的探索欲望。

致　　谢

首先，我要感谢 Jim 看到了我的潜力并问我是否愿意写一本书。其次，感谢 Kathi 和 Emily，她们拥有丰富的专业知识和足够的耐心。我认为我们是一个很棒的团队！

感谢 Eric 和 Spencer，感谢你们的支持！感谢 Josh，你是最好的意见征询人。

感谢我最好的朋友 Ryan 和 Tiffany，我爱你们。等我写完这本书就有时间和你们一起在楼下餐厅吃美味的炸鸡翅了！

感谢我同母异父的姐姐Shannan，是你不经意的一句话给了我最初的灵感，让我有了写书的想法。你开启了我的写作生涯。

谢谢你 Magen，是你鼓舞了我。

致 Nathan 和 Ajay，虽然我们的职业发展方向和以前不一样了，但我们仍在从事教育方面的工作。和你们在一起工作的经历，让我变得更加强大。

Rob，绰号 CrazyTalk，谢谢你给我讲解哈希。

Nicole，如果用中国的阴阳学术来比喻你和我的关系，我就是“阴”，你就是“阳”，我们是互补的，每当我向你征求意见时，你总能给我很棒的建议。

Lisa，你是我认识的最有耐心、最有爱心的人之一。感谢 Julie，你是我最神奇的导师和最亲密的朋友。

序　言

2012年，我在自己的职业生涯中迈出了一大步，从美国的一端搬到另一端。我领导着一个三人小组，为国防部人员提供信息技术和安全培训。这个领导角色对我来说是崭新的，过去八年来我一直在情报和信息安全领域工作，大部分时间都是作为培训讲师。在2012年秋季组建团队的过程中，我面试了路易斯安那州一位名叫Nadean H. Tanner的优秀候选人。她充满个性、魅力，最重要的是她有能力做培训，并且她在面试过程中的培训演示环节证明了这一点。我知道她是合适的候选人并几乎立即雇用了她。招聘Nadean仍然是我做出的最佳决定之一，她是我所知道的最伟大的培训讲师之一。我认为出色的培训讲师不会机械地重复讲授所掌握的知识，而是有能力以不同方式讲解一个主题，以便每位学习者都能理解。Nadean的讲授方式体现了这一理念。

Nadean已经培训了数千名学员，从硬件到高级安全等主题。在每节课中，她都会花费时间和精力确保每个学员能学到他们需要的知识。无论是为了完成工作而学习一个产品，还是为了提高自己的专业技能，或是想通过认证来促进职业发展，Nadean都可以胜任这些方面的培训。如果你有机会参加她的一个培训班，你就会认识到她是一位很棒的培训讲师。如果没有机会参加她的培训班，请读一读这本书，你会有相同的感受。我很高兴看到她转向作者身份，让每个人都能体验到她以简单的方式解释复杂主题的能力。

在网络安全领域，我们不断受到新产品、新工具和新攻击技术的轰炸。我们每天都在想尽办法确保信息系统的安全。在本书中，Nadean将向你详细阐述基本工具，这包括用于故障排除的常用IT工具，这些工具可帮助安全团队了解自己的IT环境。她将介绍攻击者使用的工具，但也可以让你和你的团队使用它们来主动保护安全。具体来说，作为读者，你不仅可以享受Nadean传授知识的能力，还可以享受她解释原因的神奇能力。Nadean将深入探讨为什么要使用这些工具以及具体的用例，而不是仅讲解工具的使用方法。对于许多刚进入网络安全领域的读者来说，本书应该被视为入门指南。对于那些处于职业生涯中期或更高级别的读者来说，本书可以作为参考指南。本书不应该被收藏在你的书架上，而是应该放在桌上。

多年来，我一直是 Nadean 的经理、同事、伙伴，最重要的是亲爱的朋友。我们分享了关于如何学习，学到了什么以及如何将信息传递给学员的故事。作为本书的拥有者，将可以轻松享受 Nadean 对高级安全主题的简单而全面的解释。与其花更多时间阅读这篇序言，不如扎进书中学习、更新或提高你的网络安全技能。

Ryan Hendricks, CISSP
CarbonBlack 培训经理

前 言

“你知道的越多，就会感到自己不知道的也越多。”

——亚里士多德

“如果不能简单地解释它，就说明尚未真正理解它。”

——爱因斯坦

如果你曾经是一名渔夫，或曾经是渔民的朋友，或与渔民有过一定的接触，就会知道他们最喜欢的东西之一就是钓具箱，最喜欢做的事情之一是讲故事。如果你对他们钓具箱里的任意一样东西因为好奇而提问，那么请准备好听他们长篇大论地讲钓鱼探险的故事吧。比如跑掉的鱼有多大，被钓上来的鱼有多大，以及他们使用了什么样钓钩和浮标，等等。经验丰富的渔夫要学会适应他们所处的状况，并且需要特别了解钓具箱中的所有工具——非常清楚何时何地以及如何使用它们——这样才能钓到大鱼或捕到更多的鱼。

在网络安全方面，我们有自己的装备箱，有自己的有趣工具。为了取得成功，我们必须了解何时何地以及如何使用我们的工具并适应所处的技术场景。掌握专业知识需要时间来了解何时使用哪种工具、哪些产品可以找到漏洞并修复它们，在必要时抓住坏人。

现实中存在许多哲学、框架、合规性和供应商。你如何知道何时使用哪个工具？一旦你知道使用哪个工具，那么如何使用它呢？本书将教你如何在多种情况下应用最佳的网络安全策略和场景，指导你了解哪些开源工具最有利于保护我们动态和多层面的环境。

本书将简单并策略性地介绍网络安全管理和实践专业人员可以获取的最佳实践和随时可用的工具——无论他们是行业新手还是仅仅希望获得专业知识。

目　录

第 1 章　基础网络和安全工具……1
1.1　ping……2
1.2　IPConfig……4
1.3　NSLookup……7
1.4　Tracert……9
1.5　NetStat……10
1.6　PuTTY……14
第 2 章　Microsoft Windows 故障排除……17
2.1　RELI……18
2.2　PSR……19
2.3　PathPing……21
2.4　MTR……23
2.5　Sysinternals……24
2.6　传说中的上帝模式……27
第 3 章　Nmap——网络映射器……29
3.1　网络映射……30
3.2　端口扫描……32
3.3　正在运行的服务……33
3.4　操作系统……35
3.5　Zenmap……36
第 4 章　漏洞管理……39
4.1　管理漏洞……39
4.2　OpenVAS……41
4.3　Nexpose Community……46

第 5 章 使用 OSSEC 进行监控 ······ 51
5.1 基于日志的入侵检测系统 ······ 51
5.2 agent ······ 54
5.2.1 添加 agent ······ 56
5.2.2 提取 agent 的密钥 ······ 57
5.2.3 删除 agent ······ 58
5.3 日志分析 ······ 59

第 6 章 保护无线通信 ······ 61
6.1 802.11 ······ 61
6.2 inSSIDer ······ 63
6.3 Wireless Network Watcher ······ 64
6.4 Hamachi ······ 66
6.5 Tor ······ 71

第 7 章 Wireshark ······ 75
7.1 Wireshark ······ 75
7.2 OSI 模型 ······ 78
7.3 抓包 ······ 80
7.4 过滤器和颜色 ······ 83
7.5 检查 ······ 84

第 8 章 访问管理 ······ 89
8.1 身份验证、授权和审计 ······ 90
8.2 最小权限 ······ 91
8.3 单点登录 ······ 92
8.4 JumpCloud ······ 94

第 9 章 管理日志 ······ 99
9.1 Windows 事件查看器 ······ 100
9.2 Windows PowerShell ······ 102
9.3 BareTail ······ 105
9.4 Syslog ······ 107
9.5 SolarWinds Kiwi ······ 109

第 10 章 Metasploit ······ 115
10.1 侦察 ······ 116

10.2 安装……117
10.3 获取访问权限……124
10.4 Metasploitable2……128
10.5 可攻击的 Web 服务……132
10.6 Meterpreter……135

第 11 章 Web 应用程序安全……137
11.1 Web 开发……138
11.2 信息收集……140
11.3 DNS……143
11.4 深度防御……144
11.5 Burp Suite……146

第 12 章 补丁和配置管理……155
12.1 补丁管理……156
12.2 配置管理……163
12.3 Clonezilla Live……169

第 13 章 安全加固 OSI 的第 8 层……175
13.1 人性……176
13.2 社会工程学攻击……179
13.3 教育……180
13.4 社会工程学工具集……182

第 14 章 Kali Linux……191
14.1 虚拟化……192
14.2 优化 Kali Linux……204
14.3 使用 Kali Linux 工具……206
14.3.1 Maltego……207
14.3.2 Recon-ng……209
14.3.3 Sparta……210
14.3.4 MacChanger……211
14.3.5 Nikto……212
14.3.6 Kismet……212
14.3.7 WiFite……214
14.3.8 John the Ripper 工具……214
14.3.9 Hashcat……215

第 15 章 CISv7 控制和最佳实践……219
15.1 CIS 最重要的六个基本控制项……220
15.1.1 硬件资产管理和控制……220
15.1.2 软件资产清单和控制……221
15.1.3 持续漏洞管理……223
15.1.4 特权账户使用控制……223
15.1.5 移动设备、笔记本电脑、工作站和服务器的软硬件安全配置……224
15.1.6 维护、监控、审计日志分析……231
15.2 结语……232

第 1 章

基础网络和安全工具

本章内容：

- ping
- IPConfig
- Tracert
- NSLookup
- NetStat
- PuTTY

在前往拉斯维加斯参加 Black Hat 网络安全大会之前，我的朋友 Douglas Brush 在他的领英(LinkedIn)页面上发布了一条对信息安全专业人士的警告。他写道：“在你还没有准备好用于浇筑地基的混凝土前，请不要去购买窗帘。”也就是说，当还没有掌握基础的网络安全工具时，请不要去这些信息安全会议上寻找和购买高级的网络安全工具。

多年来我一直在信息技术(Information Technology，IT)行业任职，曾多次见到人们在尝试使用他们“高大上”的新工具之前，忘记了他们需要先掌握基础知识。在使用任何新工具之前，必须具有一定的基础。在信息技术(IT)领域，下面这些要讲到的工具就是基础。对于任何计算机/信息安全/安全分析从业者来说，必须知道何时并且如何使用这些工具。当认为没有技术背景的上级要求你执行 ping、运行 tracert 并且发现宕机的 Web 服务器的物理和逻辑地址时，你会对他刮目相看，因为他了解这些基础知识。有时他们真的会说你的“语言”。

1.1 ping

假如 ping 会让你联想到一两种东西。如果联想到的是高尔夫球用具和 18 洞漂亮的绿色球道，那你绝对是当 CIO/CEO/CISO 的好材料。如果它让你联想到的是潜水艇或蝙蝠，那么你可能是像我一样的极客。

我们亲切地称 Packet Internet Groper 为 ping，它是一个网络实用程序，用于测试主机是否在 IP(Internet Protocol，互联网协议)网络上“存活”。主机是指连接到网络的计算机或其他设备。ping 可以计算从一台主机发送的消息到达另一台主机并回显到(echo back)原始主机所需的时间。蝙蝠能够使用回声定位或生物声呐来定位和识别物体，我们在网络化的环境中也能做类似的事情。

ping 向目标发送互联网控制消息协议(Internet Control Message Protocol，ICMP)回显请求并等待回复。当目标有心跳(heartbeat)时将报告存在的问题、耗时以及数据包丢失情况。如果目标资产(译者注：在 IT 领域“资产”一般是指服务器、个人电脑、路由器、虚拟机等)没有“存活”，将返回 ICMP 错误。无论你使用哪种操作系统，ping 的命令行选项都很容易使用，并且具有多个选项，例如数据包大小、请求的数量，以及以秒为单位的生存时间(TTL)。TTL 字段在处理数据的每台机器上递减，字段中的值至少与必须“跳”过的网关数量一样大。一旦两个系统之间建立了连接，这个工具就可以测试它们之间的延迟或延时。

图 1.1 展示了基于 IPv4 和 IPv6 地址在 Windows 操作系统上运行 ping，将 4 个回显(echo)请求发送到 www.google.com 的输出结果。

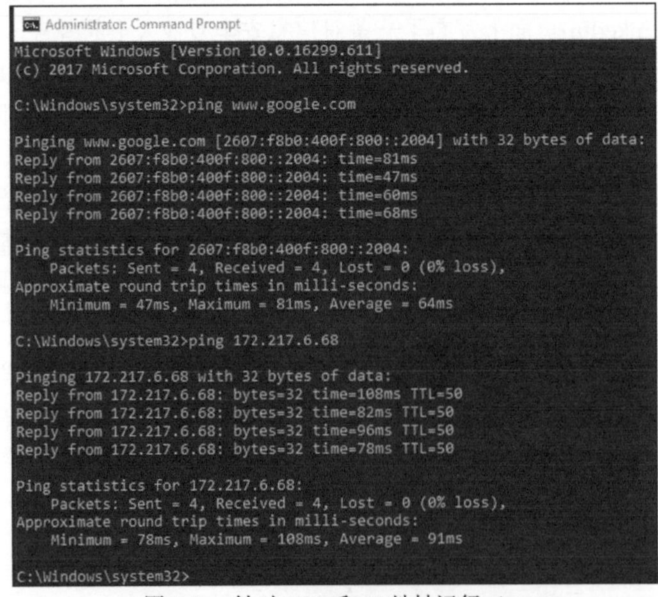

图 1.1　针对 URL 和 IP 地址运行 ping

图 1.1 说明了我的电脑可以通过网络连接到 Google 的一台服务器，也就是说，我的电脑到 Google 的服务器网络是可达的。这个请求的 www.google.com 部分称为统一资源定位符(Uniform Resource Locator, URL)。URL 就是万维网(World Wide Web，WWW)上页面的地址。URL 后面紧跟的数字称为 IP 地址。网络上的每台设备都必须有唯一的 IP 网络地址。如果想尝试回显定位(echo-locate)其他主机，则可将 URL www.google.com 替换为 IP 地址。我们将在第 9 章中深入探讨 IPv4 和 IPv6。

通过在运行 ping 时附加选项或开关可以细化 ping 命令，对网络中可能发生的故障进行排查。有时这些问题可能是自然存在的，有时可能是某种攻击的信号。

表 1.1 展示了可以附加到基本命令 ping 的不同选项。

表 1.1　ping 命令选项

选项	描述
/?	列出命令语法选项
-t	ping 指定的主机直到使用 Ctrl + C 停止。 ping -t 也被称为死亡之 ping，可以用作拒绝服务(Denial-of-Service，DoS)攻击，导致目标机器崩溃
-a	尝试将地址解析为主机名
-n count	指定发送多少个回显(echo)请求(从 1 到 42 亿个)。在 Windows 系统中默认值是 4
-r count	记录路由的跳数(仅限 IPv4)。最大值为 9，因此如果需要的跳数大于 9，可能使用 tracert 更合适(本章后面会介绍)
-s count	计数跳数的时间戳(仅限 IPv4)
-i TTL	生存时间，最大值为 255

你知道自己可以 ping 自己吗？图 1.2 展示的 127.0.0.1 是一个特殊的保留 IP 地址，它传统上被称为环回(loopback)地址。当 ping 这个 IP 地址时，表示你正在测试自己的系统以确保它正常工作。如果此 IP 未返回适当的响应，则表示问题出在你的系统，而不是网络、互联网服务提供商(Internet Service Provider，ISP)或你的目标 URL。

```
C:\Windows\system32>ping -a 127.0.0.1

Pinging DESKTOP-0U8N7VK [127.0.0.1] with 32 bytes of data:
Reply from 127.0.0.1: bytes=32 time<1ms TTL=128
Reply from 127.0.0.1: bytes=32 time<1ms TTL=128
Reply from 127.0.0.1: bytes=32 time<1ms TTL=128
Reply from 127.0.0.1: bytes=32 time<1ms TTL=128

Ping statistics for 127.0.0.1:
    Packets: Sent = 4, Received = 4, Lost = 0 (0% loss),
Approximate round trip times in milli-seconds:
    Minimum = 0ms, Maximum = 0ms, Average = 0ms
```

图 1.2　ping 环回(loopback)地址

如果遇到网络问题，这是第一个要从你的工具箱里拿出来的工具。ping 一下自己可确保一切正常(参见实验 1.1)。

实验 1.1：ping

(1) 打开命令行提示符或终端窗口。

(2) 输入 ping -t www.example.com，然后按 Enter 键(可以选择使用其他 URL 或主机名)。

(3) 几秒后，按住 Ctrl 键并按 C 键(在本书的后续说明中缩写为 Ctrl + C)。

(4) 返回命令行提示符时，输入 ping -a 127.0.0.1 并按 Enter 键。

你的主机名是什么？如图 1.2 所示，我的是 DESKTOP-0U8N7VK。主机名由字母数字字符组成，也可能包含连字符。将来你可能有时只知道 IP 地址而不知道主机名，或者你只知道主机名但不知道 IP 地址，对于某些故障排查步骤，需要能够在一台机器上解决这两个问题。

1.2 IPConfig

ipconfig 命令通常是在对系统进行联网操作时从你的工具箱里取出的下一个工具，通过这个工具可以收集到大量有价值的信息。Internet 协议是一套用于管理如何在互联网或其他网络上传输数据的规则。正是这种路由功能造就了我们熟悉和喜爱的 Internet。

注意：

IPConfig 是工具名，ipconfig 是命令名。即工具名和命令名的字母大小写并不完全相同；在本章后面也会看到多个与此类似的情形。

Internet 协议(Internet Protocol)具有从源主机获取数据包并仅根据数据包中的 IP 地址将数据包传送到正确目标主机的功能。正在发送的数据报文由两部分组成：包头和有效载荷。从包头信息里可以获得数据报文应该送达的地址，而有效载荷是想让其他主机收到的数据。

在实验 1.2 中将使用 ipconfig 命令。

实验 1.2：ipconfig

(1) 打开命令行提示符或终端窗口。

(2) 如果使用的是 Windows 系统，则输入 ipconfig，然后按 Enter 键。如果是 Linux 系统，则输入 ifconfig。

(3) 查看你的网络适配器(网卡)，你会发现可能是以太网卡(Ethernet)或无线网卡(Wi-Fi)或蓝牙(Bluetooth)。根据之前描述的步骤，可以回答下列问题：哪些网卡是通过 IP 地址连接好的？哪些是断开的？

(4) 返回命令行提示符时，输入 ipconfig /all 并按 Enter 键(译者注：如果是 Linux 或 Mac 系统，则输入 ifconfig -a)。

在掌握了一定的信息后，就可开始进行故障排查了。在图 1.3 中可以看到机器上每个网卡的 IP 地址(IP address)和默认网关(default gateway)。

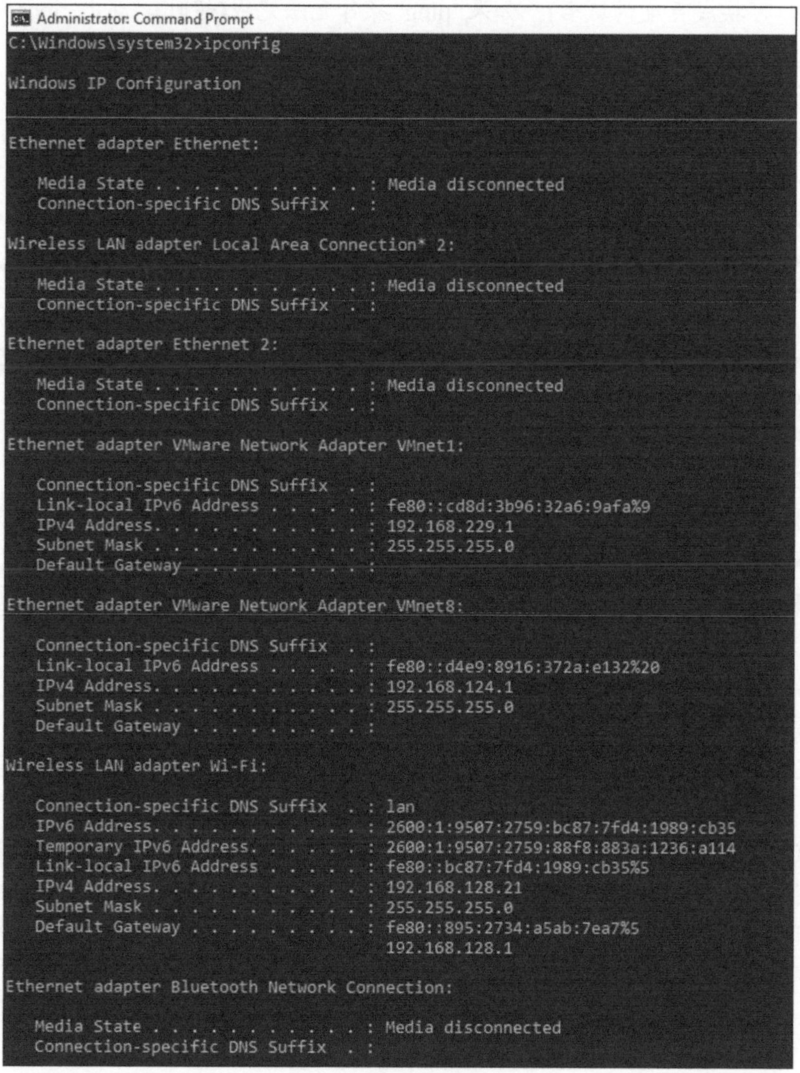

```
Administrator: Command Prompt
C:\Windows\system32>ipconfig

Windows IP Configuration


Ethernet adapter Ethernet:

   Media State . . . . . . . . . . . : Media disconnected
   Connection-specific DNS Suffix  . :

Wireless LAN adapter Local Area Connection* 2:

   Media State . . . . . . . . . . . : Media disconnected
   Connection-specific DNS Suffix  . :

Ethernet adapter Ethernet 2:

   Media State . . . . . . . . . . . : Media disconnected
   Connection-specific DNS Suffix  . :

Ethernet adapter VMware Network Adapter VMnet1:

   Connection-specific DNS Suffix  . :
   Link-local IPv6 Address . . . . . : fe80::cd8d:3b96:32a6:9afa%9
   IPv4 Address. . . . . . . . . . . : 192.168.229.1
   Subnet Mask . . . . . . . . . . . : 255.255.255.0
   Default Gateway . . . . . . . . . :

Ethernet adapter VMware Network Adapter VMnet8:

   Connection-specific DNS Suffix  . :
   Link-local IPv6 Address . . . . . : fe80::d4e9:8916:372a:e132%20
   IPv4 Address. . . . . . . . . . . : 192.168.124.1
   Subnet Mask . . . . . . . . . . . : 255.255.255.0
   Default Gateway . . . . . . . . . :

Wireless LAN adapter Wi-Fi:

   Connection-specific DNS Suffix  . : lan
   IPv6 Address. . . . . . . . . . . : 2600:1:9507:2759:bc87:7fd4:1989:cb35
   Temporary IPv6 Address. . . . . . : 2600:1:9507:2759:88f8:883a:1236:a114
   Link-local IPv6 Address . . . . . : fe80::bc87:7fd4:1989:cb35%5
   IPv4 Address. . . . . . . . . . . : 192.168.128.21
   Subnet Mask . . . . . . . . . . . : 255.255.255.0
   Default Gateway . . . . . . . . . : fe80::895:2734:a5ab:7ea7%5
                                       192.168.128.1

Ethernet adapter Bluetooth Network Connection:

   Media State . . . . . . . . . . . : Media disconnected
   Connection-specific DNS Suffix  . :
```

图 1.3　使用 ipconfig /all

通过查找默认网关，可以找到你的路由器的私有 IP 地址。设想一下，把这台机器作为访问互联网或其他网络的网关，使用什么工具来确保路由器是“存活”(alive)的？为什么？当然是使用 ping！

无法连接到互联网(the internet is down)——如何解决？

无法连接到互联网。

首先 ping 自己(ping 127.0.0.1)，以确保你自己的机器一切正常。然后 ping www.baidu.com (译者注：原作者的示例是 ping www.google.com，如果无法访问 Google，可换成百度的域名)。如果 ping 操作无法完成(超时)，运行 ipconfig /all (ifconfig -a)命令。如果命令的输出结果显示默认网关是 0.0.0.0，那么可以假定问题出在哪里？可能是路由器！

有经验的 IT 从业者会告诉你，最好的办法是重启设备——首先是你的机器，然后是路由器。如果问题仍然存在，可以把你的假设扩大到网络上的其他机器——这台机器是否可以访问互联网或路由器，机器是否从路由器获得了 IP 地址，故障排查需要科学的方法，对一个假设进行测试和修改，得到一个新的假设。

再来熟悉一下两个术语：DHCP 和 DNS。DHCP 是指动态主机配置协议(Dynamic Host Configuration Protocol)。下面详细分析一下这个术语中的每个词汇。

动态(Dynamic)：变化的、不固定的。

主机(Host)：网络上的资产。

配置(Configuration)：资产应该如何工作。

协议(Protocol)：允许两个或更多个资产进行通信的规则。

DHCP 是一个网络管理工具，它可以在网络中给一台主机动态分配 IP 地址，从而使这台主机可以和其他主机进行通信。简单来讲，路由器或网关可以作为 DHCP 服务器。大部分家用路由器都是从互联网服务提供商(ISP，例如中国联通、中国电信)那里获得独一无二的公网 IP 地址。

在大型的企事业单位里，DHCP 服务器用来处理大型网络的 IP 地址分配工作。DHCP 决定哪台机器获得什么样的 IP 以及所获得 IP 的使用时长。如果你的机器使用 DHCP 获取 IP 地址，当使用 ipconfig /all 命令时有没有注意到分配给你的 IP 地址可以使用多长时间？如果没有使用 DHCP 获取 IP 地址，那么你正在使用的就是静态 IP 地址。

下面介绍两个用来获取新 IP 地址的命令。

- ipconfig /release：释放所有 IPv4 地址。
- ipconfig /renew：重新获取一个新的 IP 地址。

DNS 是 Domain Name System(域名系统)的缩写，这是一种对连接到互联网或私有网络的所有主机进行命名的系统。就像你在互联网或私有网络上所做的那样，DNS 会记住域的名字，并把这样的数据存储在叫作缓存(Cache)的地方。这样做是为了加快后续对同一主机的请求-响应速度。但有时 DNS 缓存可能是靠不住的，这种情况有时可能是失误造成的，也可能是攻击者动的手脚。

注意：

缓存投毒(Cache Poisoning)有时称为 DNS 欺骗，当有人恶意破坏 DNS 缓存，导致域名服务器返回错误的 IP 地址和网络流量转移时，就是一种攻击了。

可尝试如下两个命令。

ipconfig /displaydns: 显示窗口可能会滚动一段时间，因为这会列出你在主机上访问过的所有域名及 IP 地址的记录。

ipconfig /flushdns: 如果遇到 HTML 404 这样的错误代码，则可能需要清理缓存。这将强制你的主机查询域名服务器以获取最新信息。

1.3 NSLookup

nslookup 的主要用途是帮助你解决可能遇到的任何 DNS 问题。可以使用它查找主机的 IP 地址、查找 IP 地址的域名或者查找域上的邮件服务器。这个命令有交互式和非交互式两种使用模式。实验 1.3 中将使用 nslookup。

实验 1.3：nslookup

(1) 打开命令行提示符或终端窗口。

(2) 如果使用交互模式，则输入 nslookup，按 Enter 键后将会看到 nslookup 提示符，如图 1.4 所示。按 Ctrl+C 组合键退出。

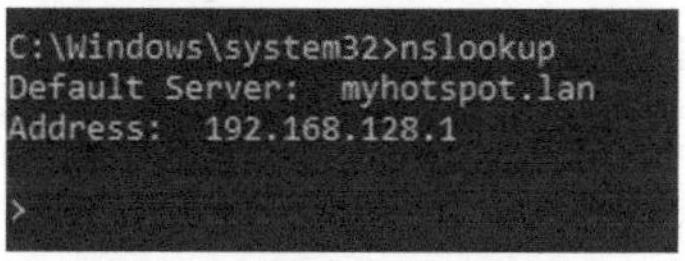

```
C:\Windows\system32>nslookup
Default Server:  myhotspot.lan
Address:  192.168.128.1

>
```

图 1.4　使用 nslookup 命令

(3) 如果使用非交互模式，则输入 nslookup www.example.com 来获取特定站点的 DNS 信息，如图 1.5 所示。

```
C:\Windows\system32>nslookup www.example.com
Server:  router.asus.com
Address:  192.168.1.1

Non-authoritative answer:
Name:    www.example.com
Addresses:  2606:2800:220:1:248:1893:25c8:1946
          93.184.216.34


C:\Windows\system32>
```

图 1.5　针对一个 URL 使用 nslookup 命令

(4) 现在尝试使用 nslookup 对窗口中显示的归属于 www.wiley.com 的一个 IP 进行操作。这将会对这个 IP 地址进行反向查找并解析为一个域名。

(5) 为查找特定类型的资产，可以使用 nslookup -querytype=mx www.example.com。如图 1.6 所示，可以看到使用 querytype=mx 参数的结果。

```
C:\Windows\system32>nslookup -querytype=mx www.example.com
Server:  router.asus.com
Address:  192.168.1.1

example.com
        primary name server = sns.dns.icann.org
        responsible mail addr = noc.dns.icann.org
        serial  = 2018080109
        refresh = 7200 (2 hours)
        retry   = 3600 (1 hour)
        expire  = 1209600 (14 days)
        default TTL = 3600 (1 hour)

C:\Windows\system32>nslookup www.example.com
Server:  router.asus.com
Address:  192.168.1.1

Non-authoritative answer:
Name:    www.example.com
Addresses:  2606:2800:220:1:248:1893:25c8:1946
          93.184.216.34


C:\Windows\system32>
```

图 1.6　结合-querytype=mx 参数使用 nslookup 命令

除 querytype=mx 外，还可以使用以下任意一项：

HINFO	指定计算机的 CPU 和操作系统类型
UNIFO	指定用户信息
MB	指定邮箱域名
MG	指定电子邮件组成员
MX	指定邮件服务器

1.4　Tracert

所以，现在你知道网络上的所有机器都需要有一个 IP 地址。作者住在美国科罗拉多州的丹佛，Ryan 是作者最好的朋友之一，住在美国新墨西哥州的阿尔伯克基。当作者给 Ryan 发送一条消息时，它不会从作者的房子通过网线直接传到 Ryan 家。这条消息通过“跳数”进行传递，这里的跳数是指作者家和她朋友 Ryan 家之间的路由器数量。

Tracert 是一个很优秀的诊断工具。它使用发送到目的地的 ICMP echo 数据确定消息从丹佛到阿尔伯克基的路由。你以前使用 ping 命令时看到过 ICMP 的运行情况。

ICMP 是网络设备用于发送操作信息或错误消息的 Internet 原始协议之一。除了 ping 和 traceroute 外，ICMP 通常不用于在计算机之间发送数据。ICMP 用于报告数据报文处理中的错误。

数据包传输路径上的每个路由器都将数据的 TTL 值减 1 并转发数据包，这将记录耗时和到目的地之间经过的路由器的信息。Tracert 将列出数据包经过这些路由器的轨迹。

为什么这是你工具箱的重要部分？因为这是你在网络上发现一个数据包在哪里被阻塞或阻断的方法。可能是路由器的配置问题，也可能是防火墙的配置过滤了数据包，还可能是你的网站响应缓慢。如果数据包被丢弃，它将在 Tracert 中以星号显示。

当有许多路由指向同一目的地并涉及多个中间路由器时，这是一个很好用的工具。

进行实验 1.4 之前的警告：正如之前提到的，我的大多数优势都在于 Windows 机器。如果使用的是 Linux 或 Mac/UNIX 类型的操作系统，将需要使用工具 traceroute。tracert 和 traceroute 命令基本相同，不同之处在于进行故障排除时使用的操作系统。如果想了解关于这个命令的更多技术细节，那么它们的区别是：在 Linux 中，这个命令会发送 UDP 数据包；而在 Windows 中，发送的是 ICMP 回显请求。

实验 1.4：tracert

(1) 打开命令行提示符或终端窗口。

(2) 在命令行模式下输入 tracert 8.8.8.8，然后按 Enter 键。

如图 1.7 所示，可以看到我的机器到达 Google DNS 所经过的跳数。你可以在自己的机器上测试一下看看会经过多少跳数。

```
C:\Windows\system32>tracert 8.8.8.8

Tracing route to google-public-dns-a.google.com [8.8.8.8]
over a maximum of 30 hops:

  1     4 ms     2 ms     1 ms  myhotspot.lan [192.168.128.1]
  2    74 ms    76 ms    61 ms  ip-68-29-121-1.pools.spcsdns.net [68.29.121.1]
  3     *        *        *     Request timed out.
  4    90 ms    56 ms    72 ms  66.1.24.242
  5    85 ms    58 ms    61 ms  sl-crs1-che-.sprintlink.net [144.223.173.129]
  6    87 ms    50 ms    50 ms  144.232.12.40
  7    77 ms    55 ms    42 ms  209.85.172.62
  8    80 ms    46 ms    60 ms  108.170.254.81
  9    70 ms    50 ms    59 ms  64.233.175.111
 10    80 ms    54 ms    47 ms  google-public-dns-a.google.com [8.8.8.8]

Trace complete.

C:\Windows\system32>_
```

图 1.7　使用 tracert 计算跳数

(3) 现在来试试 tracert -d 8.8.4.4。

这是另一台 Google DNS 服务器，但是这次 tracert 计算跳数时不会尝试解析域名。

(4) 如果感兴趣，可以试试 tracert 127.0.0.1。你会发现跳数为 1，为什么呢？

1.5 NetStat

数学统计通过收集、组织和展示数据来解决问题。分析统计信息时，将使用概率来解决问题。例如，在一个房间中有 23 个人，其中两个人的生日是同一天的可能性为 50%。在网络安全中，生日攻击是一种利用生日统计数据背后的数学计算的加密攻击，此攻击可用于在哈希函数中查找碰撞(Collision)。在我们的网络世界中，学习网络统计数据非常有价值。

NetStat 是一种网络实用工具，可以显示网络连接(传入和传出)、路由表以及协议统计等其他一些详细信息。它将帮助你测量网络流量并诊断网络速度问题。听起来很简单是吗？从网络安全的角度看，你能多快地判断哪些端口是为传入连接打开的？目前使用哪些端口？现有的连接状态是什么？netstat 命令的输出用于显示设备上所有连接的当前状态。这是配置和故障排除的重要部分。netstat 还有许多参数可供选择，以回答前一段中提出的问题。关于下面讨论的参数要记住的一件事，就是当在命令行中输入时，可将它们压缩在一起。例如，当我教 Metasploit Pro 课程时，我们通过 Meterpreter shell 启动 agent 跳板(pivot)并扫描另一个网段(现在看起来像胡言乱语，但请先看完这本书)。你如何知道被攻陷的系统上究竟发生了什么？使用

netstat 命令以及选项-a(表示“所有”)和选项-n(表示地址和端口)，将获得机器所有活动网络对话的列表，如图 1.8 所示。

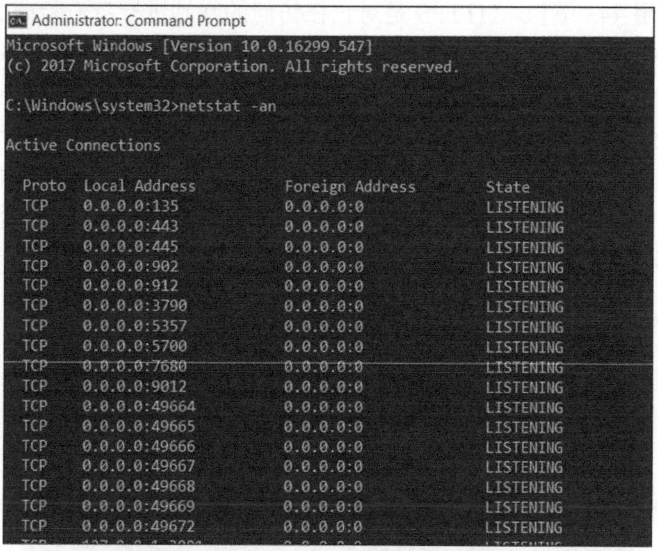

```
Administrator: Command Prompt
Microsoft Windows [Version 10.0.16299.547]
(c) 2017 Microsoft Corporation. All rights reserved.

C:\Windows\system32>netstat -an

Active Connections

  Proto  Local Address          Foreign Address        State
  TCP    0.0.0.0:135            0.0.0.0:0              LISTENING
  TCP    0.0.0.0:443            0.0.0.0:0              LISTENING
  TCP    0.0.0.0:445            0.0.0.0:0              LISTENING
  TCP    0.0.0.0:902            0.0.0.0:0              LISTENING
  TCP    0.0.0.0:912            0.0.0.0:0              LISTENING
  TCP    0.0.0.0:3790           0.0.0.0:0              LISTENING
  TCP    0.0.0.0:5357           0.0.0.0:0              LISTENING
  TCP    0.0.0.0:5700           0.0.0.0:0              LISTENING
  TCP    0.0.0.0:7680           0.0.0.0:0              LISTENING
  TCP    0.0.0.0:9012           0.0.0.0:0              LISTENING
  TCP    0.0.0.0:49664          0.0.0.0:0              LISTENING
  TCP    0.0.0.0:49665          0.0.0.0:0              LISTENING
  TCP    0.0.0.0:49666          0.0.0.0:0              LISTENING
  TCP    0.0.0.0:49667          0.0.0.0:0              LISTENING
  TCP    0.0.0.0:49668          0.0.0.0:0              LISTENING
  TCP    0.0.0.0:49669          0.0.0.0:0              LISTENING
  TCP    0.0.0.0:49672          0.0.0.0:0              LISTENING
```

图 1.8　使用 netstat 命令发现活动的连接

为解释图 1.8，当在主机上运行 netstat 时，你可能会看到 0.0.0.0 和 127.0.0.1 同时存在。你已经知道环回地址是什么，并且只能从运行 netstat 的计算机访问环回地址。0.0.0.0 基本上是一个“无特定地址”的占位符，你在 0.0.0.0 之后看到的内容称为端口。

我最喜欢的端口解释之一就是你的网络中有 65 536 个门和窗户，范围从 0 到 65 535。计算机从 0 开始计数。网络管理员不停地大喊：“关上门和窗户——你正把数据放出去！”端口可以是 TCP 或 UDP，简单地说，TCP 意味着主机和目的地之间建立了连接，UDP 不关心是否建立了连接。TCP 和 UDP 都有 65 535 个可用端口。这是可以由 16 位或 2 字节数表示的最大数字。你可能会看到这在数学中表示为 $2^{16}-1$。

互联网号码分配机构(IANA)为了特定用途维护官方端口号的分配。有时当新技术出现的同时这个列表就会变得过时。你可能会看到一些最常见的端口是“众所周知”的，它们是 0~1023。从图 1.8 所示的列表中可以看出此计算机正在侦听 135 端口。135 端口传统上用于名为 epmap/loc-srv 的服务。在图 1.8 中还可以看到这是一台 Windows 主机。当 Windows 主机想要连接到远程计算机上的 RPC 服务时，它会检查 135 端口。

图 1.8 中的主机正在侦听的下一个端口是 443。大多数 IT 专业人员在其职业生涯早期就记住这个端口了。基于 TLS/SSL 的超文本传输协议——也就是更为人熟知的 HTTPS 使用 443 端口。HTTPS 是对正在访问的网站进行身份验证的方法，并保护所交换数据的机密性。从 1023 到 49 151 的端口都是“注册的(registered)”端口。在此之上，还有动态或私有端口。

NetStat 是 Network Statistics(网络统计)的缩写。如果主机没有侦听特定服务的正确端口，则无法进行通信。这些端口可能正在侦听，但这并不意味着防火墙允许流量到达设备。为了测试这个假设，可以暂时禁用导致网络问题的基于主机的防火墙。

我最喜欢的 netstat 命令是图 1.9 所示的统计选项。在实验 1.5 中，将使用 netstat 命令。

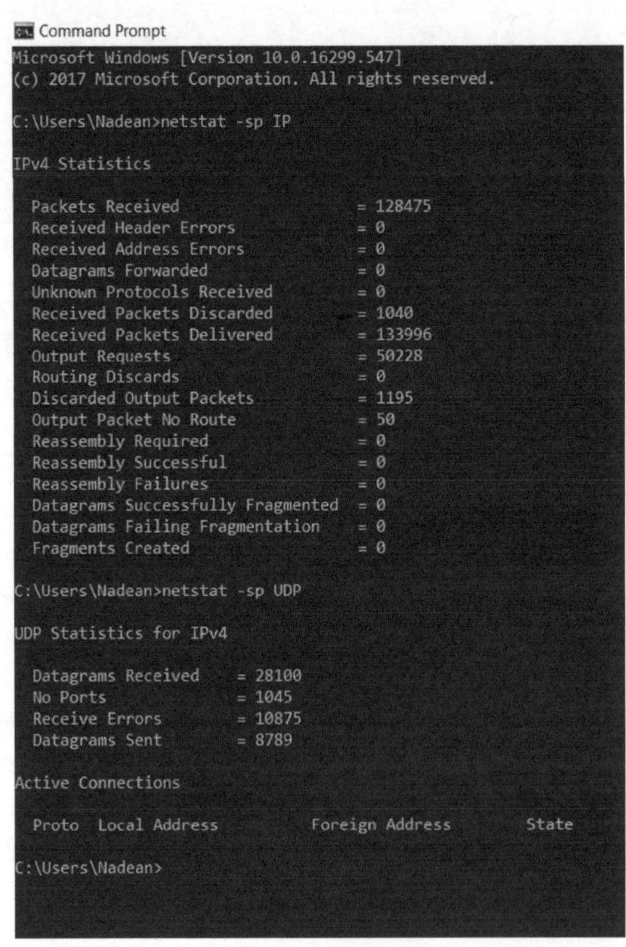

图 1.9　netstat 统计

实验 1.5：netstat

(1) 打开命令行提示符或终端窗口。
(2) 在命令行模式下输入 netstat -help。
(3) 然后使用 netstat -an -p TCP。
(4) 接下来试试 netstat -sp TCP。

调查意外事件

想象一下你正坐在办公室里对特定行业信息安全趋势的演讲稿做最后的润色，这个演讲稿是要在一小时内向公司管理层汇报用的。你对自己的数据充满信心。在做每次重要修改后，你都会单击 Save 按钮。当你的防病毒软件的任务窗口中的气球弹出，并通知你 IP 地址将被阻止 600 秒时，你正专注于演讲稿中的议程。

正如大多数用户所做的那样，你毫不犹豫地单击“关闭”并继续修改演讲文稿。然后你会注意到收件箱中有来自防火墙的邮件。这是一个警告通知。你开始不再担心你的演讲稿，并开始想这可能是一次针对计算机的攻击尝试。

你打开命令 shell 并输入 netstat -nao。这不仅会为你提供协议、本地/外部地址和状态，还会提供与通信关联的进程标识符(PID)。你可能轻易地就会被显示的数据所淹没，但是要检查一下你的任务栏，看是否运行了以网络为中心的应用程序，然后关闭浏览器并再次尝试 netstat -nao。

有什么变化吗？有你以前从未见过的外部地址或古怪的端口号吗？

需要警惕的两个端口是 4444 和 31337。端口 4444 是 Metasploit 的默认侦听端口。端口 31337 拼写为 eleet。

利特语(Leet speak)起源于 20 世纪 80 年代，当时留言板不鼓励讨论黑客行为。有目的地拼错单词和用字母替换数字是一种表明你对黑客有所了解并绕过留言板管理者的方式。当我们用数字代替字母来增强密码时，是在好的方面利用利特语。

如果这两个端口中的任何一个出现在 netstat 统计信息中，那么现在是时候开始一个先前商定的流程了。要么拔掉这台机器上的网线，要么通知事件响应(IR)团队，这样他们就可对情况进行分类，并就如何阻止攻击做出最佳决定。我个人的建议是，如果有 IR 团队，则立即联系他们。如果直接拔掉网线，就会丢失有价值的取证信息。

1.6 PuTTY

到目前为止讨论的所有工具都是操作系统内置的。这个工具需要你付出更多的努力。PuTTY 是一个免费的开源终端仿真、串行控制台和网络文件传输程序。它最初是为 Windows 编写的，后来发展成也支持其他操作系统了。PuTTY 是一个非常棒的多功能工具，它允许你获得对另一台计算机的安全远程访问，并且很可能是 Microsoft Windows 平台中使用最频繁的 SSH 客户端。

有人在不断地增加知识、经验和专业知识，并认为“每个人都应该知道这一点。”作为一名教育工作者，我不能这样做。我的工作是向你展示如何使用工具箱中新增的这些工具。

Secure Shell(SSH)是一种用于在未加密的网络上创建加密通道的网络协议。互联网是不安全的。你不希望让所有人都可以看到你在互联网中的数据！SSH 为计算机管理员提供了一种安全方法，使用强身份验证和安全的加密数据传输来访问远程系统。曾经有一段时间作为管理员，我的部分职责是管理我无法物理接触到的计算机，这使我不能直接坐在那些计算机前执行命令或将文件从一台计算机移动到另一台计算机。SSH 是大多数主机支持的协议。默认情况下，SSH 服务器将侦听 TCP 端口 22。

正如我在本章前面提到的，SSH 创建了一个加密通道来进行通信。SSH 的第一个版本于 1995 年首次亮相。那一年，布拉德 • 皮特是最性感的男人，梅尔 • 吉布森的《勇敢的心》赢得了最佳影片奖，而 Match.com 是新的，也是唯一的在线约会网站。从那以后发生了很多变化。多年来，在 SSH1 中发现了一些缺陷，它已不再被使用。目前的 SSH2 于 2006 年开始使用，使用更强大的加密算法来提高安全性。截至目前，SSH2 中没有已知的可利用漏洞，尽管有传言称美国国家安全局(NSA)可能能够解密某些 SSH2 流量。

在实验 1.6 中，将使用 PuTTY。

实验 1.6：PuTTY

(1) 可从 www.putty.org 下载 PuTTY。通过页面上的一个链接可以找到文件包。确保选择适合自己环境的正确版本。

(2) 双击刚刚下载的文件。按照说明完成安装，然后通过双击看起来像两个用闪电链接在一起的旧计算机的图标打开 PuTTY。

软件启动时，应打开 PuTTY Configuration 窗口，如图 1.10 所示。左侧的窗格列出了类别：会话、终端、窗口和连接。窗口的右侧将根据你在左侧选择的类别而改变。

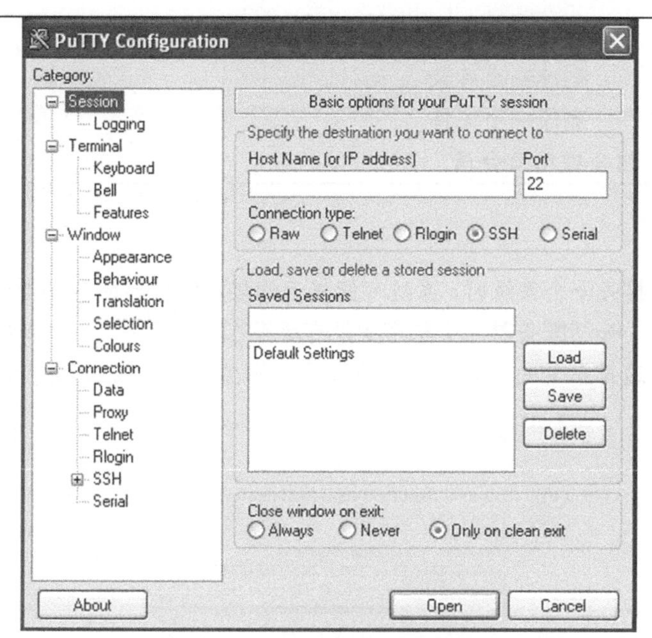

图 1.10　PuTTY Configuration 窗口

(3) 在 Session 视图中，输入要连接的域名或 IP 地址。端口 22 指定将使用 SSH。Connection type(连接类型)设置允许你选择以下选项之一。

- Raw：通常被开发人员用于测试。
- Telnet：Telnet 不再安全，因为是密码以明文形式发送的。不建议使用。
- Rlogin：这是遗留类型，表示旧的类型(如 1982 年的旧版)。这种连接使用 513 端口，只能连接 UNIX 系统。可以忽略这个类别。
- SSH：这是大多数主机支持的协议。 默认情况下，SSH 服务器将侦听 TCP 端口 22。
- Serial：用于控制某些物理机械或通信设备。

(4) 提供 IP 或域地址后，会弹出一个终端窗口，它会提示让你输入认证凭据。如果能够输入正确的认证凭据，将在刚刚访问的机器上拥有一个命令行终端。下面是一些很有用的命令:

pwd	显示当前工作目录
cd	改变目录
cd ~	转到 home 目录
ls	列出当前目录下的文件
ls -h	列出当前目录下的文件以及文件大小
cp	复制一个文件
cp -r	复制一个文件夹的同时复制这个文件夹下的所有文件

mv	移动一个文件
mkdir	创建一个目录
rm	删除一个文件

按 Ctrl+D 组合键结束会话。

注意：

第一次连接另一个系统时，系统可能提示你接收服务器的 SSH 密钥或证书。可能有一些措辞，如“服务器的主机密钥没有缓存在注册表中”。可以在图 1.11 中看到一个示例，这是正常的。单击 Yes 按钮后，将在两台主机之间建立信任关系。

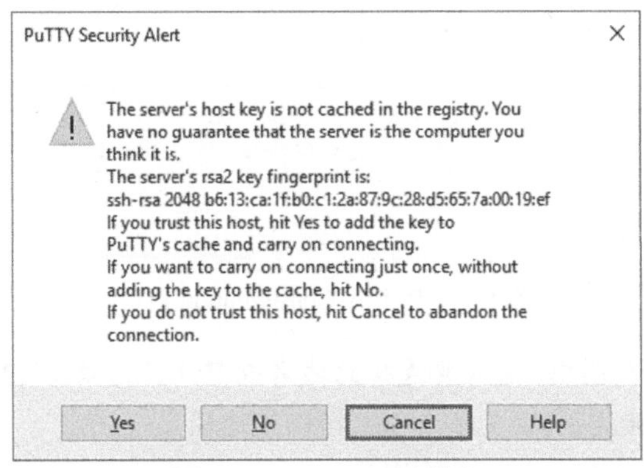

图 1.11　PuTTY 安全警告

真心希望我已经为你开始打造自己的信息安全工具箱提供了基础，并且你已将这些工具添加到网络安全工具箱中。其中一些工具你可能以前就用过，另一些对于你来说可能是新的。这些工具不仅可以帮助你排除网络故障，还可以保护网络。

第 2 章

Microsoft Windows 故障排除

本章内容：

- RELI
- PSR
- PathPing
- MTR
- Sysinternals
- 传说中的上帝模式

2012 年，我离开了路易斯安那来到科罗拉多，去位于卡森堡的美国陆军通信电子司令部(CECOM)任职。我的工作是对士兵进行信息保障(IA)训练。国防部要求任何具有特权访问权限的全职或兼职军事服务成员或承包商必须具有某些计算机认证，这被称为 DoDD 8570。我的职责是讲授这些认证课程，以帮助士兵达到所需的适当 IA 水平，以便他们能够完成自己的工作。

我的指挥官 Ryan Hendricks 是一名网络专家，他希望继续讲授思科课程。需要有人讲授 A+、Network+、Security+、Server+、CASP 和 CISSP 以及 Microsoft Active Directory、SCCM 和 SharePoint。我们都认为，如果没有持有相应的认证，那么让我们讲授课程是不公平的。他继续参加思科方面的认证，跳过了 CompTIA/Microsoft 认证。在学习这些认证的同时，我有许多“顿悟”时刻，这些在今天依然有用。事实上，当我为 Rapid7 讲授认证课程时，我经常花一些时间让每个人在午饭后都坐到自己的座位上，向班上的成员展示一些很酷的 Windows 故障排除技巧。准时回来上课有额外的好处。

即使是经验丰富的专业人士，他们与庞大的网络打交道，并且有多年的工作经验，但当他们看到一些工具时，也会说出一些不正确的话。这些工具是为了让他们的生活变得更轻松。如果你的网络中有近 90%的计算机使用的是 Windows，那么需要使用这些工具来简化管理。

2.1 RELI

我将这个工具称为RELI，是因为当在任务栏的Windows搜索框中输入这四个字母时，除了可靠性历史记录/监控外，通常没有其他选择。RELI的历史可以追溯到Windows Vista，它允许你在时间轴中查看机器的稳定性。当在Start菜单中开始输入它时，你会注意到该工具的名称显示为Reliability History。打开工具后，它会将自身重命名为Reliability Monitor。

Reliability Monitor 将为你构建重要事件、应用程序故障、Windows 故障、重要更新以及其他信息的图表。图 2.1 显示了从应用程序故障、Windows 故障和其他故障生成的图表。在实验 2.1 中，将使用 RELI。

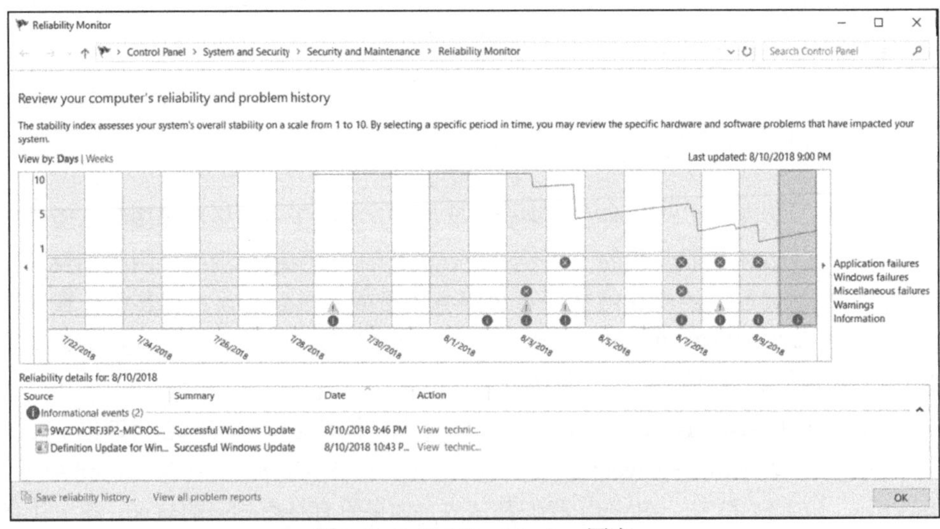

图 2.1　Reliability Monitor 图表

实验 2.1：RELI

(1) 单击 Start 按钮，然后在搜索框里输入 RELI。

(2) 在 Start 菜单中看到 Reliable History(查看可靠性历史记录)左边的蓝旗标记图标时，按 Enter 键。等待它构建基于时间的轴图表。

(3) 在图形的左上角，请注意可将时间轴视图从几天改成几周。

- 右侧显示的图表的前三行是应用程序故障、Windows 故障以及系统遇到的各种故障。这些可能包括停止工作的程序或 Windows 未正常关闭。它是蓝/黑屏(BSOD)的绝佳标志。这将显示为一个内部带有白色 X 的红色圆圈。
- 在失败的情况下，内部带有感叹号的黄色三角形表示警告。这些三角形称为 splat。它们可以表明软件是否未正确更新或出现错误但未完全失败。
- 底部的蓝色圆圈是信息性的。如果软件更新成功或驱动程序安装正确，它们会通知你。

(4) 在 Reliability Monitor 屏幕的左下角，单击 Save reliability history 链接以将时间轴另存为 XML 文件。此文件可以由其他报告应用程序导出和分析。

(5) 单击 Save reliability history 链接旁边的 View all problem reports 链接。这将打开一个新页面，其中包含此设备遇到的所有问题，并可直接向 Microsoft 报告。有解决方案时，它将显示在 Security And Maintenance 中。

使用 reli

假设你是系统管理员。大多数系统管理员为其组织安装、升级、监视软件和硬件。你的数据中心有一台服务器周期性工作不正常。你尝试解决该问题，并且无法复现问题。相反，你会看到臭名昭著的黑/蓝屏(BSOD)。

你将会认识到当向客户报告问题时，首先要问的是，“你是否尝试过将其关闭再打开？”如果不幸遇到黑/蓝屏(BSOD)，那么唯一的选择就是关闭并重新打开设备。检查 reli 以确定导致崩溃的原因。

根据我的经验，黑/蓝屏(BSOD)是由不良驱动程序、过热或安装与硬件及操作系统不兼容的新软件引起的。使用 reli 可以弄清楚究竟发生了什么。

永远没有人会承认下载和玩 Duke Nukem 游戏。

2.2 PSR

你是组织中负责文档化的人吗？你是否需要培训他人如何完成工作，或者你是否被要求培训某人做你的工作？你是否需要对系统中的环境问题进行故障排除或在最后一刻进行演示？

问题步骤记录器(PSR)可以追溯到 Windows 7 和 Windows Server 2008。很少有 IT 专业人员知道 PSR 是一种故障排除、辅助、屏幕捕获、注释工具的组合。可以使用它通过带注释的屏幕截图和说明来快速记录步骤。可使用它来解决不像你那样精通 IT 的客户的问题。我最喜欢使用的方式是构建文档。

对于你的IT经理，可以提出的最好的问题之一是“什么让你夜不能寐？”当我在教学时，我尽可能多地了解学生的需求和目标。对安全挑战问题的最大回应之一是缺乏文档和持续性。该工具将有助于解决这个问题。

根据我的经验，我曾经管理过IT新手，他们经常一遍又一遍地问同样的问题。为了使他们能够找到答案，我为以下重复问题创建了PSR，并将它们存储在易于搜索的SharePoint网站上：

“如何添加静态IP？”

“如何配置网络打印机？”

“如何在Active Directory中添加用户？”

实验2.2中将使用PSR。

实验2.2：PSR

(1) 打开PSR，单击Start按钮输入PSR。按Enter键。你会看到如图2.2所示的菜单。

图2.2　Steps Recorder菜单

(2) 单击Start Record。

(3) 打开计算器应用程序，然后输入9+9并按Enter键。当单击屏幕或在键盘上输入时，一个小的红色气泡表示PSR正在拍摄屏幕图片。

(4) 单击Stop Record并等待查看录制内容。

如果没有完全捕获你正在查找的过程，可以在记录的左上角单击New Recording按钮。如果它是你要使用的文件，请单击Save按钮。保存此文件时，默认情况下会将其保存为.zip文件。如果客户/员工遇到IT问题，他们可以轻松地通过电子邮件向你发送包含所有内容的文件，以便你检查问题。当打开.zip文件时，你会注意到文件类型是MHTML格式。可以右击并使用Word打开此文件类型并对其进行编辑，直到它完全按照你的意愿形成文档。

记录的每个步骤都有日期和时间，并在围绕你单击的屏幕截图中以亮绿色标注。检查你的截图，在第一帧中，Start按钮将以绿色突出显示，并带有箭头。每张图片顶部的说明将告诉你如何输入数据。当进行故障排除时，输入有时会产生影响。

页面底部是 Additional Details 部分。该部分包含只有程序员或高级 IT 人员才能理解的软件和操作系统的特定详细信息。查看此内容以确保此处未包含你不希望共享的内容。

你是否曾被要求参加只有15分钟准备时间的会议？对于这样的会议我觉得还可以，但也不是那么轻松。如果要求你展示可在 PSR 中显示的内容，请向上滚动到页面顶部，然后单击超链接 Review the recorded steps as a slide show(以幻灯片形式查看录制的步骤)。

PSR 有一些注意事项。如果只在一台显示器上录制，看起来会更专业。此工具不会记录你输入的文本(如密码)；它只会记录功能和快捷键。它也不会捕获流媒体视频或全屏游戏。你可能会获得静态图片，但此工具生成的是一维文件。默认情况下，录制步骤限制为 25 张屏幕截图。如果需要超过 25 张，则必须转到 Help 菜单并调整设置。这些设置将是临时的，不会保留。当关闭并重新打开程序时，它们将返回默认值。

有 IT 专业的学生告诉我，这个工具本身的价值就不低于所付的培训费。

2.3 PathPing

2017 年，松下开发出一种原型洗衣机，不仅可以洗涤和干燥，还可以叠衣服。有些技术是适合一起组合使用的。

PathPing 就是 Windows 的洗衣机/烘干机/折叠机的组合。如果使用 ping 并将其与 tracert 一起使用，那么这就是 PathPing。单个命令可对每个节点执行 ping 操作，这将显示两台主机之间路径的详细信息以及每个节点的回显位置统计信息。与具有四个消息的默认 ping 样本或默认的 tracert 单路由跟踪相比，在每个延长的时间段内(确切地说是每个为期 25 秒的时间段内)研究节点行为。

PathPing 将首先对目标执行 tracert，然后使用 ICMP 对每一跳进行 100 次 ping 操作。这用于验证源主机和目标主机之间的延迟。当涉及公共设备时，你无法完全依赖 ICMP，因为它们是公共设备。有时在 Internet 上，你可能会遇到以一台主机为目标的 ICMP ping 出现 50%失败而下一跳成功率为 100%的情况。

图 2.3 显示了到 Google 公共 DNS 服务器 8.8.8.8 的路由跟踪。从我的桌面到服务器，需要 11 跳。然后，PathPing 将计算往返时间(RTT)的统计信息以及两个 IP 地址之间丢弃的数据包的百分比。当看到丢包率时，可能表明这些路由器过载了。

```
Microsoft Windows [Version 10.0.16299.547]
(c) 2017 Microsoft Corporation. All rights reserved.

C:\Users\Nadean>pathping 8.8.8.8

Tracing route to google-public-dns-a.google.com [8.8.8.8]
over a maximum of 30 hops:
  0  DESKTOP-0U8N7VK.HomeRT [192.168.1.18]
  1  router.asus.com [192.168.1.1]
  2  cm-1-acr01.louisville.co.denver.comcast.net [96.120.13.37]
  3  ae-101-rur02.louisville.co.denver.comcast.net [162.151.15.41]
  4  ae-2-rur01.louisville.co.denver.comcast.net [162.151.51.173]
  5  ae-15-ar01.denver.co.denver.comcast.net [162.151.51.201]
  6  be-33652-cr02.1601milehigh.co.ibone.comcast.net [68.86.92.121]
  7  be-12176-pe02.910fifteenth.co.ibone.comcast.net [68.86.83.94]
  8  as1239-pe01.ashburn.va.ibone.comcast.net [75.149.228.174]
  9  108.170.254.81
 10  64.233.175.43
 11  google-public-dns-a.google.com [8.8.8.8]

Computing statistics for 275 seconds...
            Source to Here   This Node/Link
Hop  RTT    Lost/Sent = Pct  Lost/Sent = Pct  Address
  0                                           DESKTOP-0U8N7VK.HomeRT [192.168.1.18]
                                0/ 100 =  0%   |
  1    1ms     0/ 100 =  0%     0/ 100 =  0%  router.asus.com [192.168.1.1]
                                0/ 100 =  0%   |
  2   11ms     0/ 100 =  0%     0/ 100 =  0%  cm-1-acr01.louisville.co.denver.comcast.net [96.120.13.37]
                                0/ 100 =  0%   |
  3   15ms     0/ 100 =  0%     0/ 100 =  0%  ae-101-rur02.louisville.co.denver.comcast.net [162.151.15.41]
                                0/ 100 =  0%   |
  4   13ms     0/ 100 =  0%     0/ 100 =  0%  ae-2-rur01.louisville.co.denver.comcast.net [162.151.51.173]
                                0/ 100 =  0%   |
  5   14ms     0/ 100 =  0%     0/ 100 =  0%  ae-15-ar01.denver.co.denver.comcast.net [162.151.51.201]
                                0/ 100 =  0%   |
  6   14ms     0/ 100 =  0%     0/ 100 =  0%  be-33652-cr02.1601milehigh.co.ibone.comcast.net [68.86.92.121]
                                0/ 100 =  0%   |
  7   12ms     0/ 100 =  0%     0/ 100 =  0%  be-12176-pe02.910fifteenth.co.ibone.comcast.net [68.86.83.94]
                                0/ 100 =  0%   |
  8   13ms     0/ 100 =  0%     0/ 100 =  0%  as1239-pe01.ashburn.va.ibone.comcast.net [75.149.228.174]
                                0/ 100 =  0%   |
  9   13ms     0/ 100 =  0%     0/ 100 =  0%  108.170.254.81
                                0/ 100 =  0%   |
 10  ---     100/ 100 =100%   100/ 100 =100%  64.233.175.43
                                0/ 100 =  0%   |
 11   13ms     0/ 100 =  0%     0/ 100 =  0%  google-public-dns-a.google.com [8.8.8.8]

Trace complete.
```

图 2.3　PathPing 结合了每一跳的路由跟踪和统计信息

如果担心网络中有延迟，那么 PathPing 是一种更好的诊断工具。来自 PathPing 的数据解释将为你提供更稳健的假设。即使在第六跳的数据中看到异常，或看到峰值和谷值，也不一定意味着问题就出在第六跳。可能是第六跳恰好处于巨大的压力之下，或者处理器目前还有除 PathPing 外的其他事务要优先处理。ISP 用来防止 ICMP 泛洪的工具称为控制面管制(Control-Plane Policing，CoPP)。此类泛洪保护还可以改变你从 PathPing 中看到的结果。在实验 2.3 中，将使用 PathPing。

实验 2.3：PathPing

(1) 打开命令行提示符、PowerShell 或终端窗口。

(2) 输入以下命令，显示 PathPing 可以使用的选项：

```
pathping /?
```

(3) 在命令行提示符下，输入以下内容：

```
pathping -q 50 8.8.8.8
```

通过将-q 50 用作选项，可将时间缩短一半，尽管仍然需要 137 秒。

2.4　MTR

MTR(My TraceRoute)是另一种将多个工具合为一体的工具。MTR 最初于 1997 年以 Matt Kimball 的名字命名，被称为 Matt 的 TraceRoute。

WinMTR 是一个结合了 tracert 和 ping 命令的 Windows 应用程序。可从 www.winmtr.net 下载。该工具通常用于排除网络故障。通过显示经过的路由器列表以及平均时间和丢包率，它允许管理员识别造成延迟的两个路由器之间的问题。这有助于识别网络过度使用问题。在实验 2.4 中，将使用 MTR。

实验 2.4：MTR

(1) 打开命令行提示符或终端窗口。

(2) 从 www.winmtr.net 下载 WinMTR 文件，并根据你的硬件情况(如 x86 x64)选择适当文件。

(3) 解压缩.zip 文件，并记下文件的位置。

(4) 打开 WinMTR 文件夹，然后双击该应用程序。PathPing 和其他信息将显示在图形用户界面(GUI)中，使数据更容易记录。

(5) 在Host右边的输出框中输入8.8.8.8，然后单击Start按钮。图2.4显示了结果。

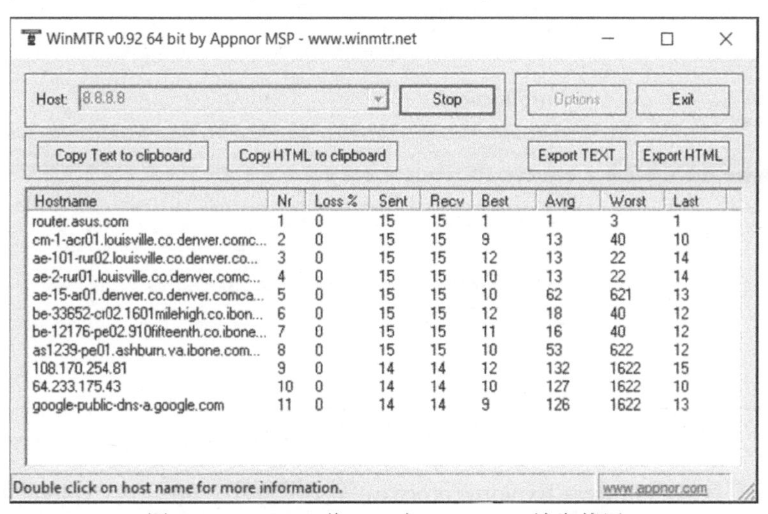

图 2.4　WinMTR 将 ping 与 traceroute 结合使用

(6) 单击 Export TEXT (导出文本)或 Export HTML (导出 HTML)按钮，复制或导出结果。

(7) 双击主机名以获取更多信息。选择主机字段末尾的向下箭头并清除历史记录。

2.5 Sysinternals

Microsoft TechNet 是存放微软所有东西的宝库，包括故障排除、下载和培训。在网站 https://technet.microsoft.com 上，可以找到免费培训、资料库、维基、论坛和博客。当你的 Microsoft 工作站出现 BSOD 故障时，你在哪里查找错误代码和事件 ID？TechNet！在哪里可以找到能帮助你管理、排除故障以及诊断 Windows 机器和应用程序的工具呢？TechNet！

当访问 TechNet 网站时，找到 Sysinternals 套件的最快捷方法是在右上角搜索它。Sysinternals 套件将许多小型实用程序捆绑成一个出色的工具。Sysinternals 套件最棒的一点在于它的便捷性。图 2.5 显示了下载链接。你不必安装每个工具，可将整套工具放在 USB 驱动器上，并在任何 PC 上使用它们。

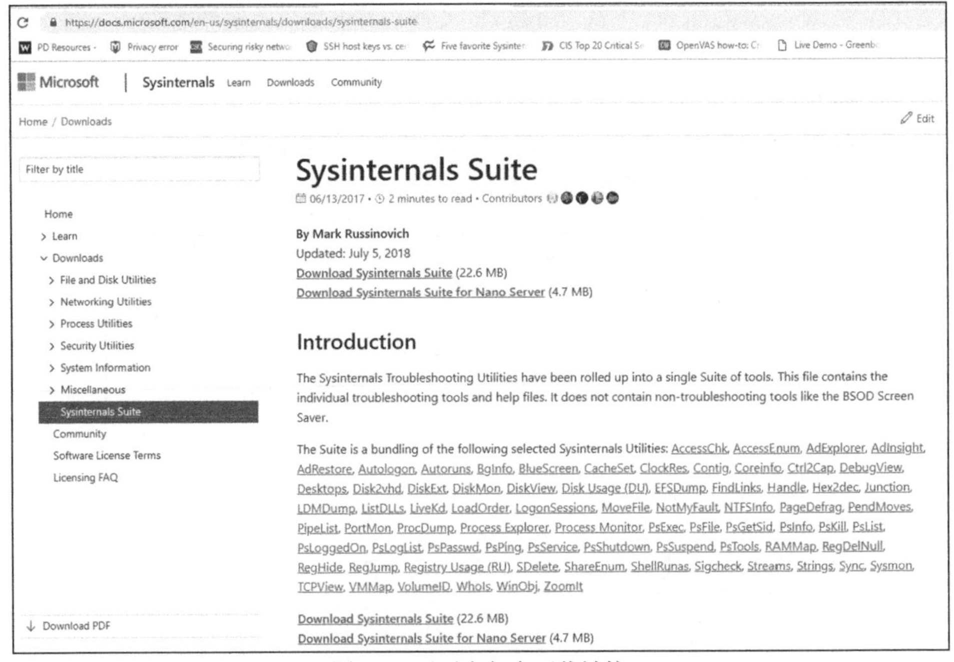

图 2.5 网页中包含下载链接

这些工具包括 Process Explorer(procexp)等实用程序。Process Explorer 与任务管理器很相似，具有大量额外功能或 Autoruns 功能，可帮助你处理启动过程。套件中的另一个工具是 PsExec，它是 Telnet 的轻量级替代品。我最喜欢的工具之一是 notmyfault，说真的，这就是工具的名称。可以用它来处理内核内存泄漏——在解决设备驱动程序问题时很有帮助。 在实验 2.5 中，将使用 Sysinternals。

实验 2.5：Sysinternals

(1) 打开浏览器，导航到 https://technet.microsoft.com。

(2) 在 Search 字段中，查找 Sysinternals。你看到的第一个链接应该是 Download Sysinternals Suite。

压缩文件大小约为 24MB，解压缩后约为 60MB。Sysinternals 可以很容易地安装在 USB 驱动器上。

(3) 将文件保存到硬盘驱动器并解压缩所有文件。注意要记下文件的位置(我之所以这么说，是因为我曾经犯过此类错误)。

(4) 解压缩后，打开文件夹并将视图更改为 List，如图 2.6 所示。这样可以一次看到所有内容。

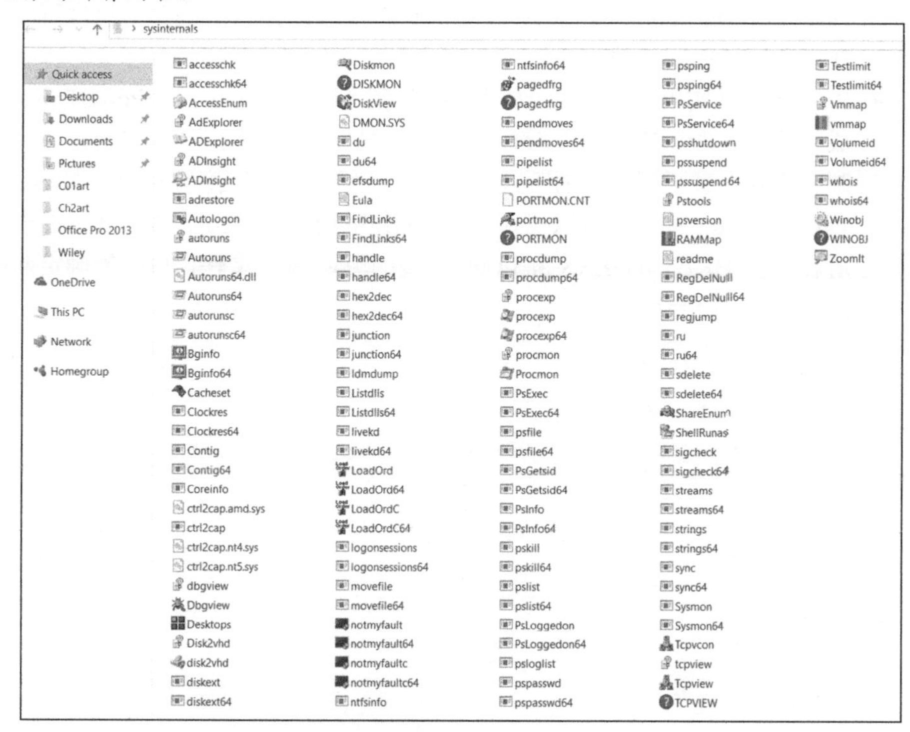

图 2.6　列出所有 Sysinternals 工具

其中有很多出色的工具。由于篇幅所限，下面只列出一些最常用的工具：

- **procexp(Process Explorer)**　该工具是 Sysinternals 中最常用的工具之一。这是一个简单工具，但可提供 PC 上每个进程、每个 DLL 和每个活动的提示信息。在图 2.7 中，可看到进程、CPU 使用情况、PID 和其他信息。我最喜欢的一个 Process Explorer 功能是：如果你怀疑计算机受到攻击，可使用 VirusTotal 来检查进程。

- **pslist** 要查看计算机上的进程，一种方法是按 Ctrl+Alt+Delete 组合键导航到任务管理器。任务管理器是一个很好的工具，但只能在本地计算机上使用。你可运行 pslist 以远程获取在其他计算机上运行的进程的列表。
- **pskill** 该工具可用于终止你的计算机或其他人的计算机的运行。用 pslist 查找进程 ID，用 pskill 终止它。
- **Autoruns** 恶意软件(Malware)是我们 IT 部门存在的原因之一。恶意软件可能很狡猾，会入侵启动文件夹。这将可能是你想要尝试清除的最困难的东西之一。Autoruns 可以通过查看自动启动的应用程序的所有可能位置来提供帮助。可以过滤 Autoruns，以便不列出那些需要启动的正常程序，这样可以专注于分析入侵系统的恶意软件。
- **ZoomIt** 此实用程序可用于放大屏幕的某个区域。它可以与 PowerPoint 集成，以便在演示期间使用宏键(macro key)触发某些功能。可以实时缩放、绘制、输入，甚至如果你的听众在课堂上有需要，也可配置休息计时器。
- **PsLoggedon** 此工具可以找到登录到系统的用户。PsLoggedon 通过扫描注册表查看 HKEY_USERS 键以确定加载了哪些配置文件，可用于确定谁在 PC 上建立了会话。

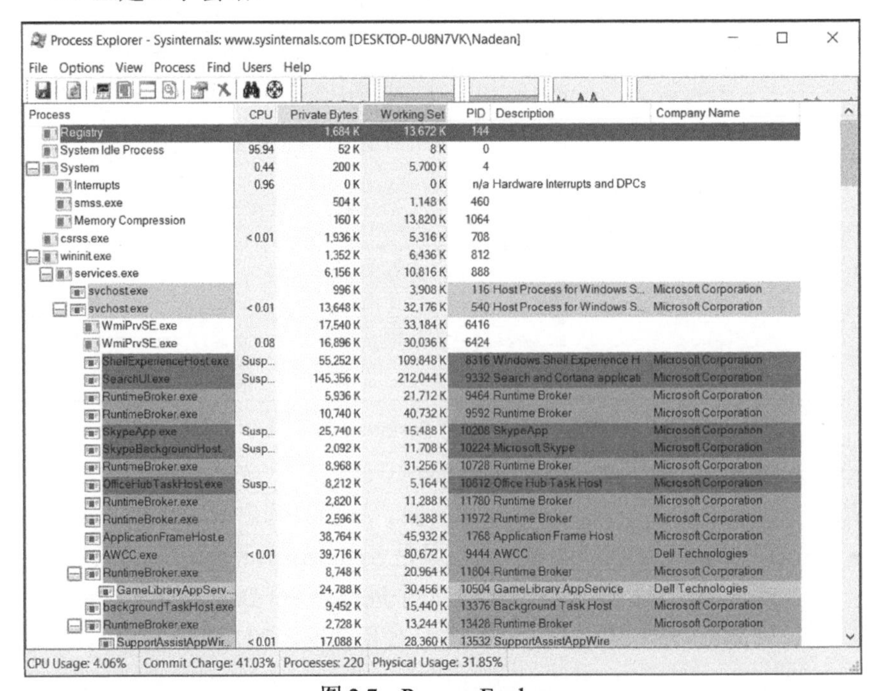

图 2.7 Process Explorer

- **sdelete**　这是一个你不应该经常需要的工具，但有时绝对可以派上用场。如果需要永久删除某些内容，以便即使是最好的文件恢复工具也无法检索到数据，那么 sdelete 非常合适，sdelete 是使用 0 写入存储文件的扇区。因此如果需要永久处理文件或文件夹，则可以使用此工具。
- **PsExec**　有时你可能想在远程系统上执行程序。Telnet 在端口 23 上运行，但是以明文形式通过网络发送登录凭据。PsExec 是更好的选择，允许你执行进程而不必手动安装其他软件。可以启动交互式命令行终端并启用远程工具。
- **notmyfault**　如果服务器无法正常运行，或者你发现资源不足并且计算机速度很慢，则可以使用 notmyfault 来解决更高级的操作系统性能问题以及应用程序或进程崩溃问题。

2.6　传说中的上帝模式

我第一次经历无敌模式是在 1993 年，当时我正好开始玩 Doom 这个游戏。Doom 是一款第一人称射击游戏，情节分为九个级别。你扮演一个绰号为 DoomGuy 的角色，他是一个发现自己在地狱中的太空海战队士兵。有一种特殊的作弊模式叫 IDBEHOLDV，这种模式可以让你无敌。这被认为是上帝模式。

2007 年，随着 Windows 7 的首次亮相，出现了一种绰号为上帝模式的工具。它的真名是 Windows 主控制面板(Windows Master Control Panel)，但我个人认为上帝模式听起来更具有史诗性。

通过 Windows 主控制面板，可以访问一个文件夹中的所有操作系统控制面板，也可以在 Windows 8.1 和 Windows 10 中启用上帝模式。该功能对于 IT 人员、管理计算机的人员以及高级 Windows 专家都非常有用。启用上帝模式会创建一个文件夹，也允许访问每个 Windows 操作系统设置。你在图 2.8 中看到的图标就是针对上帝模式创建的文件夹。

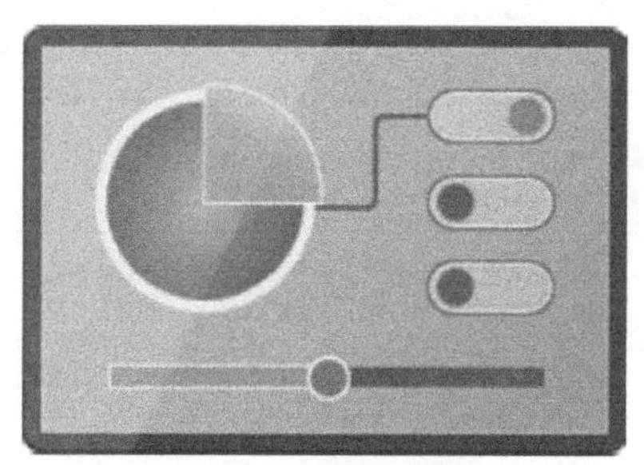

图 2.8　上帝模式文件夹

在实验 2.6 中，将启用 Windows 主控制面板。

实验 2.6：启用 Windows 主控制面板
(1) 确保你使用的是具有管理员权限的账户。
(2) 在 Windows 7/8.1/10 操作系统的桌面上右击，然后选择 New | Folder。
(3) 将文件夹命名为 GodMode.{ED7BA470-8E54-465E-825C-99712043E01C}。
(4) 按 Enter 键并双击 Windows 主控制面板图标，打开该文件。

它并不像在 Doom 游戏中那样完全无敌，那样令人兴奋，但就 IT 而言，在一个地方拥有所有这些工具也是非常不错的。在开始尝试各种工具之前，你可能需要考虑先做一下备份。如图 2.9 所示，当打开 GodMode 文件夹时，创建备份和恢复文件将出现在第一组选项中。

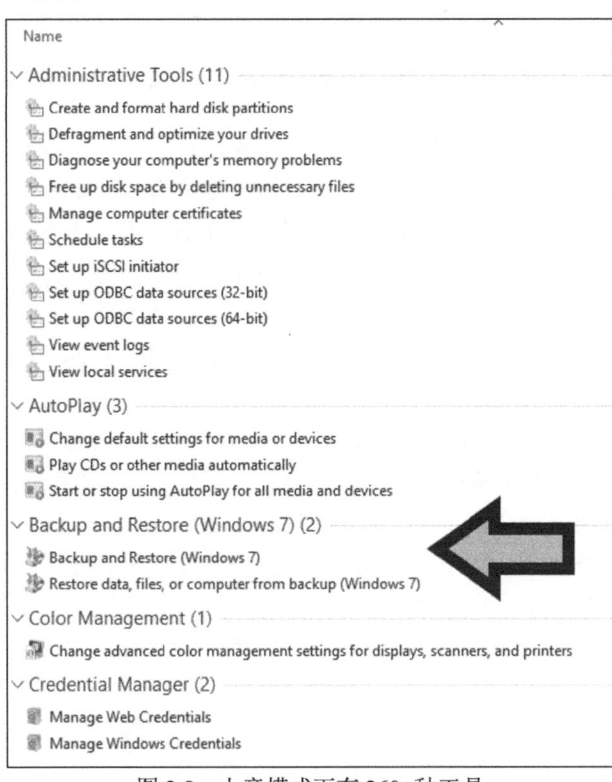

图 2.9　上帝模式下有 260+种工具

第3章

Nmap——网络映射器

本章内容：

- 端口
- 网络映射
- 正在运行的服务
- 操作系统
- Zenmap

我最喜欢的非营利组织之一是互联网安全中心(Center for Internet Security，CIS)。CIS 的使命是“识别、开发、验证、推广和维持网络防御的最佳实践解决方案，并建立和引导社区，以建立可信任的网络空间环境。” CIS 聚合了一系列主题专家(SME)，他们能够共同努力，为每个人的利益确定有效的安全措施。CIS 在网络安全方面发挥着重要作用。其众多贡献之一就是维护当前最强大的网络安全最佳实践文档，称为“CIS 控制版本 7(CIS Controls Version 7)”。

这些控制分为基本操作、基础操作和组织操作，以便可以保护组织并保护数据免受网络攻击。世界各地的攻击者正在扫描面向公众的 IP 地址，并试图找到网络中的弱点。

本章将重点介绍所有组织应采取的 CIS 推荐的最佳行动。第一个是硬件资产的清单和控制，第二个是在这些资产上安装的软件的清单和控制。当能够跟踪和管理网络上的设备和软件时，可以防止未经授权的设备和软件，这样就可以提高安全态势。

构建安全程序时要做的第一件事就是实现资产控制。我们将使用 Nmap 开始这个过程，Nmap 是一个开源网络映射器。许多系统管理员发现 Nmap 在需要围绕网络资产和拓扑构建文档时非常有用。Nmap 在后台以多种方式处理 IP 数据包，尝试确定网络上的资产。它还将尝试查找这些资产上运行的服务、应用程序和操作系统。

Nmap 最初是作为命令行工具构建的，可以通过 shell 或终端窗口执行。目标就是构建一个灵活且极其强大的免费开源工具。它最初构建于 Linux 上，适合纯粹的系统管理员使用，现在已经发展到可以在 Windows 系统上使用，并提供了名为 Zenmap 的 GUI 格式。Nmap 中有超过 100 个命令行选项，其中一些从来没有被作者 Gordon Lyon 完全记录在文档中。

在任何规模的网络中，特别是大型的动态网络，打破这些复杂的网络和分析流量、促进问题解决和修复连接问题至关重要。网络扫描是查找有效或有心跳、正在通信的资产，然后尽可能多地收集有关这些资产的重要信息的过程。网络扫描可分为四个阶段：

(1) 网络映射；

(2) 端口扫描；

(3) 正在运行的服务；

(4) 操作系统。

3.1 网络映射

网络映射(Network Mapping)使用通过一种主动探测资产的过程来发现资产和对资产进行可视化。Nmap 将 TCP 和 UDP 数据包发送到目标计算机，这些被称为探测包。探测包在活动工具中用于收集感兴趣网段的信息。在发送节点到节点以及资产到资产的探测包之后收集数据，这些数据将信息返回到 Nmap。

如果要扫描 IT 环境中每台计算机的 65 536 个端口，则此扫描可能需要很长时间，并且实际上并不需要这样做。有时，可能会听到有人将主机发现扫描称为 ping 扫描。在 Nmap 中，可以选择跳过 ping 本身并使用其他发现目标的方法来查找网络上活动的主机。

网络环境各不相同，因此，主机发现的需求也将会大不相同。网络上的主机有多种用途，从优先级的角度看，并非所有资产都是同等重要的。有些资产在运行关键任务，有些资产只是偶尔使用而不是那么重要。

默认情况下，Nmap 通过启动主机发现来启动其进程。默认情况下，Nmap 将向端口 80(HTTP)发送一个 ICMP 回显请求、一个 ICMP 时间戳请求和一个 TCP 数据包，并向端口 443(HTTPS)发送一个 TCP 数据包。可以根据你的环境给 Nmap 添加几个选项进行定制扫描。你肯定想要使用管理员凭据来执行这些命令以获得最佳结果。 例如，使用管理员凭据扫描启用了 ARP(地址解析协议)的网络。ARP 是用于将 IP 地址映射到主机的物理地址(称为 MAC 地址)的协议。在 ARP 请求期间创建的表称为 ARP 缓存，ARP 缓存将主机的网络地址与物理地址进行匹配。

使用以下命令扫描一个网段：

```
> nmap -sn <目标地址>
```

结果将包括响应 Nmap 所发出探测的所有活动主机。选项-sn 禁用端口扫描，同时保持发现过程不受影响。图 3.1 显示了 Nmap 如何对资产执行 ping 扫描，这意味着你将只看到对探测进行了响应的可用主机。大多数系统管理员发现此选项非常有用，可以快速验证网络上哪些资产处于活动状态。

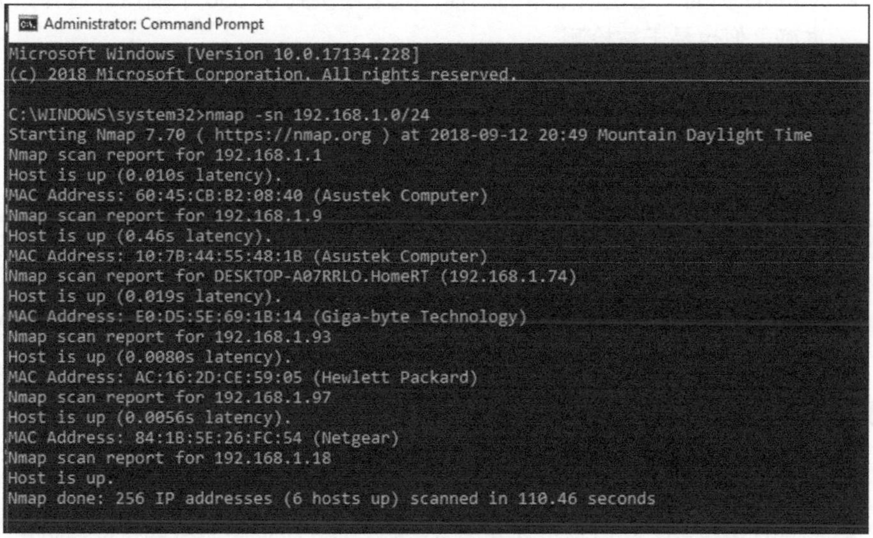

```
Administrator: Command Prompt
Microsoft Windows [Version 10.0.17134.228]
(c) 2018 Microsoft Corporation. All rights reserved.

C:\WINDOWS\system32>nmap -sn 192.168.1.0/24
Starting Nmap 7.70 ( https://nmap.org ) at 2018-09-12 20:49 Mountain Daylight Time
Nmap scan report for 192.168.1.1
Host is up (0.010s latency).
MAC Address: 60:45:CB:B2:08:40 (Asustek Computer)
Nmap scan report for 192.168.1.9
Host is up (0.46s latency).
MAC Address: 10:7B:44:55:48:1B (Asustek Computer)
Nmap scan report for DESKTOP-A07RRLO.HomeRT (192.168.1.74)
Host is up (0.019s latency).
MAC Address: E0:D5:5E:69:1B:14 (Giga-byte Technology)
Nmap scan report for 192.168.1.93
Host is up (0.0080s latency).
MAC Address: AC:16:2D:CE:59:05 (Hewlett Packard)
Nmap scan report for 192.168.1.97
Host is up (0.0056s latency).
MAC Address: 84:1B:5E:26:FC:54 (Netgear)
Nmap scan report for 192.168.1.18
Host is up.
Nmap done: 256 IP addresses (6 hosts up) scanned in 110.46 seconds
```

图 3.1　nmap 命令

定期扫描已添加到网络中的新资产并且不发送通知是非常重要的。不遵循变更管理程序，甚至对新上线的业务不做书面记录以及新机器未经漏洞扫描就加入网络，这些都是错误的行为。

我遇到过一种情况，有个系统管理员会在晚上和周末扫描系统中的漏洞，以避开生产时间。有一次周末扫描时他发现突然多出一台服务器， 但当他星期一上班回到办公室时却无法执行 ping 操作连接到那台服务器，那台服务器已经消失了。后来这样的情况发生了几个星期，直到最后他才终于找到了问题所在。在一个周末应该工作的网络支持人员的办公桌下发现一台游戏服务器。他们那时正在玩局域网对战游戏而不是修复系统。当他们完成“工作”时，就把服务器关闭了。

3.2 端口扫描

端口扫描(Port Scanning)是一种可以确定网络上哪些端口是打开的，哪些端口正在侦听，并可能给出发送者和接收者之间是否存在防火墙等安全设备的方法。此过程称为指纹识别。

端口的编号范围是0~65 535，0~1 023的较低范围的是公认的常用端口。端口扫描会仔细地将一个精巧的数据包发送到每个目标端口。有一些基本技巧可供选择，具体取决于网络拓扑和扫描目标。

- **Vanilla 扫描**：这是最基本的扫描，完全连接到65 536个端口。这种扫描很准确，但也易于被检测。
- **SYN 扫描**：这种扫描发送SYN包，但不等待响应。这种扫描虽然速度更快，但是你仍然可以知道端口是否打开。
- **Strobe 扫描**：这种扫描有选择地尝试连接到少数几个端口，通常少于20个。

渗透测试人员会使用一些其他技术，例如Stealth、FTP Bounce和XMAS，这些技术专门对扫描进行了定制开发，因此这样的扫描很难被检测到。由于可以对发送者的位置进行模糊处理，因此攻击者可以在未被跟踪的情况下获取信息。

现在知道了网络上处于活动状态的计算机，是时候确定主机上打开了哪些端口了。从安全角度看，确切了解65 536个端口中的哪一个可能是暴露的，这对网络的健康状态至关重要。Nmap目前可识别六种端口状态。

- **开放(Open)**：应用程序正在主动侦听连接。
- **关闭(Closed)**：已收到探测包，但没有应用正在侦听。
- **过滤(Filtered)**：端口是否打开尚不清楚，通常防火墙的数据包过滤阻止了探测包到达端口。有时会收到错误响应，有时过滤器会丢弃探测包。
- **未过滤(Unfiltered)**：可以访问端口，但Nmap不能确认端口是打开的还是关闭的。
- **打开/过滤(Open/Filtered)**：端口已被过滤或打开，但没有建立任何状态。
- **关闭/过滤(Closed/Filtered)**：Nmap无法确定端口是关闭的还是被过滤掉了。

默认情况下最常用的端口扫描是 -sS或SYN，如图3.2所示。这是一种快速扫描，每秒扫描数千个端口，这种扫描是相当静默的，因为它不会等待确认。

```
C:\WINDOWS\system32>nmap -sS 192.168.1.0/24
Starting Nmap 7.70 ( https://nmap.org ) at 2018-09-12 22:16 Mountain Daylight Time
Nmap scan report for 192.168.1.1
Host is up (0.0045s latency).
Not shown: 993 closed ports
PORT     STATE SERVICE
53/tcp   open  domain
80/tcp   open  http
139/tcp  open  netbios-ssn
445/tcp  open  microsoft-ds
515/tcp  open  printer
8200/tcp open  trivnet1
9100/tcp open  jetdirect
MAC Address: 60:45:CB:B2:08:40 (Asustek Computer)

Nmap scan report for 192.168.1.74
Host is up (0.0035s latency).
Not shown: 992 filtered ports
PORT     STATE SERVICE
135/tcp  open  msrpc
139/tcp  open  netbios-ssn
443/tcp  open  https
445/tcp  open  microsoft-ds
902/tcp  open  iss-realsecure
912/tcp  open  apex-mesh
2968/tcp open  enpp
6646/tcp open  unknown
MAC Address: E0:D5:5E:69:1B:14 (Giga-byte Technology)

Nmap scan report for 192.168.1.93
Host is up (0.0020s latency).
All 1000 scanned ports on 192.168.1.93 are filtered
MAC Address: AC:16:2D:CE:59:05 (Hewlett Packard)

Nmap scan report for 192.168.1.97
Host is up (0.0042s latency).
Not shown: 991 closed ports
PORT      STATE SERVICE
80/tcp    open  http
111/tcp   open  rpcbind
139/tcp   open  netbios-ssn
443/tcp   open  https
445/tcp   open  microsoft-ds
548/tcp   open  afp
631/tcp   open  ipp
8200/tcp  open  trivnet1
50000/tcp open  ibm-db2
MAC Address: 84:1B:5E:26:FC:54 (Netgear)
```

图 3.2　Nmap SYN 扫描

使用以下命令对一个网段启动端口扫描：

```
> nmap -sS <目标地址>
```

3.3　正在运行的服务

许多年以前，我在科罗拉多斯普林斯的Fort Carson为Iron Horse大学讲授CompTIA课程。我的学员会坐在教室里进行为期两周的学习和实际操作。所以，如果有人想跟我的一个学员说话，他们会从大厅走到4号教室。因为他们需要找一个特定的人，所以他们会走到那个人的座位和他说话。

举个例子，比如学员的名字是 Carla，他坐在 23 号座位上。因此，Carla 的套接字(socket)就是 classroom.4:23，套接字是一个出入口。IP 地址和端口的组合称为端点(endpoint)。套接字是通过网络进行通信的两个程序之间双向对话的端点之一。将套接字绑定到端口号，这样我们就知道数据的目标是哪个应用程序。

坐在23号座位上的人就像是在操作系统中注册以在该端口侦听的程序。如果 Carla 缺席怎么办？如果是其他人坐在23号座位怎么办？在某个端口上侦听的程序可能是也可能不是通常的侦听者，因此需要知道 Carla 和 Robert 是否换了座位。表 3.1描述了最常见的端口以及应该在其上运行的服务。

表 3.1　常见的端口

端口号	名称	定义	用途
20	FTP-data	文件传输协议	在客户端和服务器之间传输文件
21	FTP-control	文件传输协议	用于移动文件的控制信息
22	SSH	安全 Shell	保证登录和文件传输的安全性
23	Telnet	Telnet 协议	过时的未加密通信
25	SMTP	简单邮件传输协议	发送/路由邮件
53	DNS	域名系统	互联网电话本，将网站名称转换为 IP 地址
80	HTTP	超文本传输协议	万维网的基石
110	POP3	邮局协议	通过下载到主机接收电子邮件
123	NTP	网络时间协议	同步网络中计算机上的时钟
143	IMAP	Internet 消息访问协议	查看来自任何设备的电子邮件，不会下载到主机上
161	SNMP	简单网络管理协议	收集信息和配置不同的网络设备
443	HTTPS	安全超文本传输协议	HTTP 的安全版本，浏览器和网站之间传输的信息是加密的
445	Microsoft DS	Microsoft 目录服务	IP 上 的 SMB(Server Message Block)，用于 Windows文件共享的首选端口
465	SMTPS	安全 SMTP	通过 SSL 验证的 SMTP
1433	MSSQL	Microsoft SQL	Microsoft SQL 数据库管理系统
3389	RDP	远程桌面协议	应用共享协议

如果对你的 IT 生态系统中的机器进行一次扫描，Nmap 将告诉你每个机器上都开放了哪些端口。如果端口打开，则可以进行通信。有时，这种通信是不受欢迎的，也是你想要防范的。例如，在图 3.3 中，可以看到 Nmap 的扫描报告显示了打开的

端口、服务、状态和版本。

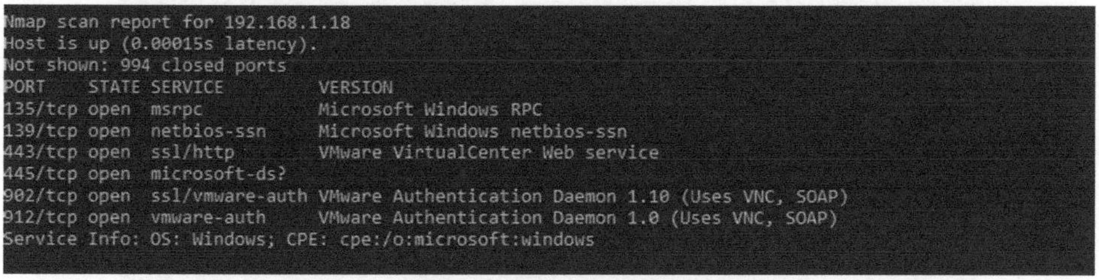

```
Nmap scan report for 192.168.1.18
Host is up (0.00015s latency).
Not shown: 994 closed ports
PORT     STATE SERVICE         VERSION
135/tcp  open  msrpc           Microsoft Windows RPC
139/tcp  open  netbios-ssn     Microsoft Windows netbios-ssn
443/tcp  open  ssl/http        VMware VirtualCenter Web service
445/tcp  open  microsoft-ds?
902/tcp  open  ssl/vmware-auth VMware Authentication Daemon 1.10 (Uses VNC, SOAP)
912/tcp  open  vmware-auth     VMware Authentication Daemon 1.0 (Uses VNC, SOAP)
Service Info: OS: Windows; CPE: cpe:/o:microsoft:windows
```

图 3.3　Nmap 扫描报告

使用以下命令对一个网段进行服务扫描：

```
>nmap -sV <目标地址>
```

当使用 Nmap 进行服务扫描时，它将告诉你哪些端口是打开的，并将使用一个数据库列出通常在这些端口上运行的 2000 多个常见服务。根据我的经验，网络管理员往往是固执己见的，并且对于如何配置企业环境中的服务有自己的想法，因此有时候数据和现实可能不匹配。如果正在进行资产或漏洞管理，你一定希望尽可能准确，并在需要时能知道系统的版本和补丁级别。

版本检测会调查这些端口以确定实际运行的服务。nmap-services-probes 数据库包含某些探测数据包，用于发现服务并将其与响应进行匹配。Nmap 将尝试确定服务、应用程序、版本号、主机名、设备类型和操作系统。

3.4　操作系统

Nmap 经常用于检测机器的操作系统。能够正确识别操作系统很关键，原因有很多，包括资产管理和查找漏洞以及特定的漏洞利用(exploit)。Nmap 以拥有最强大、最全面的操作系统指纹数据库而闻名。

识别特定操作系统的关键是操作系统如何响应 Nmap 的探测包。Windows XP 和 Windows Server 2003 的响应方式几乎相同，而 Windows Vista 和 Ubuntu Linux 16 的响应方式完全不同。在图 3.4 中，可以看到对 nmap -O 命令的响应。 使用以下命令启用操作系统检测：

```
>nmap -O <target addresses>
```

```
C:\Users\Nadean>nmap -O 192.168.1.97
Starting Nmap 7.70 ( https://nmap.org ) at 2018-09-16 22:08 Mountain Daylight Time
Nmap scan report for 192.168.1.97
Host is up (0.00052s latency).
Not shown: 991 closed ports
PORT      STATE SERVICE
80/tcp    open  http
111/tcp   open  rpcbind
139/tcp   open  netbios-ssn
443/tcp   open  https
445/tcp   open  microsoft-ds
548/tcp   open  afp
631/tcp   open  ipp
8200/tcp  open  trivnet1
50000/tcp open  ibm-db2
MAC Address: 84:1B:5E:26:FC:54 (Netgear)
Device type: storage-misc
Running: Netgear RAIDiator 4.X
OS CPE: cpe:/o:netgear:raidiator:4.2
OS details: Netgear ReadyNAS device (RAIDiator 4.2.21 - 4.2.27)
Network Distance: 1 hop

OS detection performed. Please report any incorrect results at https://nmap.org/submit/ .
Nmap done: 1 IP address (1 host up) scanned in 7.68 seconds
```

图 3.4　nmap -O 命令

3.5　Zenmap

到目前为止，本章中的所有内容都是通过命令行或终端接口完成的。随着 Nmap 的成熟，界面也在成熟。Zenmap 是 Nmap 的 GUI 版本。它是一个多平台、免费和开源的应用程序。Zenmap 具有基于命令行的 Nmap 无法做到的一些优势，例如构建拓扑、创建交互式地图、显示两次扫描之间的比较、保持和跟踪扫描结果，以及使扫描可复制。Zenmap 的目标是让初学者和专家都能轻松自由地进行扫描。只需要识别目标并单击 Scan 按钮即可，如图 3.5 所示。

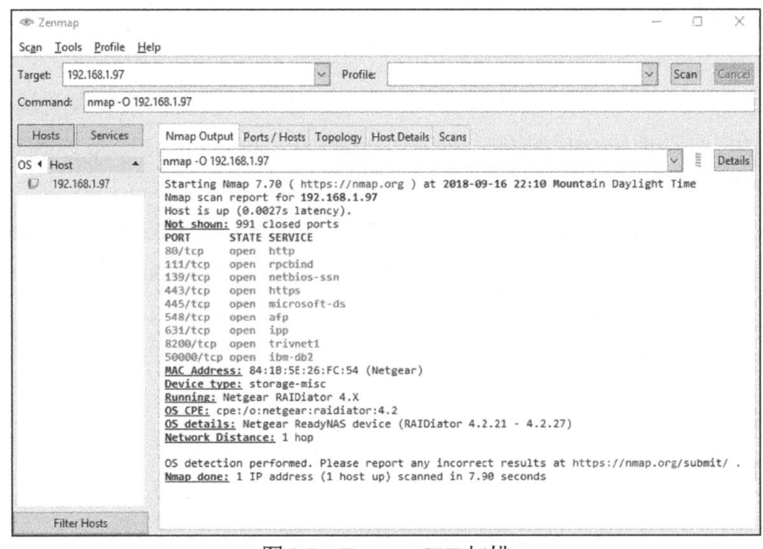

图 3.5　Zenmap GUI 扫描

如你所见，这是先前完成的扫描，只是在 GUI 中再执行一次。如果单击中间的选项卡，将看到所有打开的端口的列表、网络拓扑、主机详细信息以及资产的扫描历史记录，如图 3.6 所示。

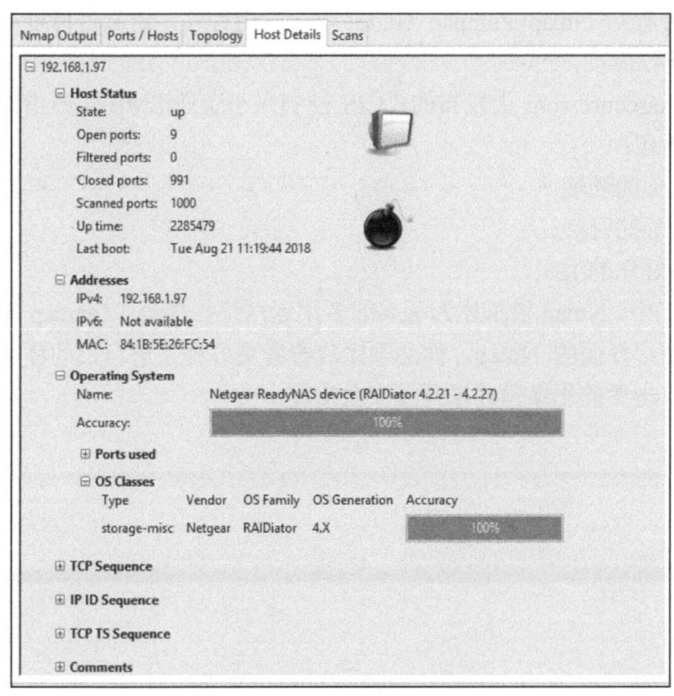

图 3.6　Zenmap 主机详细信息

选择 Scan 菜单，然后从下拉列表中选择 Save Scan，将单个扫描保存到文件。如果有多个扫描，则会询问要保存哪个扫描。可以选择以.xml 或.txt 格式保存。.xml 格式只能由 Zenmap 打开并再次使用。默认情况下，所有扫描都会自动保存，但仅保留 60 天。

在安装 Nmap 或 Zenmap 之前，需要确认它尚未安装。有几个操作系统(包括大多数 Linux 系统)嵌入了 Nmap 包但未安装。在命令行提示符处输入以下内容：

```
nmap --version
```

这将显示已安装的 Nmap 版本。如果收到错误信息，例如 nmap:command not found，则表示系统上没有安装 Nmap。

Zenmap 支持在 Windows 系统上安装，最新的稳定版本发布地址是 www.nmap.org/download。要下载可执行文件，请单击图 3.7 中所示的链接。

Latest stable release self-installer: nmap-7.70-setup.exe

图 3.7　下载 nmap-7.70-setup.exe

与 Windows 的大多数可执行文件一样，这个文件默认保存在 Downloads 文件夹中。双击可执行文件以启动安装过程。在窗口中单击 Next 按钮，保留所有默认值，直到完成安装。安装完成后，打开任务栏上的 Start 菜单，然后输入 Nmap。在菜单顶部，应该会看到 Nmap Zenmap GUI。单击应用程序，定义目标资产，然后单击 Scan 开始扫描。

在 www.cisecurity.org 上发布的“CIS 控制中小企业(SME)实施指南”白皮书分为以下三个阶段：

(1) 了解你的环境。

(2) 保护你的资产。

(3) 准备好你的组织。

在阶段(1)中，Nmap 被描述为著名的多用途网络扫描器，Zenmap 被描述为易于使用的图形用户界面的 Nmap。你必须比攻击者更好地了解自己的环境，并在关键控制点借用攻击者的思维模式来开发安全措施。

第 4 章 漏洞管理

本章内容：

- 管理漏洞
- OpenVAS
- Nexpose Community

我有多年的漏洞管理经验，但刚开始只是理论方面的经验，当时我在路易斯安那州立大学任教。当我在一所小型私立学校做 IT 主管时，开始有了一些实际经验，然后当我为美国国防部(DoD)的一个承包商工作时又积累了更多实际经验。如果计划参加任何安全认证考试——无论是 ISACA、ISC2 还是 CompTIA——你都需要注意漏洞生命周期和风险的管理是这些考试的关键组成部分。

有些船像泰坦尼克号一样大，也有些船很小。有些船只，如皮划艇，可代表你的家庭网络，而《财富》50 强的公司更像是女王伊丽莎白二世。但两艘船的目标都是一样的："不能沉没"。如果你们的任务是漏洞管理，那么你们的任务是相同的："不能沉没"。

4.1 管理漏洞

正如我之前提到的，必须比攻击者更好地了解自己的环境，并在关键控制点使用攻击者的思维模式来开发一套安全措施。既然你已拥有对网络进行故障排除的所有开源工具，并且知道必须保护哪些资产，那么必须能够评估这些资产是否存在漏洞。这是一个需要不断努力的循环，如图 4.1 所示。

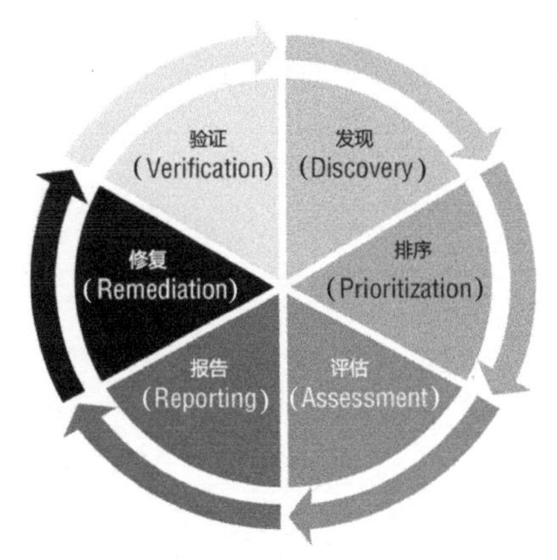

图 4.1　漏洞管理生命周期

在发现阶段，必须弄清楚你的网络与其他设备通信的内容。你不能保护你不知道自己拥有的东西。一旦能够了解清楚网络上的资产、主机、节点和中间设备，可以进入下一步了。

并非所有设备都是平等的。域是网络上的一组计算机和其他设备，使用一组通用规则进行访问和管理。Windows 域控制器(Domain Controller，DC)是响应网络中的登录身份验证请求的 Microsoft 服务器。在企业环境中，如果 DC 出现故障，由于用户无法登录域，你的电话会被打爆。但是，假如你的营销部门有一个小文件服务器，它每月备份一次；若该机器出现故障，则可能仅需要拨打一两个电话。在了解网络中存在哪些计算机之后，必须优先考虑哪些资产在运行关键任务。

一旦确定哪些资产具有心跳并且知道哪些资产会因失败或被攻击而导致混乱，下一步就是确定资产上的漏洞。这通常通过分析操作系统、打开的端口、在这些端口上运行的服务以及在这些资产上安装的应用程序来完成。

现在已准备好构建报告了。有些报告会向高级管理层汇报，需要提供趋势分析和漏洞修复计划等信息。高层管理人员根据这些报告做出的决定可能是预算或人员配备(head count)。技术报告通常会流向资产所有者，并包含需要在该设备上修复的内容。

有了报告，你现在可以获得环境中的漏洞列表以及它们所存在的设备。某些具有高级功能的软件将生成有关如何修复这些漏洞的说明。这些技术报告中的大多数都会告诉你严重等级，通常基于通用漏洞评分系统(Common Vulnerability Scoring System，CVSS)，如表 4.1 所示。美国国家标准与技术研究院(National Institute of Standards and Technology，NIST)维护着美国国家漏洞数据库(National Vulnerability Database，NVD)。在此数据库中，可以查看基于访问向量(access vector)、复杂性和身份验证的每个漏洞的定量分析，以及对机密性、完整性和可用性的影响。基本上，这意味着每个漏洞的得分都是从 0 到 10，其中 0 表示好，10 表示非常严重。

表 4.1　CVSS v3.0 评分

严重等级(Severity)	基本评分范围(Base Score Range)
无(None)	0
低(Low)	0.1~3.9
中(Medium)	4.0~6.9
高(High)	7.0~8.9
严重(Critical)	9.0~10.0

来源：美国国家标准与技术研究院(NIST)

在漏洞管理生命周期中，构建修复计划是关键步骤。完成资产分类和漏洞评估后，可将调查结果与编制行动计划相关联。我之前合作过的一些组织的目标是 100%不受漏洞影响，而这在我们的现代数字基础设施中并不是一个现实的目标。如果已连接设备并与世界通信，那么你的网络就有了一条向外连接的通道。在运行关键任务的设备上，需要优先处理关键和高危严重漏洞的修复。保存不太重要的设备以便以后修复。

没有什么比拆开 PC，修复你认为的问题，将 PC 完全重新组合在一起，却意识到你并没有修复它并且不得不重新开始更令人沮丧。验证对此过程至关重要。如果没有重新扫描资产寻找相同的漏洞，并且你认为你的修复程序有效但其实并不是，那么将产生一种错误的信任感并让自己受到攻击。

根据我的经验，IT 行业是最具活力、不断变化和发展的行业之一。在企业环境中，有时在不遵循变更管理流程和程序时会带来风险。我们的网络在不断变化和发展。网络基础架构工作人员会在域上抛出没有打补丁的新服务器，因为需要这台服务器的人有权绕过安全控制。美国国防部有些手握重权的人，在不了解其影响的情况下会要求做这样的事情。这些资产仍然需要扫描，如果在添加到网络之前没有扫描，可以在之后进行扫描。我合作过的一些组织有合规性需求，要求每月扫描一次。有些组织拥有强大的安全策略，他们要求每周至少扫描一次资产。无论哪种方式，漏洞扫描都不仅是一次性操作。需要进行维护以确保网络/基础架构安全。

4.2　OpenVAS

开放漏洞评估系统(OpenVAS)是一个由多个工具和服务组成的开源框架，提供强大的漏洞扫描和管理系统。它设计用来搜索联网设备、可访问的端口和服务，然后测试是否存在漏洞。它是众所周知的 Nexpose 或 Nessus 漏洞扫描工具的竞争对手。分析这些工具的结果是 IT 安全团队努力创建强大、完全成熟的网络视图的第一步。

这些工具还可用作更成熟的 IT 平台的一部分，该平台定期评估企业网络的漏洞，并在引入重大变更或新漏洞时向 IT 专业人员发出警告。

这种模块化服务导向产品的核心是OpenVAS扫描器，有时也称为引擎。扫描器使用由位于德国的Greenbone Networks维护的网络漏洞测试(Network Vulnerability Tests，NVT)项。Greenbone Networks由网络安全和免费软件专家于 2008 年创立，提供开源解决方案，用于分析和管理漏洞，评估风险并推荐行动计划。根据OpenVAS网站提供的数据，有超过 50 000 个NVT，这个数字每周都在增长。

OpenVAS管理器是进程的实际管理者，使用OpenVAS传输协议(OpenVAS Transfer Protocol，OTP)和OpenVAS管理协议(OpenVAS Management Protocols，OMP)控制扫描器。管理器组件规划扫描并管理报告的生成。管理器在SQL数据库上运行，其中存储了所有扫描结果。Greenbone Security Manager(GSM)Web应用程序界面是命令行客户端控制扫描器、规划扫描和查看报告的最简单方法。安装OpenVAS后，通过Greenbone Security Assistant登录，如图 4.2 所示。

图 4.2　通过 Greenbone Security Assistant 登录 OpenVAS

ISO 文件是用于安装操作系统或软件的整个 CD 或 DVD 的副本。有时称为 ISO 映像，需要此文件来部署 OpenVAS 映像。从网站获得 OpenVAS.iso 文件后，即可在裸机或虚拟环境中安装。如果想在 Linux 系统上安装它，我建议使用 Ubuntu 16.04。将需要一个新部署的 Ubuntu 服务器，一个具有 sudo 权限的非 root 用户和一个静态 IP 地址。你还需要知道如何使用以下命令。

```
sudo apt-get update -y
sudo apt-get upgrade -y
sudo reboot
```

在 Linux 系统上使用 sudo 命令，意味着是“超级用户”。如果更熟悉 Windows 环境，则 sudo 类似于右击程序并选择 Run As Administrator。当添加-y 选项时，它将使用一个肯定的答案绕过任何“是/否”提示。

apt-get update 命令将更新可用包和版本的列表。apt-get upgrade 命令将安装较新的版本。

有点像过去的即插即用，需要使用以下命令安装所需的依赖项：

```
sudo apt-get install python-software-properties
sudo apt-get install sqlite3
```

OpenVAS 默认不在 Ubuntu 软件仓库中，因此要使用个人包存档(Personal Package Archive, PPA)，必须添加、更新并使用以下命令进行安装：

```
sudo add-apt-repository ppa: mrazavi/openvas
sudo apt-get update
sudo apt-get install openvas
```

默认情况下，OpenVAS 在端口 443 上运行，因此需要配置防火墙允许此操作以启用漏洞数据库的更新。NVT 数据库包含超过 50 000 个 NVT，而且在继续增加。使用以下命令进行联机同步：

```
sudo openvas-nvt-sync
```

如果跳过此步骤，很可能会在以后遇到严重错误。如果愿意，可以等到启动程序并转到软件内部的“管理”功能以更新漏洞数据库源。无论哪种方式，都必须这样做。

同步数据库后，使用浏览器(最好是火狐)和默认凭据 admin/admin 登录 https://*your static IP adress*。然后，应该看到屏幕上显示的 OpenVAS 的 Security Assistant 欢迎页面，如图4.3所示。

蓝色星形图标是主页上最重要的按钮之一。它将允许你添加新对象，例如扫描或主机列表的配置。如果只想扫描一个 IP 地址，可以使用主页上的超快速立即扫描按钮。要熟悉该软件，请从如图 4.4 所示的一个功能菜单开始，然后逐步学习。

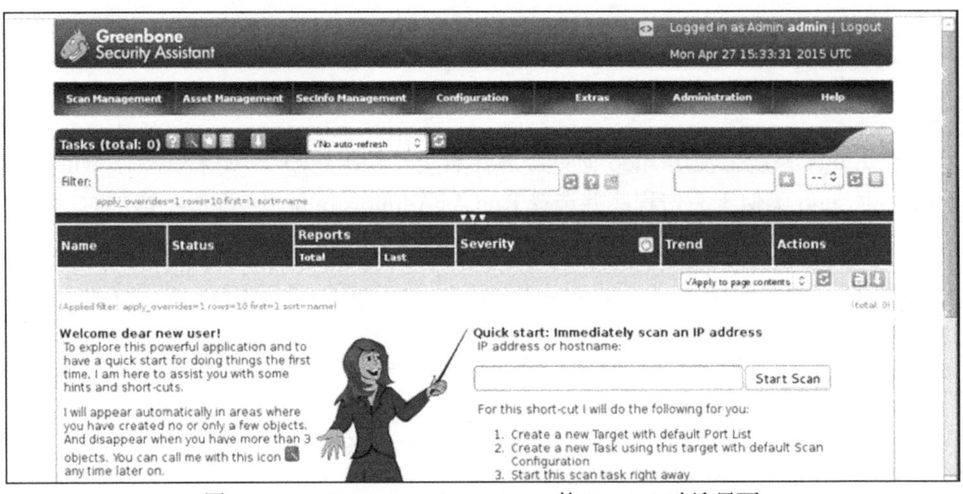

图 4.3　Greenbone Security Assistant 的 OpenVA 欢迎界面

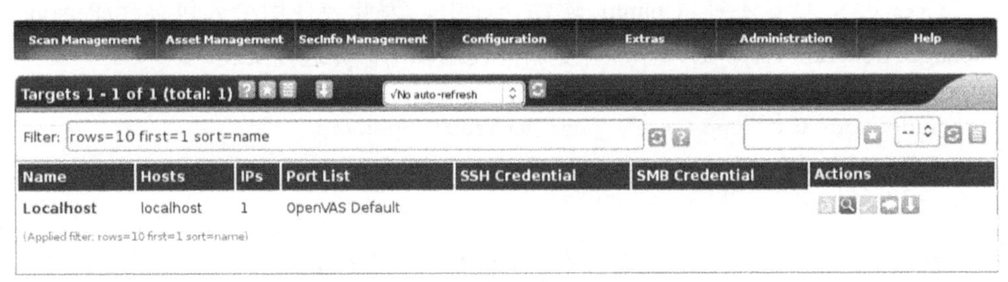

图 4.4　用于启动扫描的默认 Localhost 设置

你可能已经注意到，有多个星形图标。如果使用程序右侧的星形图标，则将创建一个新的过滤器。要添加子网列表，请使用 Target(目标)页面顶部标题中的星形图标。从开始到结束的过程如图 4.5 所示。

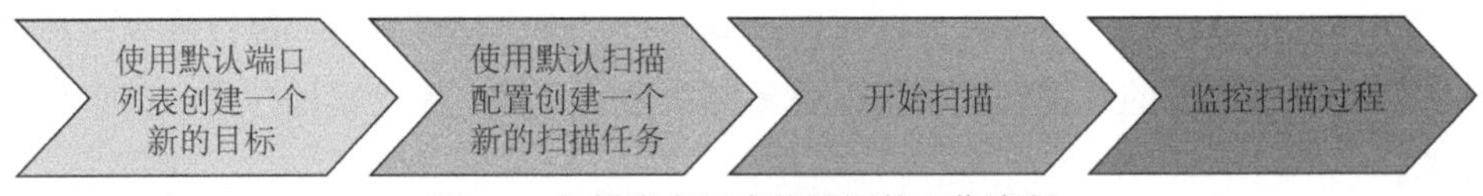

图 4.5　扫描资产以查找漏洞的工作流程

(1) 要在完成主机配置后配置主机列表，请导航到 Configuration 选项卡。在页面的标题部分查找目标。可以在此处添加新的 IP 地址范围子网列表。请注意，根据 IP 地址范围子网的大小，CIDR(Classless Inter-Domain Routing，无类别域间路由)表示法偶尔会出错。你可能只需要逐条列出各个 IP 地址。默认情况下，你的本地主机将列在主页上。

(2) 适当地给扫描命名。我通常尝试以一种便于引用以及能提示扫描内容的方式来命名扫描，而不是某种类型的数字名称，使我必须实际打开扫描才能了解我当时的想法。扫描配置可以保留默认值 Full And Fast Ultimate。选择目标，然后单击 Create Task。新任务将以绿色栏形式显示在新状态旁边。

(3) 准备好后，单击 Actions 下的绿色箭头以运行此新任务并开始扫描。

(4) 我喜欢的就是在任务详情页面中监控任务进行的情况。要监控实时扫描，请将 No AutoRefresh 选项设置为每 30 秒刷新一次，比看电视的感觉还好。根据列出的目标数量，扫描应在几分钟内完成。

报告对于漏洞管理生命周期来说至关重要。扫描完成后，请仔细检查扫描结果摘要。扫描结果会按高危、中危、低危进行分级，并包含相应的日志。已发现的每个问题都配有详细说明，包括漏洞、影响、受波及的软件以及修复方案。扫描结果可导出为.pdf、.txt、.xml 或.html 格式的文件。

图 4.6 是包含在报告中的过滤结果示例。在示例中你可以看到主机的 IP 地址、运行的操作系统、存在的安全问题和威胁级别。

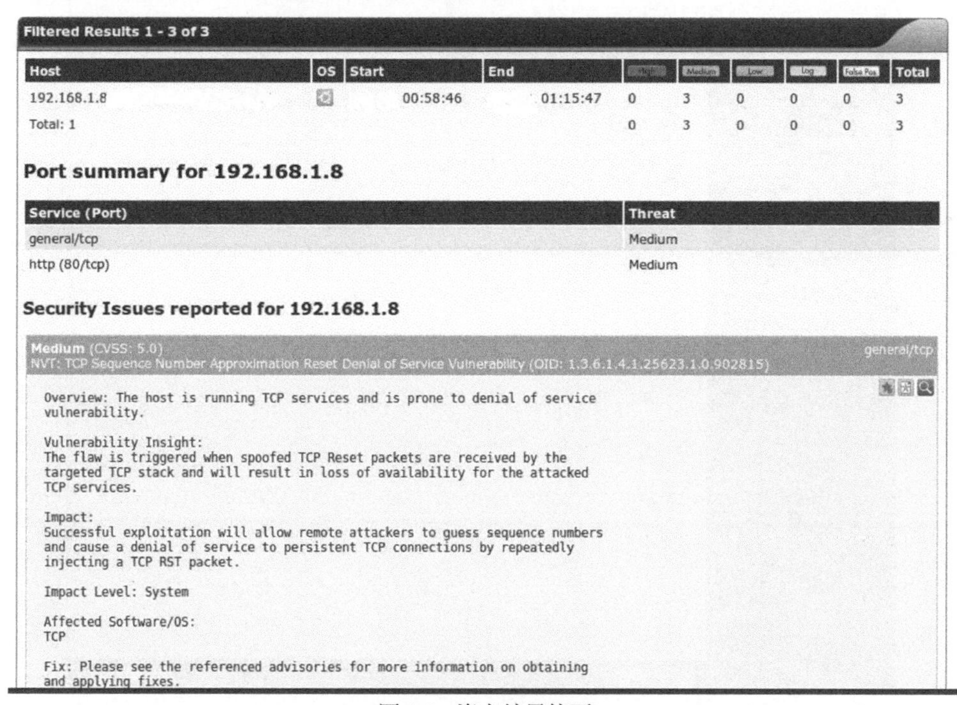

图 4.6　资产结果摘要

4.3 Nexpose Community

许多组织提供其软件的免费或社区版本。这些版本通常是轻量级的付费版本，对功能做了一定的限制。Rapid7 就提供了 Nexpose Community。Nexpose Community 是一个开始学习的好地方，因为它是免费的。如果在浏览器中搜索 Nexpose Community，则第一个选项之一应该是直接来自 Rapid7 的社区软件。可以从其他第三方下载，但直接从官网下载和验证软件会更安全。

需要填写相关信息以获得社区许可，最终在一个页面上下载带有 MD5sum 哈希的 Windows 或 Linux 版本。哈希将验证你的下载是否已损坏。下载完成后，运行安装程序。你会注意到 Nexpose Community 仅适用于 64 位架构。扫描一个企业级 IT 环境的漏洞需要大量资源，包括 CPU 和 RAM。从历史上看，32 位架构只能识别 4GB 的 RAM。Nexpose Community 只能使用 4GB 的 RAM 进行正确的扫描。

实验 4.1：安装 Nexpose Community

(1) 下载并打开可执行文件。单击 Next 按钮，如图 4.7 所示。

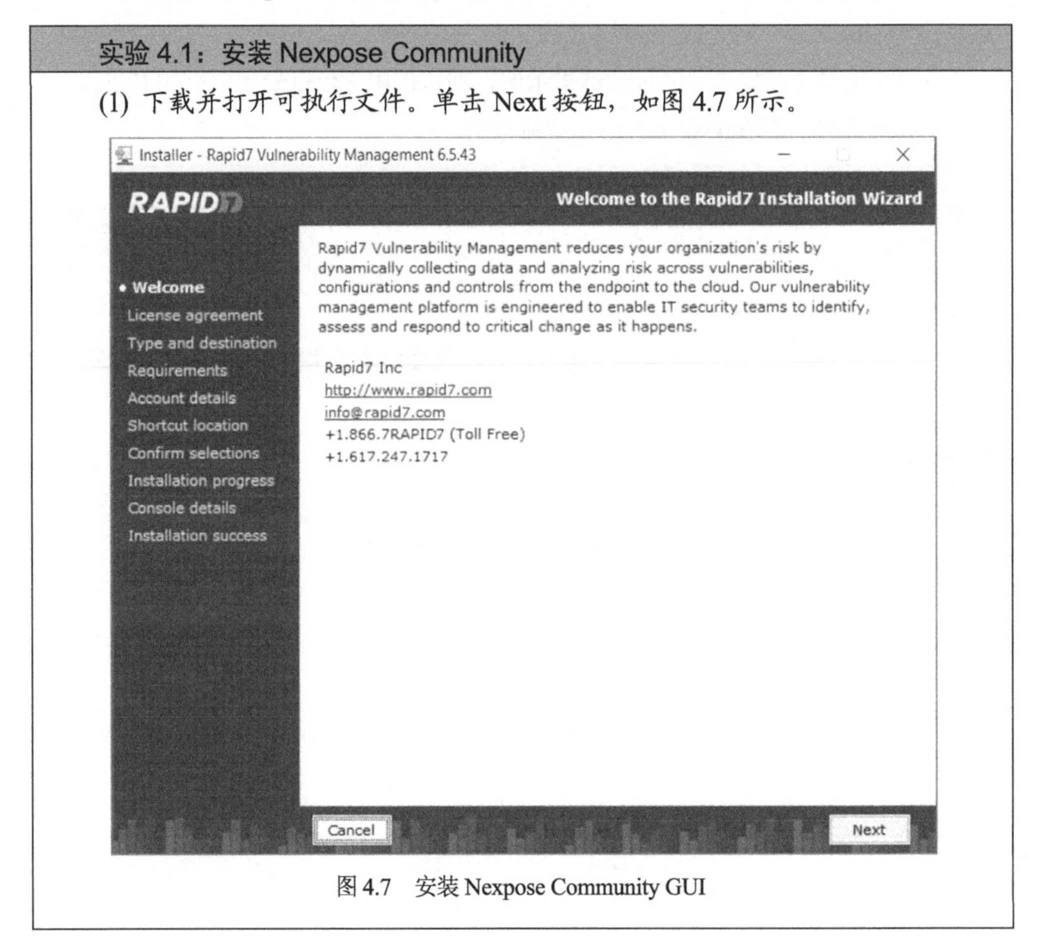

图 4.7　安装 Nexpose Community GUI

(2) 选择带有本地扫描引擎的安全控制台。将看到仅限扫描引擎的选项，这个选项使你能够部署靠近资产的扫描引擎进行扫描工作，然后将该信息上传到扫描控制台，而不会影响带宽。Nexpose 在 PostgreSQL 数据库上运行，该数据库包含在控制台的安装包中。对于大多数环境，数据库的建议存储空间为 80GB。控制台会自动绑定到 3780 端口，可以在浏览器里通过 https://*your IP address*:3780 访问初始页面。PostgreSQL 数据库将通过 5432 端口进行通信，除非在此安装阶段进行更改。

(3) 添加用户详细信息，包括名字、姓氏和公司。如果需要帮助或将数据发送给技术支持部门，使用这些信息可以创建 SSL 证书。

(4) 创建用户名和密码并记住它们。因为当忘记用户名密码时系统没那么容易进行恢复。另外不要在这些用户名和密码中使用 admin/admin。尽量使用强密码。

(5) 单击 Next 按钮两次以查看设置并开始解压缩文件以完成安装。在图 4.8 中，将看到将用于访问该程序的超链接。安装完成后需要重新启动，重新启动前请确保对你打开的其他程序进行保存操作。Nexpose 在启动时加载超过 130 000 个漏洞库，最多可能需要 30 分钟。

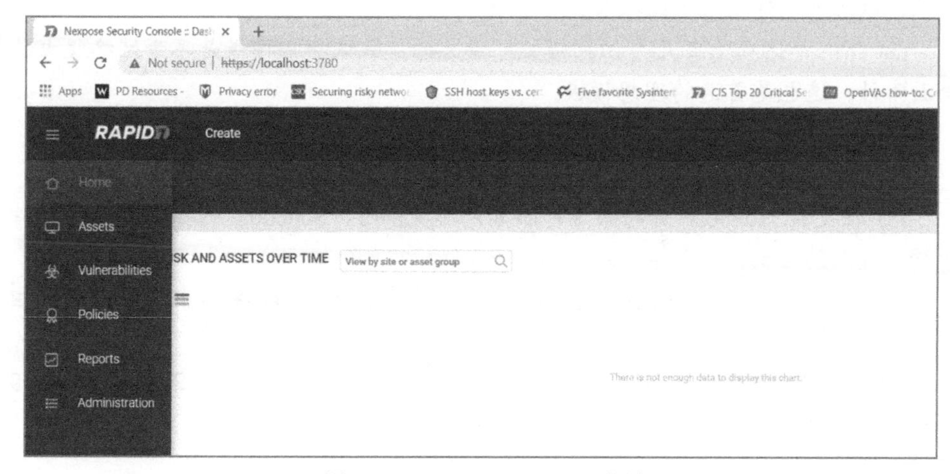

图 4.8 Nexpose Community 菜单

(6) 重新启动后，将在桌面上看到橙色的 Rapid7 徽标。在下载软件以完成安装过程之前，需要使用之前注册时收到的许可证激活产品。

(7) 图 4.8 的左侧是垂直排列的菜单。

如图 4.8 所示，Home 菜单提供资产、风险评分和资产组的摘要。Assets 页面将分解扫描的各个项目，Vulnerability 页面从不同纬度(易受到攻击的点和原因)提供有关这些资产的信息。Policies 选项将为空，因为这是社区版本，但在付费版本中，根据 CIS 或联邦的配置指南扫描一个资产。Polices 选项之下是 Reports 选项。

实验 4.2：创建一个站点并扫描

(1) 单击页面顶部的 Create 按钮。向下滑动到站点。需要考虑 7 个部分才能获得最佳扫描和性能。

(2) 可在 General 选项卡中为站点命名以供将来参考和生成报告。将这个站点命名为 TEST。

(3) Assets 选项允许你输入你想要扫描的名称，或输入地址或 IP 地址的 CIDR 范围。在社区版本中，明智的做法是先进行一次 Nmap 扫描以建立资产清单，然后单独引入这些资产，因为社区版的资产限制是 32 个。在此 TEST 站点中，添加你想要扫描的 IP 地址。如果不确定 IP 地址，请打开命令提示符，然后执行 ipconfig/all 命令确定 IP 地址。

(4) Authentication 选项使你能够被授权对 Assets 选项上列出的那些资产进行扫描。如果想进行更深入的扫描，请使用此页面上的管理员凭据。第一次可以跳过此步骤，以后可创建基准对比报告。

(5) 下一个选项上有几个扫描模板可供选择。默认扫描模板是不带网络爬虫的全面审计。这也是首选的理想模板。

(6) 社区版本只提供一个引擎。也就是你在实验 4.1 中安装的本地扫描引擎。

(7) 警告配置为当扫描失败时通知管理员。

(8) 在更新 Nexpose 并将新资产添加到环境中时，Schedule 选项将允许你保持对资产漏洞的控制。

(9) 单击右上角的 Save And Scan，对单个资产的测试扫描将开始，可以观察扫描进度。

(10) 扫描完成后，查看主机上的漏洞。在Assets页面上，这些漏洞将如图 4.9 所示。

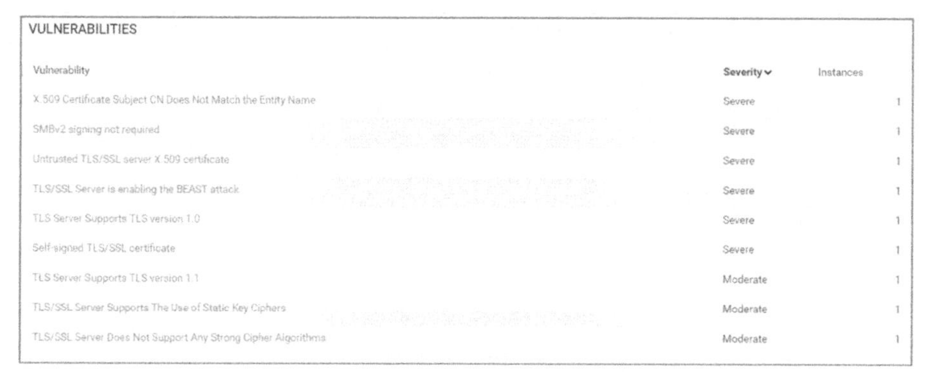

VULNERABILITIES

Vulnerability	Severity	Instances
X.509 Certificate Subject CN Does Not Match the Entity Name	Severe	1
SMBv2 signing not required	Severe	1
Untrusted TLS/SSL server X.509 certificate	Severe	1
TLS/SSL Server is enabling the BEAST attack	Severe	1
TLS Server Supports TLS version 1.0	Severe	1
Self-signed TLS/SSL certificate	Severe	1
TLS Server Supports TLS version 1.1	Moderate	1
TLS/SSL Server Supports The Use of Static Key Ciphers	Moderate	1
TLS/SSL Server Does Not Support Any Strong Cipher Algorithms	Moderate	1

图 4.9　通过 Nexpose Community 发现的漏洞列表(按严重程度排序)

实验 4.3：报告

(1) 单击左侧的 Reports 菜单。

(2) 使用报告下的功能按钮，导航到显示最后 4 个默认文档报告的圆圈，如图 4.10 所示。

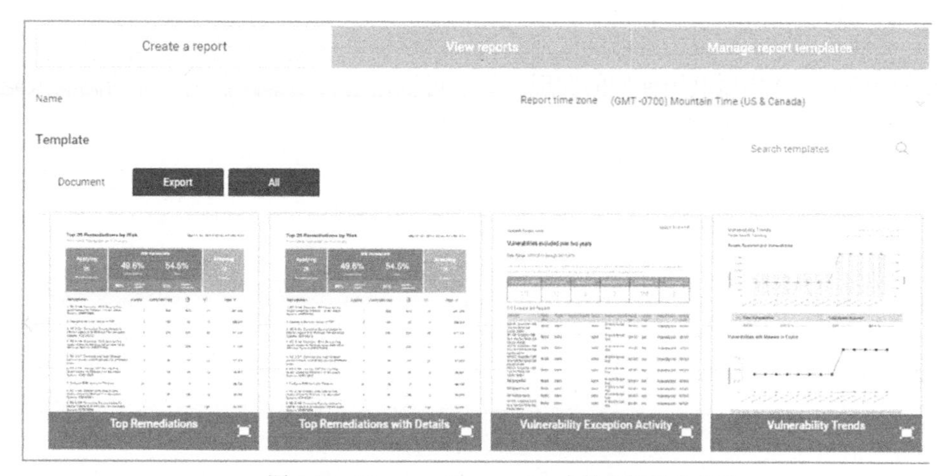

图 4.10　Nexpose Community 中的文档报告菜单

(3) 在页面顶部，将此报告命名为 Best VM Report EVER。

(4) 将看到带有详细信息的最佳修复措施。单击报告进行选择。

(5) 将文件保存为 PDF 格式。

(6) 在 Scope 下，选择中心的大+号，然后选择在实验 4.2 中进行的测试。

(7) 选择 Save And Run The Report。报告将生成后，可通过单击报告名称打开报告。

(8) 向下滚动报表预览来查看已修复漏洞的影响、漏洞列表以及漏洞所在的主机，如图 4.11 所示。导航至第二页以查看有关如何修复上述漏洞的说明。

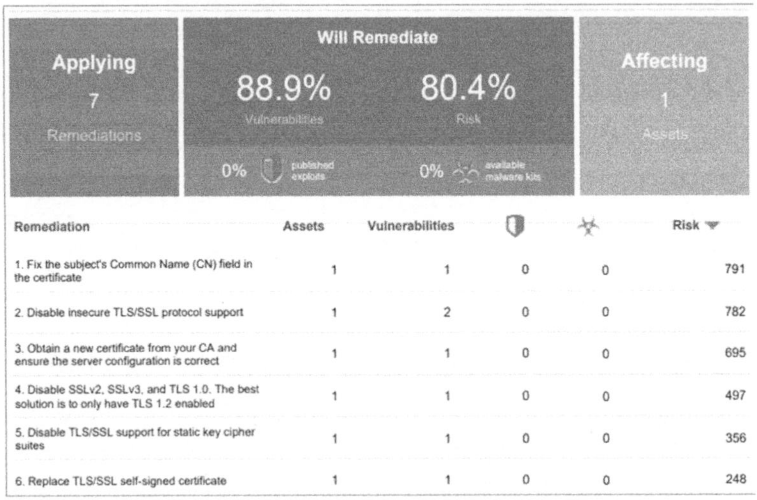

Applying
7
Remediations

Will Remediate
88.9% Vulnerabilities
80.4% Risk
0% published exploits
0% available malware kits

Affecting
1
Assets

Remediation	Assets	Vulnerabilities			Risk
1. Fix the subject's Common Name (CN) field in the certificate	1	1	0	0	791
2. Disable insecure TLS/SSL protocol support	1	2	0	0	782
3. Obtain a new certificate from your CA and ensure the server configuration is correct	1	1	0	0	695
4. Disable SSLv2, SSLv3, and TLS 1.0. The best solution is to only have TLS 1.2 enabled	1	1	0	0	497
5. Disable TLS/SSL support for static key cipher suites	1	1	0	0	356
6. Replace TLS/SSL self-signed certificate	1	1	0	0	248

图 4.11 最佳修复报告

你现在可以了解攻击者可能如何看到你的网络。攻击者正是使用这种方法来发现你的环境，并尝试利用他们的发现。如果可以通过关闭暴露在全世界的漏洞来阻止他们的努力，将拥有一个更安全的生态系统。

第 5 章

使用 OSSEC 进行监控

本章内容：

- 基于日志的入侵检测系统
- agent
- 日志分析

Open Source Security(OSSEC)是一个免费的、开源的、基于主机的入侵检测系统(Host-based Intrusion Detection System，HIDS)。OSSEC 的作者 Daniel Cid 经常在 OSSEC 的日志分析部分将其称为基于日志的入侵检测系统(LIDS)。入侵检测的日志分析是利用记录的事件来检测对特定环境的攻击的过程。

如果你的资产上安装了正确的 agent 并且 OSSEC 正在处理日志，则满足了另一个 CIS 控制的条件。CIS Control 6 就是针对日志的维护、监控和分析。必须确保在系统上本地启用日志记录，并且它正在被主动监视。有时，记录是成功攻击的唯一记录或证据。如果没有可靠的日志，攻击可能无法被发现，并且损失可能持续数月，甚至数年。LIDS 不仅可以抵御外部威胁，还可以防范内部威胁，例如检测违反可接受使用策略(Acceptable Use Policy，AUP)的用户。

5.1 基于日志的入侵检测系统

对于在网络上的主机，监控计算机的当前状态，检查存储在该计算机上的文件(日志文件)以确保这些文件未被更改至关重要。OSSEC 的运作原则是，成功利用漏洞并获得机器访问权限的攻击者将留下其活动的证据。一旦攻击者获得对系统的访问权限，他们当然不想再失去访问权限。一些攻击者会建立某种类型的后门，允许他们返回，绕过你可能拥有的所有安全措施。计算机系统应该能够检测这些修改并找到穿透防火墙和其他网络入侵系统的持续威胁。

OSSEC 是一种安全日志分析工具，目前还不知道它对日志管理是否有用。它存储警告信息，但不会存储每条日志。如果需要存储内部安全策略或合规性的日志，则需要有另一种日志存储机制。如果选择将 OSSEC 用作 HIDS，则需要使用数据库来监视文件系统对象。和机器上存储内容的哈希一样，OSSEC 可以记住文件的大小、属性和日期。例如，如果完整性是文件监控的最重要方面，则 MD5sum 哈希将使用算法来创建文件的数字指纹。

随着任何新的项目/计划的实施，需要对现状进行评估。你的团队需要定义达到什么状态才算是成功，分析当前的情况，从几个关键组件开始，并检查事件响应(Incident Response，IR)计划。IR 计划将包含有关在发生计划外事件时要采取的流程、策略、程序和指南。

使用 OSSEC 的好处是它是一个开源免费工具，不需要很多硬件。此 HIDS 工具将使你可以查看防火墙、应用程序、服务器和路由器生成的日志，还可以查看加密协议(如 SSH 和 SSL)的日志。

OSSEC 的一个挑战是它只专注于被动修复，对已经发生的事件做出反应，而不是主动修复，在此问题发生之前缓解和修复问题。你可能面临的另一个挑战是“警告疲劳”，当系统发出数百次事件或事件警告时，就会发生这种情况。这些可以通过日志关联和微调来管理。

通过使用 OSSEC agent，OSSEC 可监控数以千计的服务器。这些将由 OSSEC 管理器监控。

OSSEC 相当容易安装和定制，具有极高的可扩展性，并且适用于许多不同的平台，包括 Windows、Solaris、Mac 和 Linux。默认情况下，有数百条规则可以直接使用。OSSEC 的主要优势之一是它可以帮助客户满足特定的合规要求，例如支付卡行业(Payment Card Industry，PCI)和健康保险流通与责任法案(Health Insurance Portability and Accountability，HIPAA)。它允许用户检测并对未经授权的文件系统修改，或对任何日志文件中是否存在任何恶意行为发出警告。如果你的单位有合规要求(如 PCI)，则每个服务器必须仅实现一个主要功能，以防止需要不同安全级别的功能在同一服务器上共存。Web、数据库和 DNS 应该在不同的服务器上实现。需要具有强大安全措施的数据库将面临与使用 Web 应用程序共享服务器的风险，因为 Web 应用程序可能需要直接面向 Internet。每个服务器都可能生成自己独特类型的日志，这可能需要对 OSSEC 进行一些配置。在图 5.1 中，将看到 OSSEC 用于收集、分析并可能提醒你执行动作的过程。

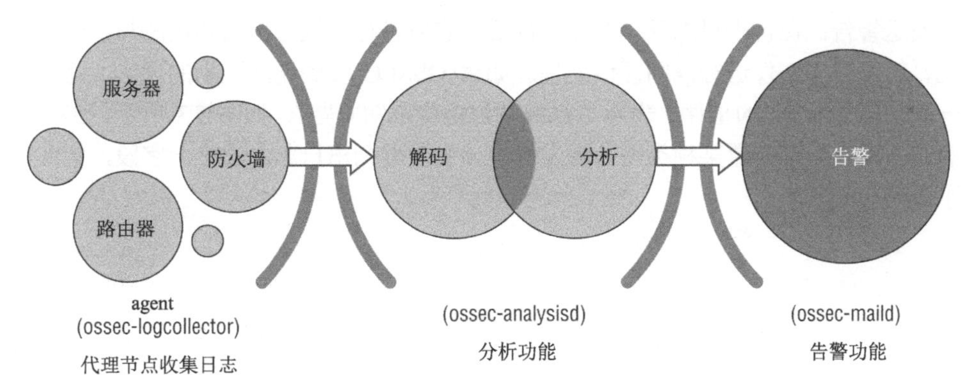

图 5.1　通过对 agent 收集的数据进行分析并可能生成警告

客户端/服务器/agent 体系结构的日志分析流程从收集需要监控的资产的日志开始。收集日志后，将从 Syslog 标头中提取通用信息，例如主机名、程序名和时间。

OSSEC 是基于 CentOS 的虚拟设备，集成了 Elasticsearch-Logstash-Kibana(ELK，是一套开源的日志管理方案)。默认情况下将使用自带的日志解码器库。这些解码器可以使用日志中的默认标记来解析或分析来自 Windows、SSH 或 Apache 的日志，这些标记有助于识别它们是什么以及它们来自何处。OSSEC 中的解码器是用 XML 编写的，并组织成库，使其易于打开、解码、定义和关闭。如图 5.2 所示，虚拟设备随时可以开始与仪表板、库和解析数据进行交互。

图 5.2　OSSEC 虚拟设备

OSSEC 必须首先理解日志中的内容，然后才能针对一个事件告诉你哪里有问题或发送警告。在解析日志并规范化数据后，它将进行指纹与指纹和语法与语法的匹配，转发日志文件进行规则评估处理。如果 OSSEC 收到无法识别的日志，将生成一个代码为 1002 的事件，表示“系统某处出现未知问题”，如图 5.3 所示。最好的解决方案之一是配置某种类型的触发器，该触发器列出日志中的唯一字段，因此它不再是未知的。

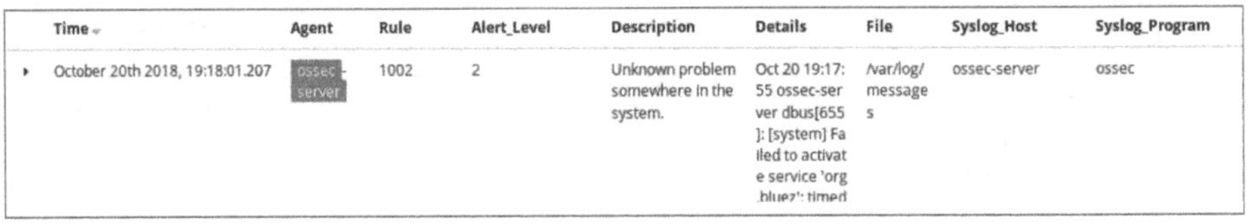

Time	Agent	Rule	Alert_Level	Description	Details	File	Syslog_Host	Syslog_Program
October 20th 2018, 19:18:01.207	ossec-server	1002	2	Unknown problem somewhere in the system.	Oct 20 19:17:55 ossec-server dbus[655]: [system] Failed to activate service 'org.bluez': timed	/var/log/messages	ossec-server	ossec

图 5.3　一个 OSSEC 代码 1002 的错误警告

OSSEC 中嵌入了大量开箱即用的规则。规则本身可以相互关联和分组。解码日志后，下一步就是检查规则。规则在内部以树型结构存储，允许根据解码的信息匹配用户定义的表达式。默认情况下，有超过 400 个规则可用。请不要修改 OSSEC 中的默认规则，因为升级时会被覆写。

有两种基本类型的规则：原子(atomic)和复合(composite)。原子规则基于发生的单个事件，而复合规则基于跨多个日志的模式。当学习编写规则时，需要一个规则 ID，一个 0 到 15 之间的数字表示级别以及一个模式。例如，如果日志被解码为 SSH，则生成规则 123。如果要添加辅助规则，那么它将取决于第一个规则。如果第二个可以匹配，可以添加更多要调用的规则；例如，可以指定 IP 地址是来自网络内部还是外部。注意，不要编写依赖于复合规则的新规则。应该查看复合规则所基于的原始原子规则。

OSSEC 每天可以生成数千个警告，如果配置不当，可能会在更短时间内生成很多警告。必须优化实例，否则将开始忽略这些警告。需要确保警告相对较少并且与你的环境相关。

5.2 agent

为避免将 agent 这个词翻译为“代理”等产生歧义，本节会保持使用英文单词：agent。

OSSEC 有许多不同的安装选项。在 www.ossec.net 网站上，可以选择 tar.gz 格式的服务器/ agent 安装文件、虚拟设备、Docker 容器以及可以在 Windows 上安装的.exe 文件。

对于新用户来说，最简单的安装方式是选择虚拟设备。虚拟设备是基于 CentOS

Linux 7 发行版的，包含所有需要的文件，因此安装部署.ova 文件非常容易。不要忘记：下载.ova 文件时，通常会有一个.readme 文件。请务必打开并阅读该文件以获取任何有用的提示，例如默认密码、要打开或连接的端口或与主机网络桥接的方法。虚拟设备中预定义了两个 CentOS 用户：ossec 和 root。root 密码是_0ssec_。ossec 用户没有密码，因此你只需要按 Enter 即可登录。

如果正在使用从 OSSEC 的 GitHub 下载的 OSSEC 虚拟设备 2.9.3，会发现这个版本的虚拟设备包含以下内容：

- OSSEC 2.9.3
- ELK 6.1.1
- Cerebro 0.7.2
- CentOS 7.4

可以将此虚拟设备导入大多数虚拟化系统。OSSEC 建议使用 VirtualBox 创建和运行此虚拟设备，当然也支持在 VMware 上使用。设备网络接口配置为 NAT 模式。要将其用作服务器器，必须将网络配置为使用桥接模式并设置静态 IP。在图 5.4 中，可以看到 Kibana OSSEC 仪表板是为了可视化警告而构建的，包括有多少超时、部署的每个 agent 的主要警告以及警告数据。

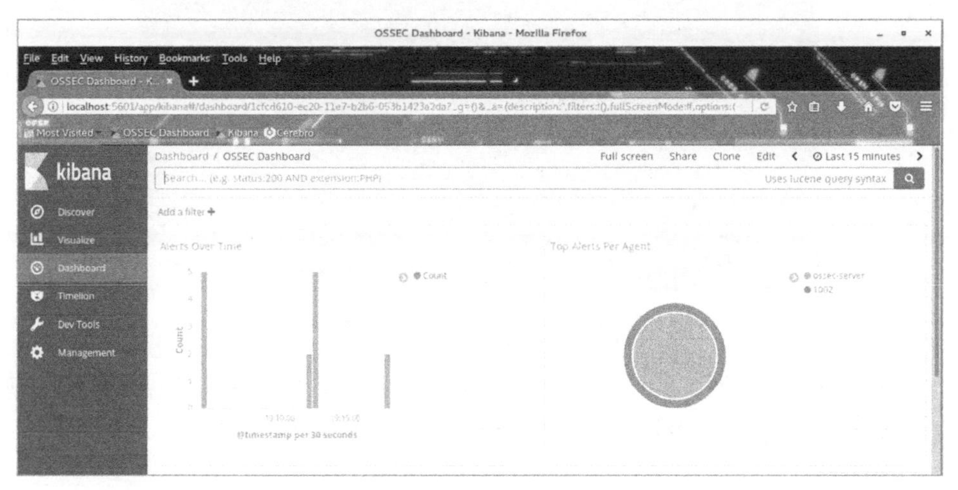

图 5.4　OSSEC 仪表板

两种类型的 agent 将数据提供给 OSSEC：有 agent 和无 agent。在主机上安装 agent 程序，并向服务器报告；无 agent 程序不需要在远程主机上安装。这两个进程都是从 OSSEC 管理器启动和维护的。信息收集完毕后，它使用 SSH、RDP、SNMP 或 WMI 将数据发送到管理器进行处理和解码。

需要执行以下操作添加 agent：

(1) 运行 manage_agents。

(2) 添加 agent。

(3) 提取并复制 agent 的密钥。

(4) 在 agent 上运行 manage_agents。

(5) 导入密钥。

(6) 重新启动 OSSEC 服务器。

(7) 启动 agent。

图 5.5 展示的是 OSSEC agent 管理器。如果要从终端运行 manage_agents，需要确保具有 root 权限并输入以下内容：

```
# /var/ossec/bin/manage_agents
```

```
****************************************
* OSSEC HIDS v2.8 Agent manager.       *
* The following options are available: *
****************************************
   (A)dd an agent (A).
   (E)xtract key for an agent (E).
   (L)ist already added agents (L).
   (R)emove an agent (R).
   (Q)uit.
Choose your action: A,E,L,R or Q: A

- Adding a new agent (use '\q' to return to the main menu).
  Please provide the following:
   * A name for the new agent: client_ossec
   * The IP Address of the new agent: 192.168.100.1
   * An ID for the new agent[004]: 004
Agent information:
   ID:004
   Name:client_ossec
   IP Address:192.168.100.1

Confirm adding it?(y/n): y
Agent added.
```

图 5.5　OSSEC agent 管理器

agent 管理器提供了多个选项。可以选择添加 agent、为 agent 提取密钥、列出现有 agent、删除 agent 以及退出。其中每一个都有字母对应于这些动作。

5.2.1　添加 agent

要执行此操作，请在 manage_agents 屏幕上的 Choose Your Action 提示符下输入 a，然后按 Enter 键。

然后系统会提示你为新的 agent 提供一个名称。这可以是主机名或另一个用于标识系统的字符串。图 5.6 显示了如何为 agent 创建名称的示例。为了获得最佳实践，请使用某种类型的电子表格创建固定的命名约定，以便对 agent 进行跟踪。

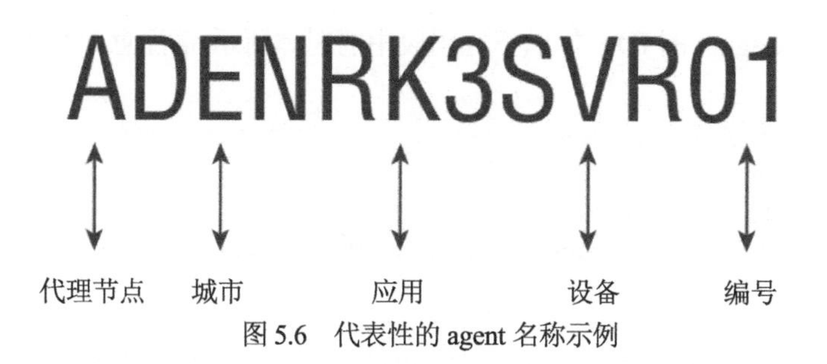

图 5.6　代表性的 agent 名称示例

根据这个 agent 名称，可以推断出它是位于 Denver 机架 3 中的 agent。这是一台服务器，agent 的序列号是 01。很多时候，组织会将他们的机器命名为现在的样子，并在机器铭牌上标注出黑客可以利用的路线图。通过混淆实现安全是我们行业的支柱。你不会把机器命名为 WIN2K8SQL，对吧？

命名 agent 后，必须指定 agent 的 IP 地址。可以是单个 IP 地址，也可以是整个 IP 范围。如果使用特定的 IP 地址，它应该是唯一的。如果复用任何 IP 地址，它肯定会在将来引起问题。当 agent 的 IP 因 DHCP 而频繁更改或者不同的系统使用同一 IP 地址(NAT)时，最好使用网络范围。为便于使用，可以在指定范围时使用 CIDR 表示法。

指定要分配给 agent 的 ID 后，manage_agents 将给出一个建议的 ID 值。此值将是尚未分配给其他 agent 的最低编号。ID 000 被分配给 OSSEC 服务器。要接受该 ID 值建议，只需要按 Enter 键即可。要选择其他值，请输入，然后按 Enter 键。

作为创建 agent 的最后一步，必须确认添加 agent。例如，可在此输入以粗体显示的值：

```
ID: 001
Name: ADENRK3SVR01
IP Address: 192.168.100.1
Confirm adding it?(y/n): y
Agent added.
```

然后，manage_agents 将 agent 信息附加到/var/ossec/etc/client.keys 并返回到开始屏幕。如果这是添加到此服务器的第一个 agent 程序，则应通过运行命令 /var/ossec/bin/ossec-control restart 重新启动服务器的 OSSEC 进程。

5.2.2　提取 agent 的密钥

每个 agent 与管理器共享密钥对。如果有 100 个 agent，就需要 100 个密钥。添加 agent 后，将创建一个密钥。要提取密钥，请在 manage_agents 显示页面的 Choose Your Action 提示符下输入 e。将获得服务器上所有 agent 的列表。要提取 agent 的密钥，只需要输入 agnet 的 ID，如以下代码段中的粗体所示(请注意，必须输入 ID 的所有数字)：

```
    Available agents:
       ID: 001, Name: ADENRK3SVR01, IP: 192.168.100.1
    Provide the ID of the agent to extract the key (or '\q' to quit): 001

    Agent key information for '001' is:
    WERifgh50weCbNwiohg'oixjHOIIWIsdv1437i82370skdfosdFrghhbdfQWE332d
J234
```

密钥以字符串形式编码，包含有关 agent 的信息。可以通过 manage_agents 的 agent 版本将此字符串添加到 agent 程序，最好的方法是剪切并粘贴它。

5.2.3 删除 agent

如果要从服务器中删除 OSSEC agent，请在 manage_agents 显示页面上的 Choose your action 提示符下输入 r。将获得已添加到服务器的所有 agent 的列表。输入 agent 的 ID，按 Enter 键，然后在提示时确认删除。请务必注意，必须输入 ID 的所有数字。下面是一个例子：

```
Choose your action: A,E,L,R or Q: r
Available agents:
   ID: 001, Name: ADENRK3SVR01, IP: 192.168.100.1
Provide the ID of the agent to be removed (or '\q' to quit): 001
Confirm deleting it?(y/n): y
```

请仔细检查是否删除了正确的 agent，因为没有二次确认，一旦 manage_agents 使/var/ossec/etc/client.keys 中的 agent 信息无效，比如误删除了，则必须重新开始。我做到了从错误中吸取教训。只保留 ID 和密钥的值以免在添加 agent 时发生冲突。已删除的 agent 无法再与 OSSEC 服务器通信。

在 Windows 和 Linux 计算机上安装 agent 程序后，它们应自动开始向管理器签到。当打开 Kibana OSSEC 仪表板时，将看到有 3 个主要面板。

- 随时间推移的 OSSEC 警告——有一个条形图以单位时间显示事件数。
- 每个 agent 的重要警告——此饼图显示每个活动 agent 的最重要警告。
- OSSEC 警告数据——此表显示每个警告和正在警告的字段，如图 5.7 所示。

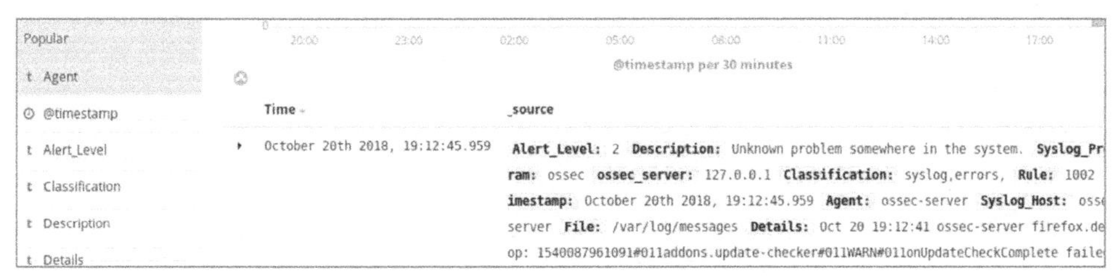

图 5.7　OSSEC 的单个 agent 警告

5.3　日志分析

现在你的 agent 收集日志并将其带入 OSSEC 服务器，是时候进行解码、检查、过滤、分类和分析了。LIDS 的目的是使用日志发现系统生成的任何攻击、误用或错误。

管理器实时监控日志。默认情况下，不保留来自主机 agent 的日志消息。完成分析后，OSSEC 会删除这些日志，除非 OSSEC 管理器的 ossec.conf 文件中包含<logall>选项。如果启用此选项，OSSEC 会将传入 agent 中的日志存储在每天轮换的文本文件中。agent 使用的资源很少，但管理器使用的资源可能会根据每秒事件(Events Per Second，EPS)而波动。可以通过两种主要方式分析日志：通过正在运行的进程或正在监视的文件。

使用 OSSEC 监视资产上的进程时，将使用数据库中包含的规则解析生成的日志。即使日志中没有一些信息可用，OSSEC 仍然可以通过检查命令的输出并将输出视为日志文件来监视它。文件日志监控将监控新事件的日志文件。当一个新的日志到达，它将转发日志进行处理和解码。

如果熟悉可扩展标记语言(Extensible Markup Language，XML)，则可以非常轻松地配置要监视的日志。XML 是一种编程标记语言，它定义了一组用于制作人类可读和机器可读的文档的规则。XML 的设计使其在许多场景中变得简单和适用。你所要做的就是提供要监视的文件的名称和日志的格式。例如，XML 的样子如下所示：

```
<localfile>
   <location>/var/log/messages</location>
   <log_format>syslog</log_format>
</localfile>
```

在虚拟机上，能够显示仪表板、可视化显示和搜索。你还可以查询日志，过滤原始数据，以及使用存储的数据进行其他索引，如图 5.8 所示。

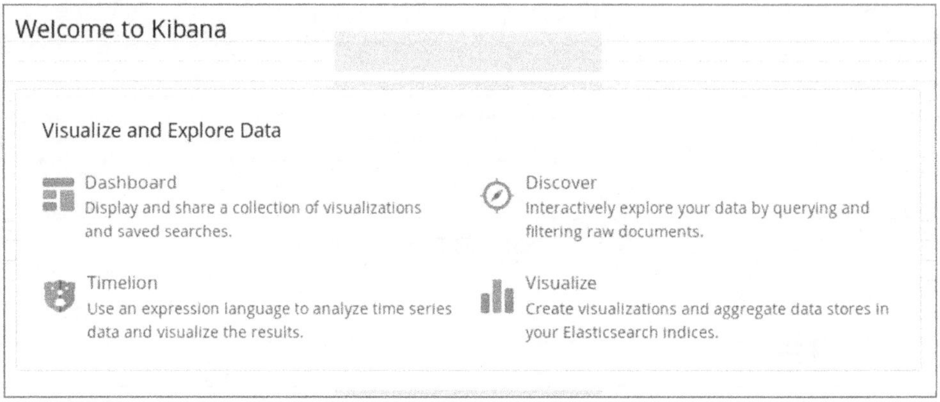

Welcome to Kibana

Visualize and Explore Data

Dashboard
Display and share a collection of visualizations and saved searches.

Discover
Interactively explore your data by querying and filtering raw documents.

Timelion
Use an expression language to analyze time series data and visualize the results.

Visualize
Create visualizations and aggregate data stores in your Elasticsearch indices.

图 5.8　Kibana 仪表板

第 6 章

保护无线通信

本章内容：

- 802.11
- inSSIDer
- Wireless Network Watcher
- Hamachi
- Tor

我们今天使用的无线技术可以追溯到当年利用电磁波来传输信息的无线电报。今天的无线通信使用相同的电磁波进行传播，也包括射频、红外线、蜂窝和卫星。美国联邦通信委员会(Federal Communications Commission，FCC)规定了如何在美国正确地使用无线频谱以确保稳定性和可靠性。用户可以保护他们的终端数据，也包括这些数据在传输途中的安全。

6.1 802.11

电气和电子工程师标准协会(Institute of Electronics Engineers Standards Association，IEEE)是一个制定无线通信标准的组织，它会从各主题专家(Subject-Matter Experts，SME)那里收集信息。IEEE 不是由特定政府组成的机构，而是遵循“一国一票”原则的公认领导人组成的团队。

IEEE 802.11 是一组关于在多个频率上实现无线传输的规范。当然随着技术的发展进步，需要对规范进行更多的修订。如果去购买无线设备，你会看到基于 802.11 版本的各种选择，大多数消费类和企业类无线设备都符合 802.11a、802.11b/g/n 和

802.11ac 标准。这些标准被统称为 Wi-Fi。蓝牙、无线个人区域网络 (WPAN)则是专用的无线技术，由 IEEE 802.15 进行定义。

在图 6.1 中，可以看到简单的无线拓扑：你有一台笔记本电脑、一台打印机和一台移动设备，它们通过一个无线接入点(WAP)连接到通往互联网服务提供商(Internet Service Provider，ISP)的路由器，使终端设备可以同时访问互联网。

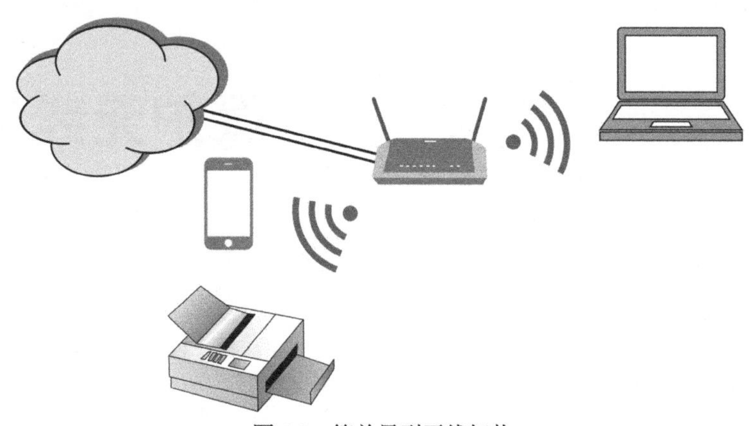

图 6.1　简单星型无线拓扑

为了更好地利用和保护这种无线环境，需要了解它的工作原理。如果可以控制电磁波，可以使用它们进行通信。信息从称为“发射器”的一个组件发送，并由另一个称为“接收器”的组件接收。发射器通过天线发送电子信号以产生向外扩散的波，在这些波的传播路径上，具有另一个天线的接收器接收信号并将其放大以便对其进行处理。无线路由器只是一个使用无线电波(非电缆方式)的路由器，它包含一个低功率无线电发射器和接收器，范围约为 90 米(或 300 英尺)，这也和你的墙壁使用的材料有关。路由器可以向你的环境中具备无线访问能力的任何计算机发送和接收 Internet 数据，无线网络上的每台计算机也必须有一个发射器和接收器，路由器成为互联网的接入点，创建一个无形连接的无形“云”，称为热点。

无线通信同时存在优点和缺点。优点是网络很容易设置，性价比相当高，有几种频率可供选择。缺点可能包括通信安全性较弱、无线设备覆盖的范围较小、可靠性不高，当然还有速度问题等。发送器和接收器需要处于相同的频率，每个 802.11 标准都有自己的优缺点。表 6.1 描述了 IEEE 802.11 标准的无线设备参数。与任何技术一样，无线设备已经变得越来越快，具有更广的频率范围，具体取决于标准。802.11ac 有时被称为 Wi-Fi 5，是目前大多数无线路由器所遵循的。这些设备具有多个天线来发送和接收数据，从而减少错误并提高速度。在不久的将来，被称为 802.11ax(Wi-Fi 6)的新 Wi-Fi 技术将会投入使用。802.11ax 的速度将比现有的 Wi-Fi 快 4~10 倍，并可提供更广泛的信道，由于数据传输速度更快且可以减少拥堵，因此也将大大延长移动设备上的电池续行时间。

表 6.1 IEEE 802.11 标准

类型	802.11A	802.11B	802.11G	802.11N	802.11AC
频率	5GHz	2.4GHz	5GHz	2.4/5GHz	5GHz
最大速率	54Mbps	11Mbps	54Mbps	600Mbps	1Mbps
室内范围	100ft	100ft	125ft	225ft	90ft
户外范围	400ft	450ft	450ft	825ft	1000ft

与其他技术一样，随着 Wi-Fi 技术的发展，将开始决定哪种方案最适合你和你的组织，这里可能存在使用频率、速度或 Wi-Fi 热点设备范围的权衡。热点仅作为具有可访问网络的区域。在构建典型的无线小型办公室或家庭办公室(SOHO)环境时，在确定哪种技术和设计最适合你的情况后，可以使用 Web 界面来配置路由器的设置。可以选择要使用的网络名称，称为服务区标识符(Service Set Identifier，SSID)。也可以选择频道，默认情况下，大多数路由器使用通道 6 或 11。你还需要选择安全选项，例如设置你自己的用户名、密码以及加密方式。

最佳做法是，当在路由器上配置安全设置时，请选择 Wi-Fi Protected Access 版本 2(WPA2)。WPA2 是推荐的 Wi-Fi 网络安全标准。它可以使用 TKIP 或 AES 加密，具体取决于你在安装过程中所做的选择，AES 通常被认为更加安全。

另一个最佳实践是在路由器上配置 MAC filtering，它使用设备本身的 MAC 地址(取代密码方式)进行验证。连接到路由器的每个设备都有自己的 MAC 地址，可以指定网络上允许的 MAC 地址，以及设置可以加入网络的设备数量限制。如果将路由器设置为使用 MAC 过滤，则每次需要添加设备时都有一个缺点，即必须手工授予网络权限。这里你牺牲了便利，却得到更好的保护。阅读本书后，将会知道如何捕获数据包和检查数据，并在允许的设备列表中识别设备的 MAC 地址。使用 WPA2 加密的 MAC 过滤将是保护数据的最佳方式。

6.2 inSSIDer

我最喜欢的工具之一是由 MetaGeek 开发的 inSSIDer。inSSIDer 是一个无线网络扫描器，它的目的是取代 NetStumbler(一个基于微软 Windows 操作系统的 Wi-Fi 扫描器)。inSSIDer 有一个免费的有限功能的 Lite 版本，可以从 https://www.metageek.com/products/inssider/free/下载。

inSSIDer 通过侦听来自无线设备的信息，报告附近的所有无线网络。它能获取无线网络的详细信息，例如 WAP 的 SSID 以及设备使用的信道、信号强度、WAP 的物理类型(是否有加密措施)以及最小/最大数据速率。还可以得到按频道 2.4GHz 和 5GHz 划分的 WAP 图表。在图 6.2 中，可以看到 inSSIDer Lite 捕获到广播路由器的此类信息。

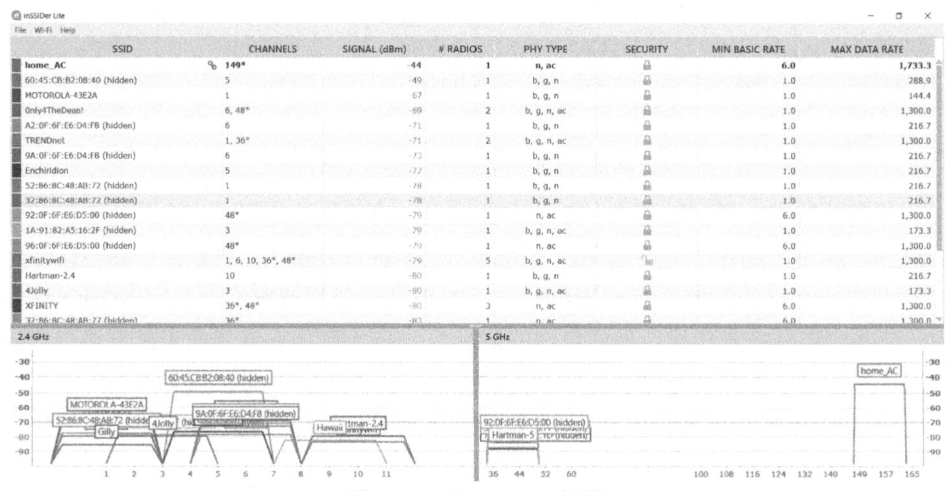

图 6.2　inSSIDer Lite 捕获

如果知道周围发生的事情，可以使用此数据来解决你可能遇到的问题或提高网络性能。大多数人会使用 inSSIDer 来选择其他人没有使用的最佳频道，以获得最佳接收效果且无干扰。可以检查你的网络以及已发现的其他网络是否安全。

如果周围的无线设备上存在大流量行为，你可在每个接入点所在通道的可视化图中看到此信息。这些信号在空域上可能会重叠并相互竞争。使用 inSSIDer，可以确保你的路由器使用最佳通道。如图 6.2 所示，请注意，5GHz 信道中的路由器在最右的频段，不与任何设备共享空域，这正是我的设备。

每个人使用无线网络通常会遇到的一个问题就是热点盲区，它是 Wi-Fi 技术最常见的痛点之一。根据你使用的 inSSIDer 版本不同，可以从物理模式切换到逻辑模式。如果选择了物理模式，则可以在工作或家庭环境中走动以评估路由器是否位于正确的位置。如果信号强度低于-70dBm，则你的区域较弱。如果低于-80dBm，则说明存在热点盲区。

6.3 Wireless Network Watcher

inSSIDer 帮助你管理周围的无线连接，以实现稳定可靠的连接。当拥有稳定的连接时，你可能还希望监视有哪些人连接到你所连接的网络。NirSoft 的 Wireless

Network Watcher 便是这样一个小程序，可以扫描你所连接的无线网络，并显示连接到同一网络的所有计算机和设备列表。可以从 https://www.nirsoft.net/utils/wireless_network_watcher.html 下载最新版本。

对于连接的每台计算机或网络设备，将看到 IP 地址、MAC 地址、NIC 网络接口卡的制造公司以及计算机名称。可以获取该列表并将连接的设备导出为 HTML、XML、CSV 或 TXT 文件。你甚至可以复制列表并将其粘贴到 Excel 或其他电子表格应用程序中，便于你通过表格工具浏览、排序和转换信息。

这个软件在 Windows 系统运行良好，但也可以在其他平台(如 Linux 或 Cisco)上运行。Wireless Network Watcher 仅会显示连接到你当前连接网络的资产。某些情况下，如果找不到你的网络适配器，可以转到高级选项并选择正确的网络适配器。在 View 选项卡中，可以添加网格线或带阴影的奇数/偶数行。如果正在主动监控无线网络的状态，你甚至可以设置软件在找到新设备时发出蜂鸣声。图 6.3 显示了 IP 地址列表、设备名称、MAC 地址和其他信息，包括设备在当前网络上是否处于活动状态。

图 6.3　Wireless Network Watcher 捕获

从表 6.2 可以看到，Wireless Network Watcher 提供的命令行选项可用于网络扫描并将结果保存为指定文件类型。

表 6.2　命令行选项

选项	结果
/stext <*filename*>	扫描网络，保存为 TXT 文本
/stab <*filename*>	扫描网络，保存为 tab 分隔文件
/scomma <*filename*>	扫描网络，保存为 CSV 文件

6.4 Hamachi

LogMeIn 的 Hamachi 是一个基于云的专业级应用程序，允许你在几分钟内轻松创建虚拟专用网络(Virtual Private Network，VPN)。VPN 似乎很复杂，但 Hamachi 很容易上手。与传统基于软件的 VPN 不同，Hamachi 是按需提供的，可让你在任何有 Internet 连接的地方远程安全地访问企业网络。如果没有 VPN 保护，你发送的信息将是没加密的，任何有兴趣拦截你的数据的人都可以窃取它。图 6.4 展示了一台笔记本电脑如何使用 VPN 发送电子邮件以确保 Internet 传输安全。

图 6.4 使用 VPN 安全传输数据

既然你读了这本书，请允许我大胆猜测你是你的朋友和家人身边的优秀技术支持专家。我会经常使用 Hamachi 来帮助那些技术不精通的朋友安装打印机、解决问题，并与全球其他朋友分享文件和游戏。如果有要访问的远程计算机，则此软件可让你访问虚拟局域网的远程计算机。

使用 Hamachi，可以将朋友、家人和远程移动办公的员工添加到共享资源的虚拟网络中。你的基础网络配置不会改变，通过 VPN 连接，你发送到银行、企业的电子邮件或其他敏感数据的信息将受到保护。使用 VPN 服务时，数据在到达 Internet 时会进行加密。目标站点将 VPN 服务器视为数据的来源，识别数据源、追踪你访问的网站或你转移的资金将非常困难。数据是加密的，因此即使被截获，也没有人能得到原始数据。

要使用 Hamachi 创建 VPN，必须首先下载客户端的可执行文件。术语“客户端”指的是软件和你安装软件的任何设备。通过正确的许可授权，你的客户端可以成为网络中的成员。你在第一次打开和启动客户端时需要注册 LogMeIn 账户，客户端使用 LogMeIn ID 进行登录使用，不必预付费也不需要信用卡保证。此 ID 还提供单点登录体验，一旦你登录 Hamachi，如图 6.5 所示，就同时拥有了 IPv4 和 IPv6 地址。

每个客户端在 25.X.X.X 网段范围内都有一个 IPv4 地址和一个 IPv6 地址。此虚拟 IP 地址是全球唯一的，用于访问其他任何 Hamachi 网络。如图 6.6 所示，在设置网络类型时，可以选择 Mesh、Hub-and-spoke 或 Gateway。

图 6.5 Hamachi VPN 管理界面

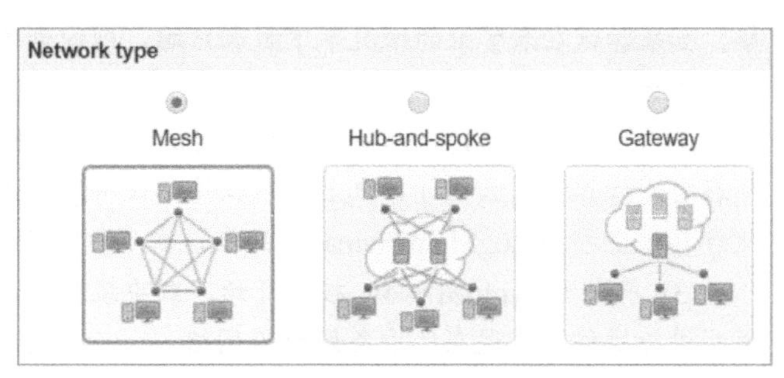

图 6.6 Hamachi 网络类型选项

在网状(Mesh)网络中，网络的每个成员都连接到每个其他成员，这样更容易中继数据。这种网状拓扑可以处理大量网络流量，因为每个设备都被视为节点。互联设备可以同时传输数据，数据移动平稳，这使其成为游戏场景的理想选择。而中心辐射(Hub-and-spoke)拓扑提供比网状网络拓扑更多的控制。集线器(Hub)连接每个用户，用户终端连接到集线器但不与其他终端直连。这是一种典型的企业环境场景，你使用工作站连接到远程服务器。最后一种是 Gateway(网关)网络，它将与物理网络很好地集成，使成员可以访问物理网络，这里只有一个网关，但可以有许多成员。

必须使用 LogMeIn 注册一个免费账户才能完成安装过程，需要先有一个电子邮件地址。当完成注册时，你便具备了改进网络管理、创建和维护网络的能力。输入电子邮件账号和密码后，接着需要创建一个自己的网络，它包括一个唯一的网络 ID 和密码，以便可以管理新的 VPN。此对等 VPN 使用 AES 256 位加密来保护数据。可以免费与最多五人分享网络 ID，他们可以安装客户端，使用你创建的网络 ID，然后加入你的网络。如果需要的网络超过五个以上成员，可以考虑它的标准或高级版本。

LogMeIn 可兼容很多种操作系统，常见的操作系统版本如下:

- Windows Vista(所有版本)
- Windows Server 2008 R2 Standard, Business Editions
- Windows 7、8.1 和 10
- Windows Server 2012
- macOS 10.6(Snow Leopard)以及更高版本

- Ubuntu 16.04 以及更高版本
- CentOS 7.2 以及更高版本

确认你选择的拓扑类型，请注意，你无法将网关节点功能分配给 Mac 或 Small Business Server。

实验 6.1：安装和使用 Hamachi

(1) 在 LogMeIn 网站上，只有创建用户账户并登录后，才能看到软件的下载链接。如果尝试在未登录的情况下下载客户端，则你创建的任何网络除了你外，别人将无法加入。

(2) 在图 6.7 左侧的菜单中，有一个 Networks 菜单项。单击 Add Client，可以选择在当前计算机或远程计算机上安装软件，或将此客户端添加到移动设备。保留在此计算机上添加 LogMeIn Hamachi 的默认设置，然后单击 Continue 按钮。

(3) 单击 Download Now 按钮开始下载安装程序，并按照所有设置向导的屏幕说明进行操作。你现在已准备好配置网络。

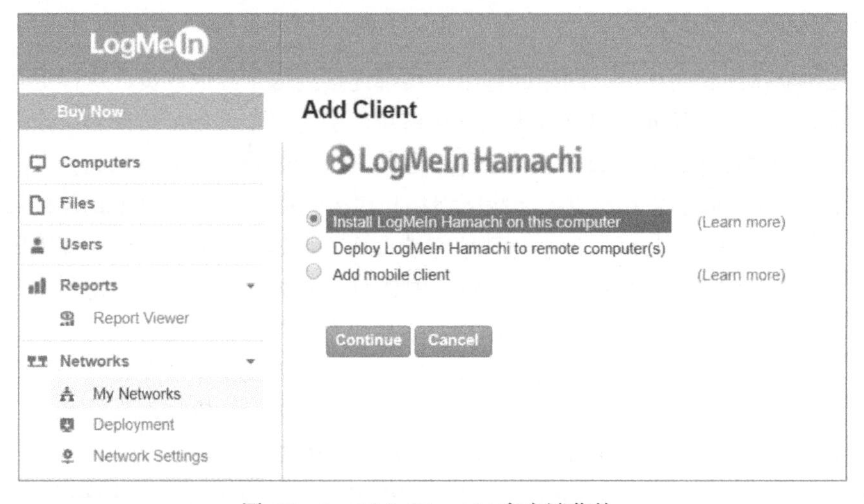

图 6.7　LogMeIn Hamachi 客户端菜单

注意，欢迎界面将显示此客户端关联到哪个 LogMeIn 账号。

实验 6.2：创建一个 client-owned 网络

(1) 在图 6.5 的 LogMeIn Hamachi 菜单中，单击 Network，然后单击 Create Network。

(2) 如图 6.8 所示，创建一个唯一的网络 ID。这是其他人用于加入你网络的 ID。如果输入的网络 ID 已被占用，将显示错误消息。

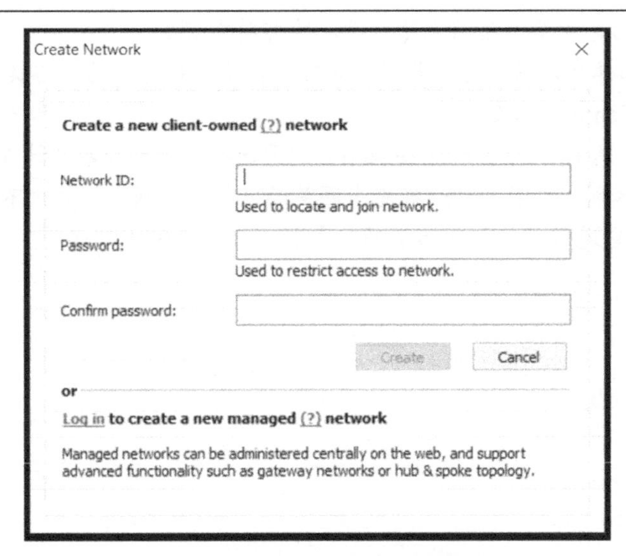

图 6.8　创建一个新的客户端网络

(3) 输入并确认其他人用于访问你的网络的密码。

(4) 单击 Create 按钮，新网络将显示在客户端中。

实验 6.3：创建一个管理网络

(1) 在 LogMeIn 网站上，使用你的 ID 登录。

(2) 从图 6.9 左侧的菜单中，选择 My Networks。

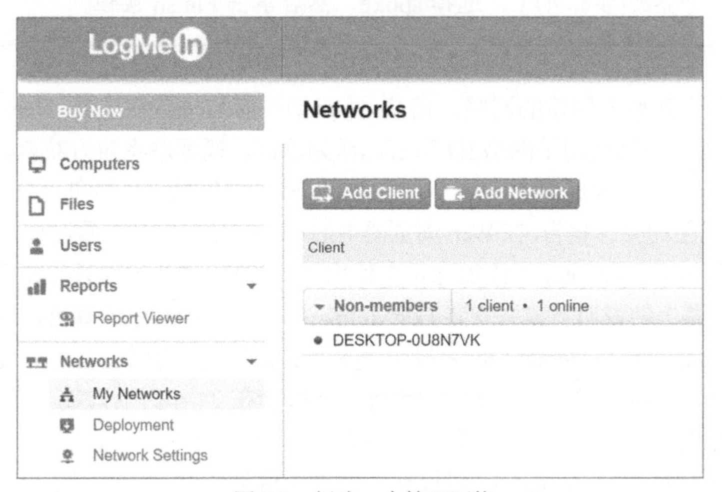

图 6.9　创建一个管理网络

(3) 单击 Add Network，选择网络名称、描述和类型，然后单击 Continue 按钮，一旦确认继续后，网络类型将无法修改，除非将它删除。

(4) 可以选择加入网络时需要通过管理员批准，也可以为网络提供密码。

(5) 单击 Continue 按钮。

(6) 如果选择了 Hub-and-spoke 拓扑，需要选择充当集线器的计算机，如图 6.10 所示；如果选择网关拓扑，请选择充当网关的计算机。网关计算机不能是其他任何 VPN 的成员，它通常是物理网络上的服务器，可以随时更改网关。

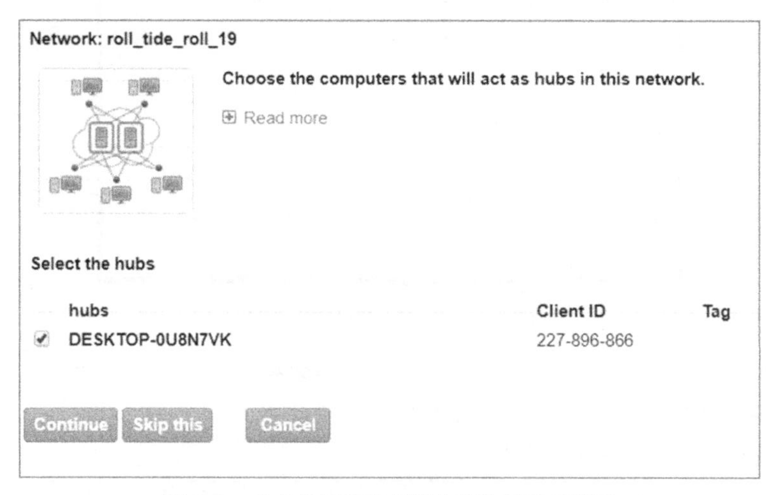

图 6.10　为你的网络选择用作集线器的计算机

(7) 在 Add Network(步骤 3)下，选择用作集线器的计算机。单击 Continue 按钮，然后在下一个界面(步骤 4)中，选择 spoke，然后单击 Finish 按钮。

要加入由其他人创建的网络，请从 Hamachi 客户端依次选择 Network | Join Network。如果网络使用了网络 ID 和密码作为验证，需要联系对方获取。

Hamachi 的 Web 界面中，有一个工具能够管理计算机、文件和用户，并输出过去 30 天内发生的会话报告。在 Web 浏览器中的 Computer 下，可以通过打开 Computer 页面并单击 Add Computer 来添加你正在使用的计算机，这个过程只需要下载安装程序并按照屏幕上的说明下载并安装 LogMeIn。如果要添加其他计算机，请单击添加 Different Computer | Generate Link，按照屏幕上的说明进行操作。注意，此链接是其他人可以为客户端下载和安装软件的地址，链接会在 24 小时后过期。使用 Files 菜单，可以上载文件、共享链接和连接访问存储空间。

图 6.11 显示了 Users 部分，可以在其中选择将某个用户添加到账户，并授权账户访问的计算机。

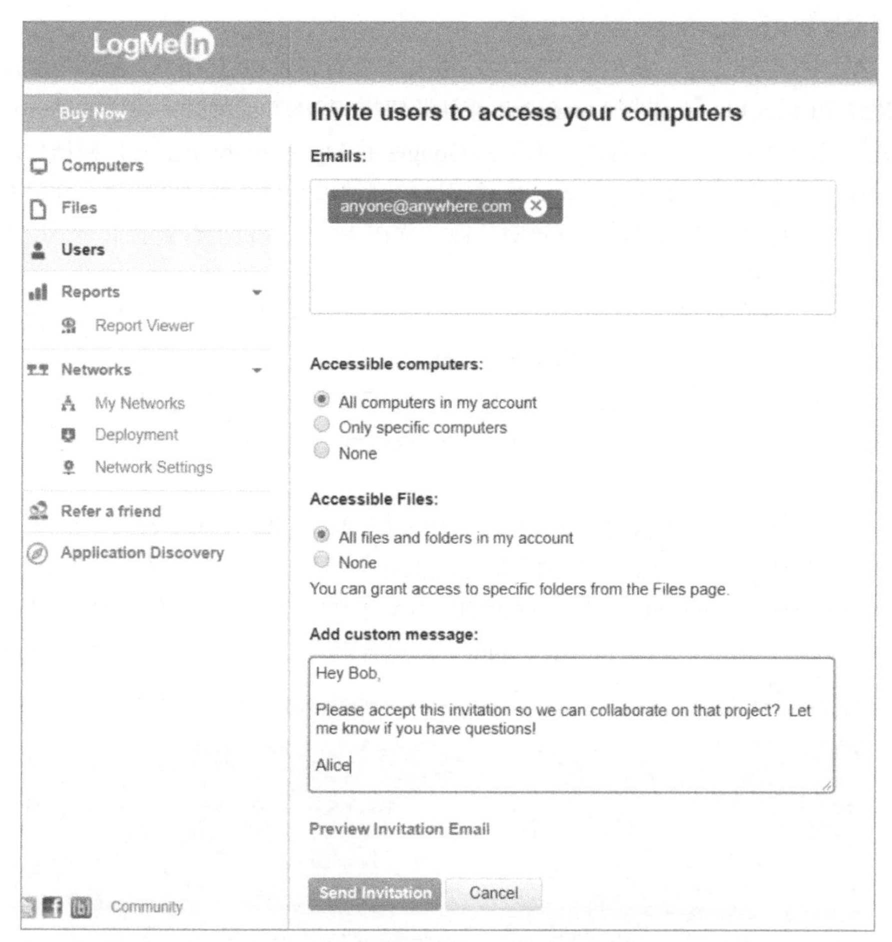

图 6.11　添加用户账号至你的计算机，并授权文件和文件夹访问权限

6.5　Tor

对于那些不了解互联网的人来说，你越了解网络安全，他们就越觉得你是一个偏执狂。互联网上的流量监控行为很普遍，有很多组织(包括公司和网络犯罪)都可以秘密监控流量。

爱德华·斯诺登向我们展示了 NSA(美国国家安全局)如何利用 Tailored Access Operation(TAO)行动小组来破坏目标计算机系统，并迫使企业有目的地将漏洞植入他们自己的系统中以供 TAO 利用。一个例子是 Warrior Pride，它是 iPhone 和 Android 软件，可以远程打开手机，打开麦克风，激活地理位置。该套件的模块有卡通名称，包括处理电源管理的 Dreamy Smurf，可打开麦克风的 Nosey Smurf 以及开启高精度地理定位的 Tracker Smurf。

据 www.statistica.com 统计，谷歌在 2017 年拥有超过 20 亿用户，而这个星球上有超过 70 亿人口。在讲授 Metasploit 或开源情报(OSINT)课程时，我做的第一件事就是让我的学生自己使用谷歌。当进入 Google 的 My Activity 页面时，根据你的隐私设置，你会看到活动的时间表，你访问过的网站以及你查看过的图片。你是否曾有过这样的体会，当与朋友进行过对话后，你在 PC 或手机上看到的下一个广告跟这些对话息息相关？

Tor(也被称为洋葱路由器)，是大部分安全问题的答案。Tor是一个网络，使可以在Internet上保持匿名。Tor基于美国海军研究实验室开发的“洋葱路由”，于 2002 年启动的Tor项目(www.torproject.org)是一个非营利组织，目前维护和开发免费的Tor浏览器客户端。美国政府为其提供资金，也得到了瑞典政府和一些个人贡献者的支持。

某些网络专业人士认为，在 Chrome 中使用隐身模式与运行 Tor 是一回事。尽管以隐身模式浏览 Internet 会使浏览器无法保存你的历史记录、Cookie 或表单数据。但它仍然不能对你的 ISP、雇主、配偶或 NSA 实现完全的匿名访问。要在 Chrome 浏览器中激活隐身模式，请按 Ctrl + Shift + N 组合键。在图 6.12 中，可以看到 Chrome 正处于隐身模式。

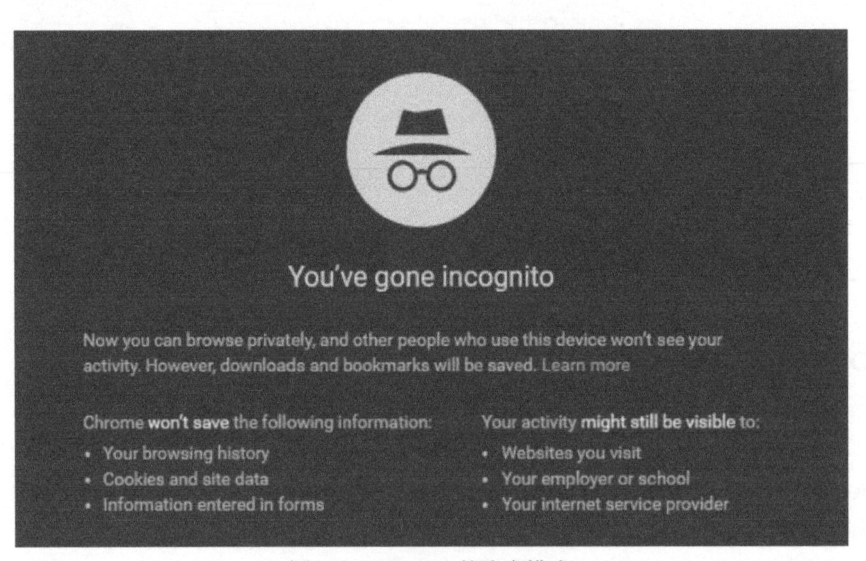

图 6.12 Chrome 的隐身模式

相比之下，Tor 通过分发来降低流量被他人分析的风险，因为没有任何一个点可以将你引流到目的地。为了创建专用网络路径，Tor 浏览器客户端的用户将通过网络上的不同中继逐步构建加密链路。在图 6.13 中，可以看到数据从 Tor 浏览器客户端到目标的路由。该链路一次建立一跳，这样每个中继只知道它向谁提供数据以及它在哪里发送数据，没有一个中继知道整个路径。为安全起见，10 分钟后，会创建一个新链路，以防止任何人试图通过节点找到路径。

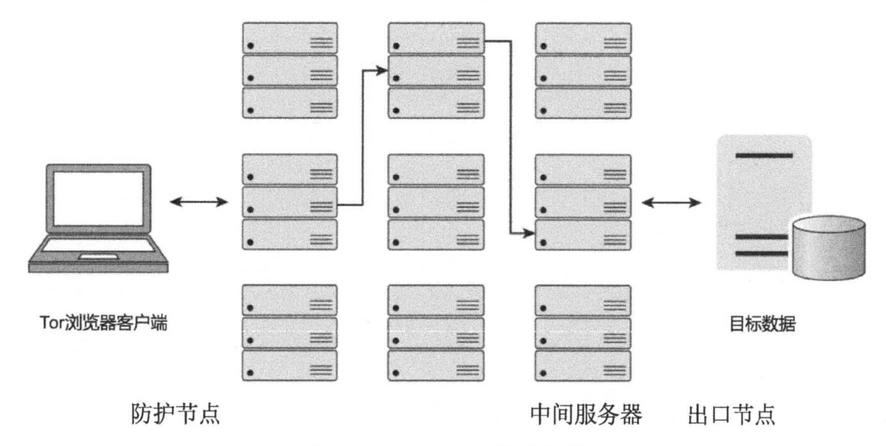

图 6.13　Tor 匿名传输数据

要使用 Tor 浏览器客户端，请从 www.torproject.org 下载安装文件。运行安装程序，选择所需的语言，选择目标文件夹(我通常选择 Desktop)，然后单击 Install 按钮。

打开 Tor 文件夹，然后双击 Tor 浏览器客户端。可通过配置工具使用代理。单击 Connect 按钮，创建第一个加密中继并激活该工具。一开始你可能不大习惯这个软件启动得这么慢，过程需要你深呼吸冷静下来，由于 Tor 的架构问题，请做好网络延迟的心理准备，把它当成你为隐私安全付出的小代价吧。在图 6.14 中，可以看到 Tor 使用的默认搜索引擎是 DuckDuckGo，它将为你的隐私提供更多保护。

图 6.14　DuckDuckGo 浏览器

现在，可以为无线通信提供端到端的保护。你知道你周围的哪些网络是加密的，你的网络上有哪些资产，你在虚拟专用网络上共享的用户、设备和数据，并且没有人可以跟踪你的浏览器历史。

第 7 章 Wireshark

本章内容：

- Wireshark
- OSI 模型
- 抓包(Capture)
- 过滤器和颜色
- 检查(Inspection)

7.1 Wireshark

我使用 Wireshark 最深刻的一次体验是参加了 Sherri Davidoff(LMG 安全公司 CEO)的电子取证课程。当时 Sherri 带着我们通过很多工具来调查一个失盗案例。Wireshark 是一个我们需要经常用到的工具，它可以用来调查黑客是如何计划和执行任务的，最终我们还能调查谁是幕后的黑客威胁组织。

Wireshark 是每个网络或安全管理员都应该知道的工具。它是一个开源工具，用于捕获网络流量并提供数据包的深度分析能力。有时 Wireshark 被称为网络分析仪或嗅探器，数据包分析可以告诉你传输时间、源地址、目标地址以及协议类型的有关信息，可以很好地评估网络中发生的事件或对设备进行故障排除。它还可以帮助安全分析师确定网络流量是否为恶意攻击，确定攻击类型、目标 IP 地址以及攻击源自何处。因此，将能在防火墙上创建规则，拦截恶意流量的源 IP 地址。

Wireshark 展现从不同网络介质捕获的数据包详细信息，将开放系统互连(Open Systems Interconnection，OSI)模型分解为数据链路层、网络层、传输层和应用程序层。在工作区的底部，可选择打开右侧具有相应 ASCII 值的十六进制内容。

Wireshark 是一个强大工具，技术上可用于窃听。当计划在业务环境中使用它时，需要获得使用它的书面权限，并确保你的公司具有明确定义的隐私安全政策，政策规定了使用网络的个人所拥有的权利。网络管理员侦听用户名、密码、电子邮件地址和其他敏感用户数据的故事已经是见怪不怪了。Wireshark 是合法的，但如果尝试侦听没有明确授权的网络，则可能是非法的。

确定 Wireshark 需要的资源取决于你要检查的 pcap 文件的大小。如果有一个繁忙的网络，那么 pcap 文件将是很大的。Wireshark 可以在 Windows 和 Linux 计算机上运行，需要支持抓包功能的网卡(例如以太网卡或无线适配器)来捕获数据。要获取 Wireshark 的最新程序，请访问 www.wireshark.org。下载页面上有各种适合你计算机硬件和操作系统的版本。新版本通常每隔一个月发布一次。

安装Wireshark前，请仔细检查你下载的软件版本。如果下载的是Wireshark-win64-2.6.4.exe，将为Windows 64 位体系结构安装Wireshark 2.6.4。安装包里会包括WinPcap，它允许你捕获实时的网络流量，而不仅是分析已保存的数据包文件(pcap文件)。

安装Wireshark程序后，你会看到设备上运行的不同网络接口的列表，在右侧还能看到每个接口上当前网络活动的图表。它让我想起了测量心律的心电图(EKG)。如图 7.1 所示，如果图看起来跌宕起伏，那说明你的网卡上有流量；如果线看起来是平的，则该网口处于不活动状态。

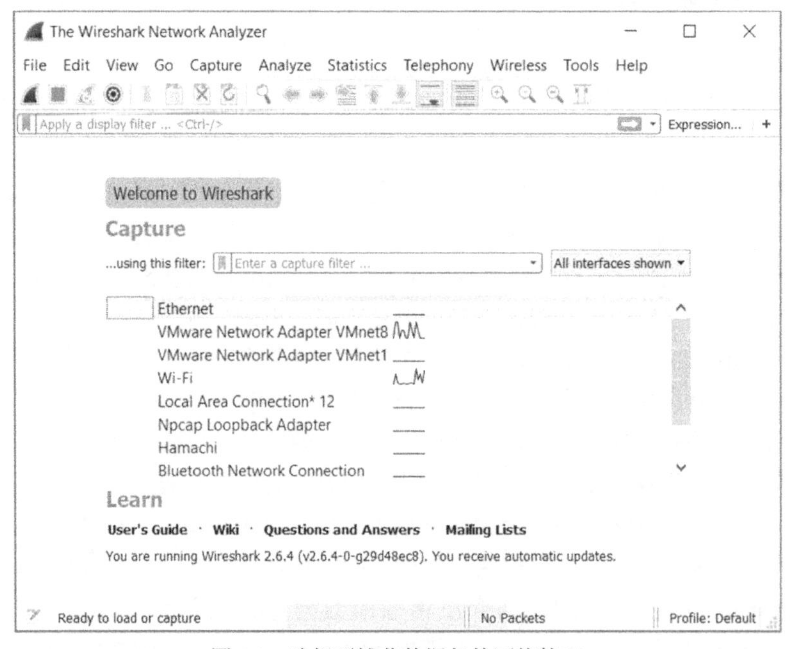

图 7.1　选择要捕获数据包的网络接口

双击显示活动的网络界面时，主窗口将显示这个网络的所有流量。界面上的主要组件包括菜单、数据包列表、详细信息和字节窗格，还有底部的状态栏，它可以为你提供大量有关数据包的详细信息。

数据包列表窗格位于窗口的前三分之一，默认情况下共享捕获到的每个数据包的头部信息。摘要信息包括源 IP 地址、目标 IP 地址、正在使用的协议、数据包长度以及有关数据包的信息。通过单击具体的数据包，可以控制底部两个窗格中显示的内容。要查看每个数据包的具体内容，请在数据包列表窗格中选择数据包并查看中间窗口的更多详细信息，该窗口会将数据详情展现在底部窗口。

在数据包的详细信息窗格中，可以看到捕获的按会话或字节数显示的数据包大小，也能看到传输介质、协议、源端口和目标端口。根据数据包的类型，你可能还会看到标记或查询。可单击左侧的 > 符号，以可读的语言展开每个数据包的不同详情。

底部是数据包字节内容窗格。它以十六进制代码显示数据，该代码构成数据包的实际数字内容。它高亮显示了上面在数据包详细信息窗格中选择的 field。单击中间窗格中的任何一行时，底部的十六进制代码将突出显示，从而提供更详细的视图(如某人访问的 URL 或已发送电子邮件的内容)。

在 Edit 菜单的 Preferences 中，可以更改 Wireshark 的默认布局，准确选择要呈现的列、窗格的字体、颜色和位置方向，以及每列中显示的内容。由于我学会了如何在默认的配置中使用 Wireshark，除了使字体更大和颜色对比度外，我通常不会有其他设置偏好。里面也有相当多的键盘快捷方式。表 7.1 描述了常见的快捷设置。

表 7.1　Wireshark 的键盘快捷设置

键盘组合	描述
Tab	在数据包窗格中移动
Ctrl+F8	移动到下个包
Ctrl+F7	移动到上个包
Ctrl+.	移动到相同 TCP/UDP 会话的下个包
Ctrl+,	移动到相同 TCP/UDP 会员的上个包
空格	从包详情跳到父节点
Enter	从包详情切换到当前所选的树节点
Ctrl+L	打开网卡选择界面
Ctrl+E	从选中的以太网卡开始新的抓包

7.2 OSI 模型

OSI 模型(OSI Model)由国际标准化组织(International Organization for Standardization，ISO)提出，该组织专门为架构师、工程师和制造商提供解决问题的系统方法论。特定的协议工作在 OSI 的特定层。如图 7.2 所示，OSI模型会向两个方向移动，具体取决于该对象是发送数据还是接收数据。

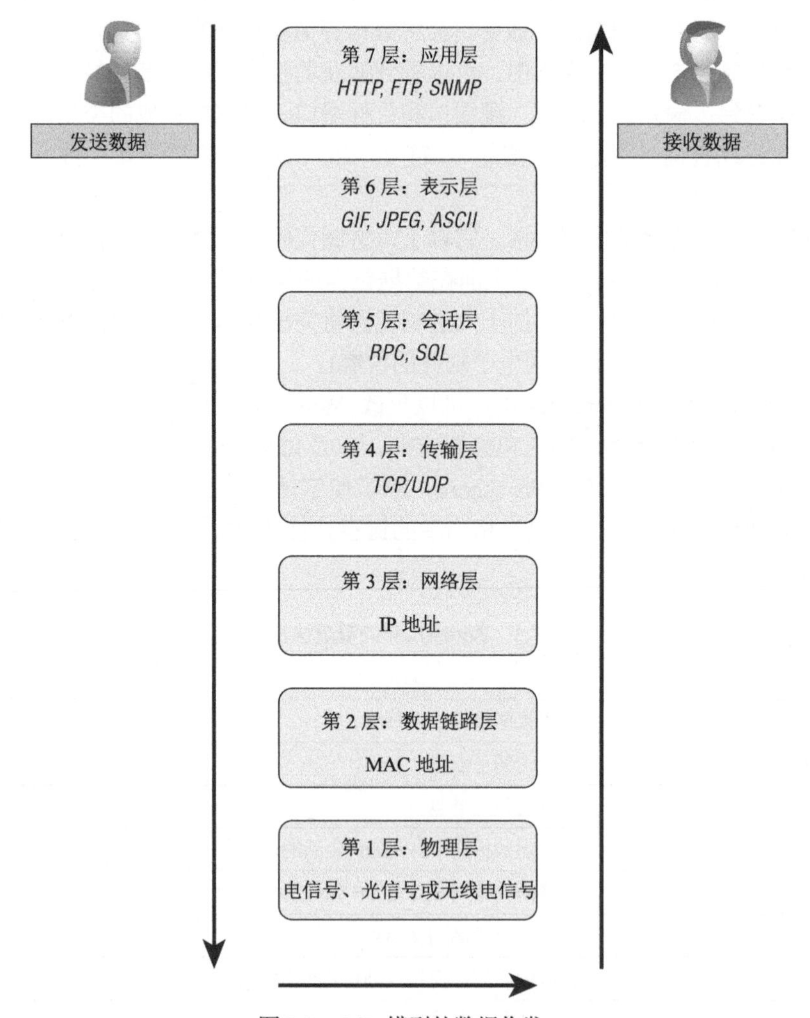

图 7.2 OSI 模型的数据收发

当数据通过网络发送时，信息在 OSI 模型向下传输时被封装。收到数据后，它会沿七层移动，在上层进行解构并交付给最终用户。这个过程通常被比喻为邮局寄信。你写完一封信，折叠起来，放在信封里，填写寄信地址和接收地址，支付邮资，然后寄到邮递处。邮局便会将其传送到其目标地址和收信人。

当把这个冗长的过程分解为更小的部分时，复杂的问题可以很容易解决。不懂技术的用户登录他们的系统，打开浏览器，输入 URL，再输入用户名和密码来阅读和撰写电子邮件，不需要知道这个过程是如何工作的。不管什么类型的分析，了解 OSI 模型中不同层发生的情况非常重要，Wireshark 将实时捕获并过滤特定的流量，也可对特定的 pcap 文件进行协议分析。

让我们从物理层开始介绍。这一层是使用电信号、光信号或无线电信号传输数据的地方，通常可将其视为硬件层。集线器、电缆和以太网等设备在此层工作。设想一下，当想在网络中尝试修复问题时，首先要看看物理层是否工作正常，电源如果没开，那就不会有通信，因此排除故障往往从物理层开始。

数据链路层(也叫第 2 层)负责对物理层中的电信号进行编码和解码，将其编码为位、字节以及帧。数据链路层可细分为两个子层：MAC 和逻辑链路控制(Logical Link Control，LLC)。MAC 层控制网络上的计算机如何获取对数据的访问，LLC 层控制流和错误检查。你可将 MAC 层想象成烧录到网络接口卡中的 MAC 地址。

网络层使用 IP 地址进行交换和路由，万维网通过网络层绘制其逻辑路径，将数据包带到其目标位置。

传输层负责端到端的传输和错误修复。TCP 和 UDP 致力于将数据投递到目标位置，但方式非常不同。让我们再次引用邮局的案例做比喻，TCP 就像使用请求的回执，UDP 则是营销材料，它可能会也可能不会投递到你的邮箱。TCP 是面向连接的体系结构，将看到 SYN、SYN-ACK 和 ACK 类型的包。TCP 的三次握手技术通常称为“SYN、SYN-ACK、ACK”，因为有三个消息被传输。SYN 用于同步，ACK 用于确认。你发送一个 SYN 数据包，接收方确认接收该数据包并返回 SYN-ACK，你再确认接收方的回包，于是再返回一个 ACK 包。TCP 协议会确保系统获得重组消息所需的所有片段。这称为三次握手。UDP 则并不在乎你是否收到他们的数据，往往用于视频或语音流的场景。如果网络连接中断了，目的地址就不会收到任何内容，同时 UDP 即使收到了数据也不会确认它已收到。图 7.3 显示了数据包的 ACK 及其编号，以便接收方可以正确重组它们。

会话层是 OSI 模型的第 5 层。它负责建立、管理和终止连接会话。第 6 层则是表示层，它负责显示到屏幕的内容，数据加密和解密也发生在这一层。最后，第 7 层是应用层，它为最终用户及其进程提供支撑。服务质量(Quality of Service，QoS)在第 7 层以及应用程序服务(如电子邮件和 HTTP)中工作，QoS 是网络为特定流量提供更好服务的能力，主要目标是通过分配专属带宽控制延迟为流量处理设置优先级。

OSI 模型的每一层确保将数据从一个层传递到另一个层。如果某个层工作失败了，最终会显示错误。可以借助 Wireshark 来诊断协议层的故障，精确定位问题发生的位置，并修复错误。

```
*Wi-Fi
File  Edit  View  Go  Capture  Analyze  Statistics  Telephony  Wireless  Tools  Help
Apply a display filter ... <Ctrl-/>
No.   Time        Source          Destination     Protocol  Length  Info
3603 23.681797  192.168.1.18    172.217.11.229  TCP       54 37742 → 443 [ACK] Seq=31876 Ack=222629 Win=66048 Len=0
3604 23.681860  192.168.1.18    172.217.11.229  TCP       54 37742 → 443 [ACK] Seq=31876 Ack=225489 Win=66048 Len=0
3605 23.681922  192.168.1.18    172.217.11.229  TCP       54 37742 → 443 [ACK] Seq=31876 Ack=228349 Win=66048 Len=0
3606 23.682371  172.217.11.229  192.168.1.18    TLSv1.3   1443 Application Data
3607 23.682373  172.217.11.229  192.168.1.18    TLSv1.3   1465 Application Data
3608 23.682373  172.217.11.229  192.168.1.18    TLSv1.3   1484 Application Data
3609 23.682374  172.217.11.229  192.168.1.18    TLSv1.3   1484 Application Data
3610 23.682374  172.217.11.229  192.168.1.18    TLSv1.3   1484 Application Data
3611 23.682375  172.217.11.229  192.168.1.18    TLSv1.3   1465 Application Data, Application Data
3612 23.682463  192.168.1.18    172.217.11.229  TCP       54 37742 → 443 [ACK] Seq=31876 Ack=231149 Win=66048 Len=0
3613 23.682571  192.168.1.18    172.217.11.229  TCP       54 37742 → 443 [ACK] Seq=31876 Ack=234009 Win=66048 Len=0
3614 23.682654  192.168.1.18    172.217.11.229  TCP       54 37742 → 443 [ACK] Seq=31876 Ack=236850 Win=66048 Len=0
3615 23.684474  172.217.11.229  192.168.1.18    TLSv1.3   117 Application Data
3616 23.684474  172.217.11.229  192.168.1.18    TLSv1.3   146 Application Data
3617 23.684475  172.217.11.229  192.168.1.18    TLSv1.3   93 Application Data
3618 23.684594  192.168.1.18    172.217.11.229  TCP       54 37742 → 443 [ACK] Seq=31876 Ack=237005 Win=66048 Len=0
3619 23.685604  192.168.1.18    172.217.11.229  TLSv1.3   93 Application Data
3620 23.740730  172.217.11.229  192.168.1.18    TCP       60 443 → 37742 [ACK] Seq=237044 Ack=31915 Win=154112 Len=0
3621 24.066141  192.168.1.18    172.217.11.229  TLSv1.3   617 Application Data
3622 24.076998  172.217.11.229  192.168.1.18    TCP       60 443 → 37742 [ACK] Seq=237044 Ack=32478 Win=156928 Len=0

> Frame 1: 325 bytes on wire (2600 bits), 325 bytes captured (2600 bits) on interface 0
> Ethernet II, Src: AsustekC_b2:08:40 (60:45:cb:b2:08:40), Dst: IPv4mcast_7f:ff:fa (01:00:5e:7f:ff:fa)
> Internet Protocol Version 4, Src: 192.168.1.1, Dst: 239.255.255.250
> User Datagram Protocol, Src Port: 53340, Dst Port: 1900
> Simple Service Discovery Protocol

0000  01 00 5e 7f ff fa 60 45  cb b2 08 40 08 00 45 00
0010  01 37 00 00 40 00 02 11  c6 12 c0 a8 01 01 ef ff
0020  ff fa d0 5c 07 6c 01 23  e7 ac 4e 4f 54 49 46 59
0030  20 2a 20 48 54 54 50 2f  31 2e 31 0d 0a 48 4f 53
0040  54 3a 32 33 39 2e 32 35  35 2e 32 35 35 2e 32 35
0050  30 3a 31 39 30 30 0d 0a  43 41 43 48 45 2d 43 4f
0060  4e 54 52 4f 4c 3a 6d 61  78 2d 61 67 65 3d 31 36
0070  0d 0a 4c 4f 43 41 54 49  4f 4e 3a 68 74 74 70 3a
0080  2f 2f 31 39 32 2e 31 36  38 2e 31 2e 31 3a 38 32
0090  30 30 2f 72 6f 6f 74 44  65 73 63 2e 78 6d 6c 0d
00a0  0a 53 45 52 56 45 52 3a  20 32 2e 36 2e 33 36 20
00b0  44 4c 4e 41 44 4f 43 2f  31 2e 35 30 20 55 50 6e
00c0  50 2f 31 2e 30 20 4d 69  6e 69 44 4c 4e 41 2f 31
00d0  2e 32 2e 31 0d 0a 4e 54  3a 75 75 69 64 3a 34 64
00e0  36 39 36 65 36 39 2d 34  34 34 63 2d 31 36 34 65
00f0  2d 39 64 34 31 2d 36 30  34 35 63 62 62 32 30 38
0100  34 30 0d 0a 55 53 4e 3a  75 75 69 64 3a 34 64 36
0110  39 36 65 36 39 2d 34 34  34 63 2d 31 36 34 65 2d
0120  39 64 34 31 2d 36 30 34  35 63 62 62 32 30 38 34
0130  30 0d 0a 4e 54 53 3a 73  73 64 70 3a 61 6c 69 76
0140  65 0d 0a 0d 0a
```

图 7.3　Wireshark 流量分析

7.3　抓包

我最喜欢的 Wireshark 初学者教学方法之一，便是让学生们下载和安装 Wireshark，打开程序的终端窗口，运行 Nmap 后开始抓包(Capture)。正如你在第 3 章所学的，Nmap 是个白帽和黑帽都会使用的工具。如果能识别到 Nmap 的流量但不是自己人干的，那么很有可能是有坏人试图扫描你的网络。

实验 7.1：Zenmap 和 Wireshark

注意，实验过程需要使用三个工具：终端窗口、Zenmap 和 Wireshark。我在 Windows 10 系统上做这个实验室，打开一个 shell 命令行窗口。记得使用在第 3 章中学到的 Zenmap，并从 www.wireshark.org 下载 Wireshark。

(1) 打开终端窗口，运行以下命令：ipconfig /all。查找 Wi-Fi、网络接口卡上的 IP 地址。

(2) 打开 Zenmap。在 Target 框中，输入上一步看到的 IP 地址。在 Profile 框中，保留 Intense scan 的默认值。

(3) 打开 Wireshark。在欢迎页面上，如图 7.1 所示，请确定与步骤 2 对应的 Wi-Fi 接口。双击 Wi-Fi 连接，它将开始捕获数据。

(4) 返回 Zenmap 界面并单击 Scan 按钮。Nmap 对单个资产的扫描可能持续 1~2 分钟。

(5) Nmap 扫描完毕后，返回到 Wireshark 并单击 Edit 下的红色方块按钮。停止抓包，保存数据后我们开始分析。

(6) 在 Wireshark 窗口中，可将 Nmap 流量标识为 Nmap 扫描。在 Intense scan 扫描期间，Nmap 将尝试解析 DNS。

(7) 接着在 Wireshark 窗口中，查看任何 DNS 流量的协议列。如果窗口刷新太快无法通过滚动找到它，请尝试单击顶部窗格中的 Protocol 来筛选。只需要单击列标题，即可按升序和降序对每列进行排序。

(8) 如果要保存你在 Wireshark 中刚刚抓到的网络流量，请转到 File | Save，输入命名，最后单击 Save。

在 Wireshark 菜单中，如果某个功能不可用，它将呈现灰色。如果未捕获任何数据包，则无法保存文件。Wireshark 的大多数菜单下都有标准的 File、Edit、View 和 Capture 选项。Analyze 菜单则允许添加过滤规则，允许启用或禁用协议解析或跟踪特定的数据流。Telephony 菜单是我最喜欢的语音分析，在 Telephony 菜单中，可以生成流程图并显示统计信息。

在开始数据包捕获之前设置过滤规则。在 Welcome To Wireshark 窗口中，可以在接口列表的正上方设置抓包过滤。例如，如果只想从指定 IP 地址抓取流量，那么 filter 规则如下所示：host 192.168.1.0；如果只想抓取特定端口的流量，那么 filter 规则如下所示：port 53。规则设置完毕后，选择网络接口并开始抓包。

抓包开始后，你会看到滚动的数据包列表。第一列显示数据包之间的关系。图 7.4 显示了所选数据包与你捕获的其他“对话”之间的关系。在“No.”列，将看到一条直角线表示该对话的第一个数据包，接着一条实线往下表示第 4 行的数据包是同一对话；而第 5 行和第 6 行以虚线开头，表明这两个数据包与第 3 行和第 4 行不属于同一对话。

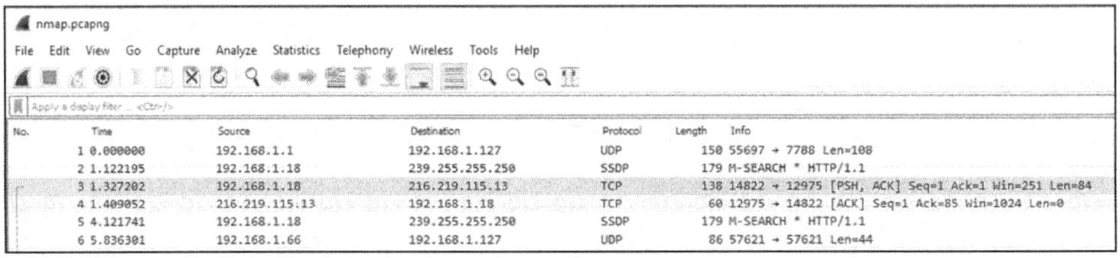

nmap.pcapng

File Edit View Go Capture Analyze Statistics Telephony Wireless Tools Help

Apply a display filter ... <Ctrl-/>

No.	Time	Source	Destination	Protocol	Length	Info
1	0.000000	192.168.1.1	192.168.1.127	UDP	150	55697 → 7788 Len=108
2	1.122195	192.168.1.18	239.255.255.250	SSDP	179	M-SEARCH * HTTP/1.1
3	1.327202	192.168.1.18	216.219.115.13	TCP	138	14822 → 12975 [PSH, ACK] Seq=1 Ack=1 Win=251 Len=84
4	1.409052	216.219.115.13	192.168.1.18	TCP	60	12975 → 14822 [ACK] Seq=1 Ack=85 Win=1024 Len=0
5	4.121741	192.168.1.18	239.255.255.250	SSDP	179	M-SEARCH * HTTP/1.1
6	5.836301	192.168.1.66	192.168.1.127	UDP	86	57621 → 57621 Len=44

图 7.4　显示对话关系

数据包流量窗格再往下是数据包详细信息窗格。此窗格显示了上述窗格中所选数据包的协议和具体参数。协议和参数可以根据需要展开和折叠，如图 7.5 所示，还可以右击数据包中的选项。Wireshark 会为某些数据包选项生成特殊信息，这些信息将以方括号展示。例如，Wireshark 如果找到数据包之间存在链接关系，那么这些信息会用蓝色带下画线的字体格式呈现在方括号里面，方便你从当前的数据包移动到有关系的数据包。

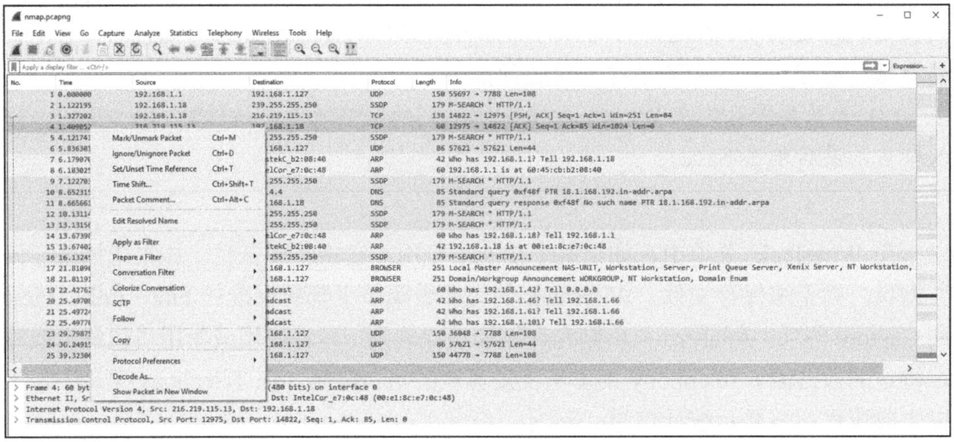

nmap.pcapng

File Edit View Go Capture Analyze Statistics Telephony Wireless Tools Help

Apply a display filter ... <Ctrl-/>　　Expression... +

No.	Time	Source	Destination	Protocol	Length	Info
1	0.000000	192.168.1.1	192.168.1.127	UDP	150	55697 → 7788 Len=108
2	1.122195	192.168.1.18	239.255.255.250	SSDP	179	M-SEARCH * HTTP/1.1
3	1.327202	192.168.1.18	216.219.115.13	TCP	138	14822 → 12975 [PSH, ACK] Seq=1 Ack=1 Win=251 Len=84
4	1.409052	216.219.115.13	192.168.1.18	TCP	60	12975 → 14822 [ACK] Seq=1 Ack=85 Win=1024 Len=0
5	4.12174		.255.255.250	SSDP	179	M-SEARCH * HTTP/1.1
6	5.83630		.168.1.127	UDP	86	57621 → 57621 Len=44
7	6.17907		tekC_b2:08:40	ARP	42	Who has 192.168.1.1? Tell 192.168.1.18
8	6.18302		lCor_e7:0c:48	ARP	60	192.168.1.1 is at 60:45:cb:b2:08:40
9	7.12270		.255.255.250	SSDP	179	M-SEARCH * HTTP/1.1
10	8.65231		.4.4	DNS	85	Standard query 0xf48f PTR 18.1.168.192.in-addr.arpa
11	8.66566		.168.1.18	DNS	85	Standard query response 0xf48f No such name PTR 18.1.168.192.in-addr.arpa
12	10.1311		.255.255.250	SSDP	179	M-SEARCH * HTTP/1.1
13	13.1315		.255.255.250	SSDP	179	M-SEARCH * HTTP/1.1
14	13.6739		lCor_e7:0c:48	ARP	60	Who has 192.168.1.18? Tell 192.168.1.1
15	13.6740		tekC_b2:08:40	ARP	42	192.168.1.18 is at 00:e1:8c:e7:0c:48
16	16.1324		.255.255.250	SSDP	179	M-SEARCH * HTTP/1.1
17	21.8109		.168.1.127	BROWSER	251	Local Master Announcement NAS-UNIT, Workstation, Server, Print Queue Server, Xenix Server, NT Workstation,
18	21.8119		.168.1.127	BROWSER	251	Domain/Workgroup Announcement WORKGROUP, NT Workstation, Domain Enum
19	22.4276		dcast	ARP	60	Who has 192.168.1.42? Tell 0.0.0.0
20	25.4970		dcast	ARP	42	Who has 192.168.1.46? Tell 192.168.1.66
21	25.4972		dcast	ARP	42	Who has 192.168.1.61? Tell 192.168.1.66
22	25.4977		dcast	ARP	42	Who has 192.168.1.101? Tell 192.168.1.66
23	29.7987		.168.1.127	UDP	150	36048 → 7788 Len=108
24	30.2491		.168.1.127	UDP	86	57621 → 57621 Len=44
25	39.3230		.168.1.127	UDP	150	44778 → 7788 Len=108

Mark/Unmark Packet　Ctrl+M
Ignore/Unignore Packet　Ctrl+D
Set/Unset Time Reference　Ctrl+T
Time Shift...　Ctrl+Shift+T
Packet Comment...　Ctrl+Alt+C
Edit Resolved Name
Apply as Filter
Prepare a Filter
Conversation Filter
Colorize Conversation
SCTP
Follow
Copy
Protocol Preferences
Decode As...
Show Packet in New Window

> Frame 4: 60 byt ... (480 bits) on interface 0
> Ethernet II, Sr ... Dst: IntelCor_e7:0c:48 (00:e1:8c:e7:0c:48)
> Internet Protocol Version 4, Src: 216.219.115.13, Dst: 192.168.1.18
> Transmission Control Protocol, Src Port: 12975, Dst Port: 14822, Seq: 1, Ack: 85, Len: 0

图 7.5　右击选中数据包

窗口底部的数据包字节窗格包含每个数据包的所有十六进制代码。每行文本包含 16 个字节，数据包捕获的每个字节(8 位)表示为两位十六进制。在图 7.6 中，可看到 IP 类型和十六进制代码之间的直接关系。

窗口底部的数据包字节窗格包含每个数据包的所有十六进制代码。每行文本包含 16 个字节。数据包捕获的每个字节(8 位)表示为两位十六进制。在图 7.6 中，可以看到 IP 类型和十六进制代码之间的直接关系。

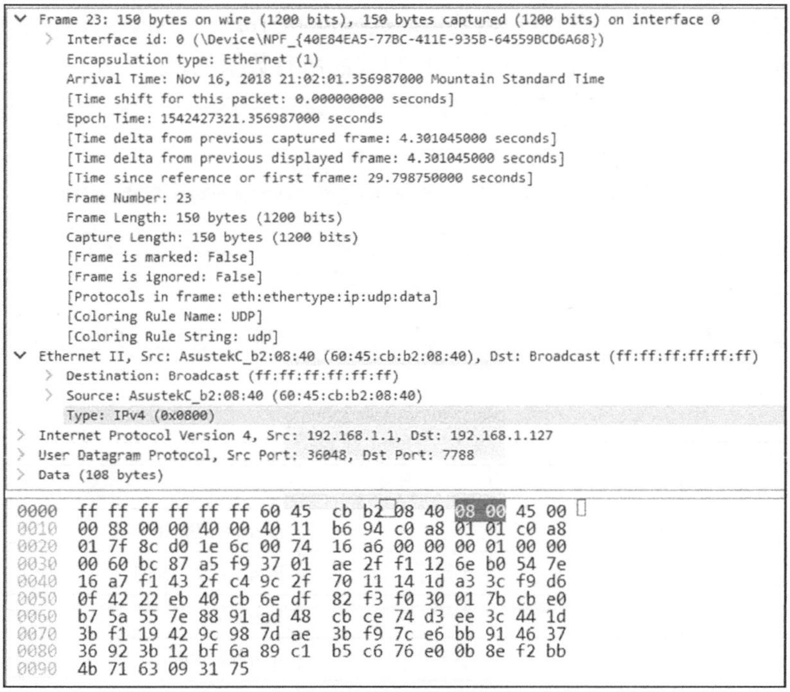

```
✓ Frame 23: 150 bytes on wire (1200 bits), 150 bytes captured (1200 bits) on interface 0
   > Interface id: 0 (\Device\NPF_{40E84EA5-77BC-411E-935B-64559BCD6A68})
     Encapsulation type: Ethernet (1)
     Arrival Time: Nov 16, 2018 21:02:01.356987000 Mountain Standard Time
     [Time shift for this packet: 0.000000000 seconds]
     Epoch Time: 1542427321.356987000 seconds
     [Time delta from previous captured frame: 4.301045000 seconds]
     [Time delta from previous displayed frame: 4.301045000 seconds]
     [Time since reference or first frame: 29.798750000 seconds]
     Frame Number: 23
     Frame Length: 150 bytes (1200 bits)
     Capture Length: 150 bytes (1200 bits)
     [Frame is marked: False]
     [Frame is ignored: False]
     [Protocols in frame: eth:ethertype:ip:udp:data]
     [Coloring Rule Name: UDP]
     [Coloring Rule String: udp]
✓ Ethernet II, Src: AsustekC_b2:08:40 (60:45:cb:b2:08:40), Dst: Broadcast (ff:ff:ff:ff:ff:ff)
   > Destination: Broadcast (ff:ff:ff:ff:ff:ff)
   > Source: AsustekC_b2:08:40 (60:45:cb:b2:08:40)
     Type: IPv4 (0x0800)
> Internet Protocol Version 4, Src: 192.168.1.1, Dst: 192.168.1.127
> User Datagram Protocol, Src Port: 36048, Dst Port: 7788
> Data (108 bytes)

0000  ff ff ff ff ff ff 60 45  cb b2 08 40 08 00 45 00
0010  00 88 00 00 40 00 40 11  b6 94 c0 a8 01 01 c0 a8
0020  01 7f 8c d0 1e 6c 00 74  16 a6 00 00 00 01 00 00
0030  00 60 bc 87 a5 f9 37 01  ae 2f f1 12 6e b0 54 7e
0040  16 a7 f1 43 2f c4 9c 2f  70 11 14 1d a3 3c f9 d6
0050  0f 42 22 eb 40 cb 6e df  82 f3 f0 30 01 7b cb e0
0060  b7 5a 55 7e 88 91 ad 48  cb ce 74 d3 ee 3c 44 1d
0070  3b f1 19 42 9c 98 7d ae  3b f9 7c e6 bb 91 46 37
0080  36 92 3b 12 bf 6a 89 c1  b5 c6 76 e0 0b 8e f2 bb
0090  4b 71 63 09 31 75
```

图 7.6　十六进制表示

刚才我们已经学习了如何抓包，现在重点讨论一下抓包的位置。如果是在大型企业环境中，并且十分关心网络性能问题，那么如何放置网络嗅探器显得非常重要。将Wireshark放在离员工或客户最近的位置，以便从他们的位置着手处理任何棘手的问题。如果有人抱怨网络上的某个服务器，可将Wireshark移到该服务器附近以解决问题。最佳做法是将 Wireshark 放在笔记本电脑上，在处理这些问题时才能跟随着你的位置移动。

7.4　过滤器和颜色

Wireshark 使用过滤器(filter)来关注感兴趣的包，去掉干扰包。可以根据协议、数值或对比来过滤数据包。根据协议来过滤时，输入要缩小范围的协议，如图 7.7 所示，最后按 Enter 确认。当使用过滤器时，它只会改变显示视图，而不会更改数据内容，所有捕获的数据包仍然完好无损。要移除过滤器，请单击 Clear 按钮，即过滤器后侧的 X 图标。

可以使用表达式匹配数据包内的值。数据包中的每个信息内容都可以用作字符串，如 tcp，tcp 字符串将显示包含 TCP 协议的所有数据包。

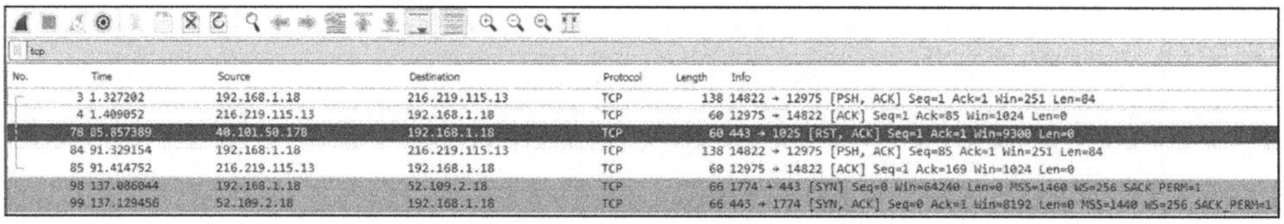

图 7.7　筛选 TCP 流量

当需要匹配多个字符串时，可以选择相应的运算符。表 7.2 列出了常用的过滤运算符。

表 7.2　filter 运算符

英文写法	符号写法	描述	示例
eq	==	等于	ip.src==192.168.1.0
ne	!=	不等于	ip.src!=192.168.1.0
gt	>	大于	frame.len>16
lt	<	小于	frame.len<64
match	~	字段匹配	http.host matches
contains		字段包含	tcp contains traffic

流量的颜色标记是一个非常有用的 filter，可用来定位和突出显示你要搜索的数据包。可为表示错误、异常、漏洞或证据的数据包标记颜色。Wireshark 的 Preferences 下的 Edit 菜单中预先定义着色规则。默认的着色规则将放在列表顶部，你的自定义规则将优先于该默认规则。

也可以进行临时的颜色标记，右击数据包，转到 Color Conversation，然后向下滚动流量类型列表。如果要对会话进行颜色标记，请选择协议并指定你想要的会话颜色。例如，可为所有 IPv4 流量标记为蓝色，所有以太网流量标记为红色。此颜色规则将一直有效，直到你重新启动 Wireshark。还可通过右击数据包来标记它们。无论颜色标记规则如何，它们都将以黑色背景显示，在分析大量数据包时，这种方式将非常有用，有点类似于书签。

右击数据包，还可以为数据包创建注释。这种方式可以非常方便地记录你发现的信息，也可用来与其他团队成员分享故障排查的过程说明。

7.5 检查

当开始检查(Inspection)和匹配数据包捕获中的信息内容时，你会注意到第二列是基于时间的。大多数计算机系统从 0 开始计数，Wireshark 也是如此。第一个捕获的数据包时间值被设置 0，所有其他时间戳都基于该数据包的时间。要查看多个数据包的统计信息，请在菜单上选择 Statistics。统计信息根据协议、地址、端口、流以及对话的不同而异。

对话是一组物理或逻辑的通信实体。对话可能包含 MAC、ARP、ICMP ping 或端口号。要匹配数据包捕获中的对话，请转到 Statistics 选项卡，然后在该菜单内转到 Conversations。Conversations 对话框顶部的默认选项会将显示视图细分为以太网、IPv4、IPv6、TCP 和 UDP 的数据。每行显示的是对应的对话数量。若要添加其他对话的统计信息，请单击右下角的 Conversation Types。当分析一个比较大的数据包时，对主机之间传输的字节进行排序，能够根据数据流大小或持续时间识别出最活跃的通信对话。在图 7.8 中，请你留意 IPv4 对话的已排序列，可以看到源和目标地址之间最活跃的对话。

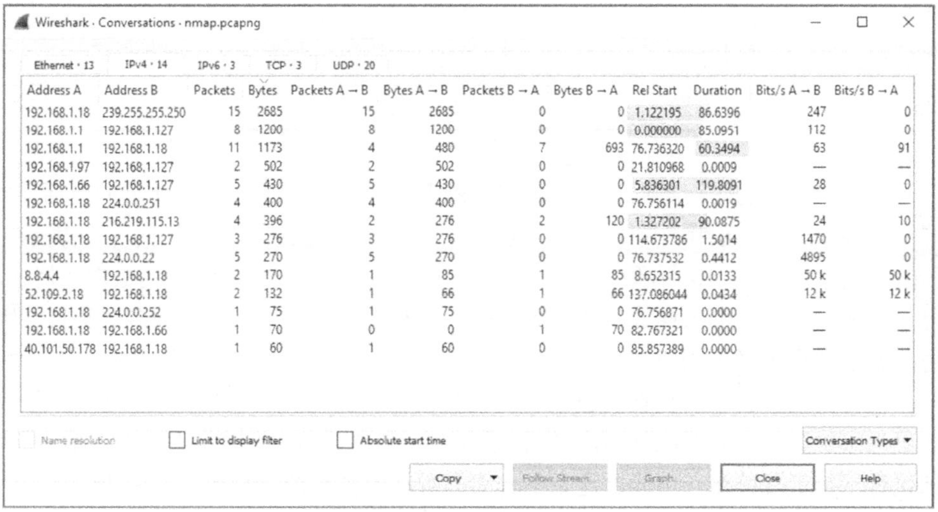

Wireshark · Conversations · nmap.pcapng

Ethernet · 13 | IPv4 · 14 | IPv6 · 3 | TCP · 3 | UDP · 20

Address A	Address B	Packets	Bytes	Packets A → B	Bytes A → B	Packets B → A	Bytes B → A	Rel Start	Duration	Bits/s A → B	Bits/s B → A
192.168.1.18	239.255.255.250	15	2685	15	2685	0	0	1.122195	86.6396	247	0
192.168.1.1	192.168.1.127	8	1200	8	1200	0	0	0.000000	85.0951	112	0
192.168.1.1	192.168.1.18	11	1173	4	480	7	693	76.736320	60.3494	63	91
192.168.1.97	192.168.1.127	2	502	2	502	0	0	21.810968	0.0009	—	—
192.168.1.66	192.168.1.127	5	430	5	430	0	0	5.836301	119.8091	28	0
192.168.1.18	224.0.0.251	4	400	4	400	0	0	76.756114	0.0019	—	—
192.168.1.18	216.219.115.13	4	396	2	276	2	120	1.327202	90.0875	24	10
192.168.1.18	192.168.1.127	3	276	3	276	0	0	114.673786	1.5014	1470	0
192.168.1.18	224.0.0.22	5	270	5	270	0	0	76.737532	0.4412	4895	0
8.8.4.4	192.168.1.18	2	170	1	85	1	85	8.652315	0.0133	50 k	50 k
52.109.2.18	192.168.1.18	2	132	1	66	1	66	137.086044	0.0434	12 k	12 k
192.168.1.18	224.0.0.252	1	75	1	75	0	0	76.756871	0.0000	—	—
192.168.1.18	192.168.1.66	1	70	0	0	1	70	82.767321	0.0000	—	—
40.101.50.178	192.168.1.18	1	60	1	60	0	0	85.857389	0.0000	—	—

Name resolution　Limit to display filter　Absolute start time　Conversation Types ▾

Copy ▾　Follow Stream　Graph　Close　Help

图 7.8　Wireshark 筛选 IPv4 协议对话

Wireshark 还有一个工具可记录 pcap 文件中发现的异常：Expert Info tool。该工具背后的理念是更好地了解和显示突出的网络行为。新手和专家用户都能利用它快速解决问题，不必手动梳理每个数据包。如图 7.9 所示，其中展示了不少提示信息。

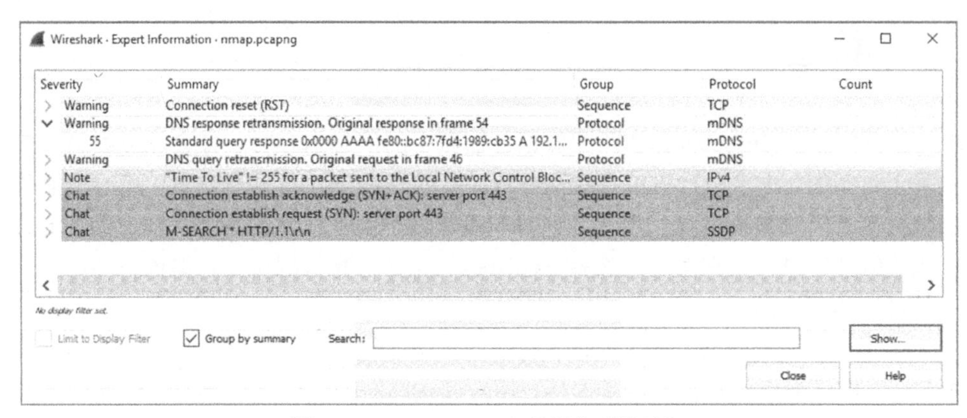

图 7.9　Expert Info tool 的颜色"提示"

每个类型都有一个特定严重级别。表 7.3 列出了不同的严重性级别。

表 7.3　分级说明

级别	颜色	描述
Chat	蓝色	信息级的，普通的工作流
Note	青色	一般错误
Warning	黄色	异常错误
Error	红色	严重问题

可为捕获到的网络数据包绘制可视化图表。如通过 I/O 图查看流量的概括、波峰和波谷。I/O 图可用于排除问题，还可用于监控。默认情况下，图的 y 轴表示每秒的包速率，如图 7.10 所示；单击图形上的任意点来跟踪对应时间点的数据包情况。可使用 3 种不同的图形样式：线状图、脉冲图和点状图。如果要绘制多个类目，则可为每个图形选择不同样式。

现在我们学会了如何在自己的系统上分析 Nmap 扫描、Web 浏览器的流量。如果想深入了解更复杂的网络流量，但你手头上没有那样的网络环境，Wireshark 内部也有一个工具链接，可通过这个工具来分析其他类型的数据包。在 Help 菜单下，有不少抓包的案例，可进行各种有趣的实验。在提供的案例中，HTTP.cap 是最基础的，这是一个简单的 HTTP 请求和响应分析实验。

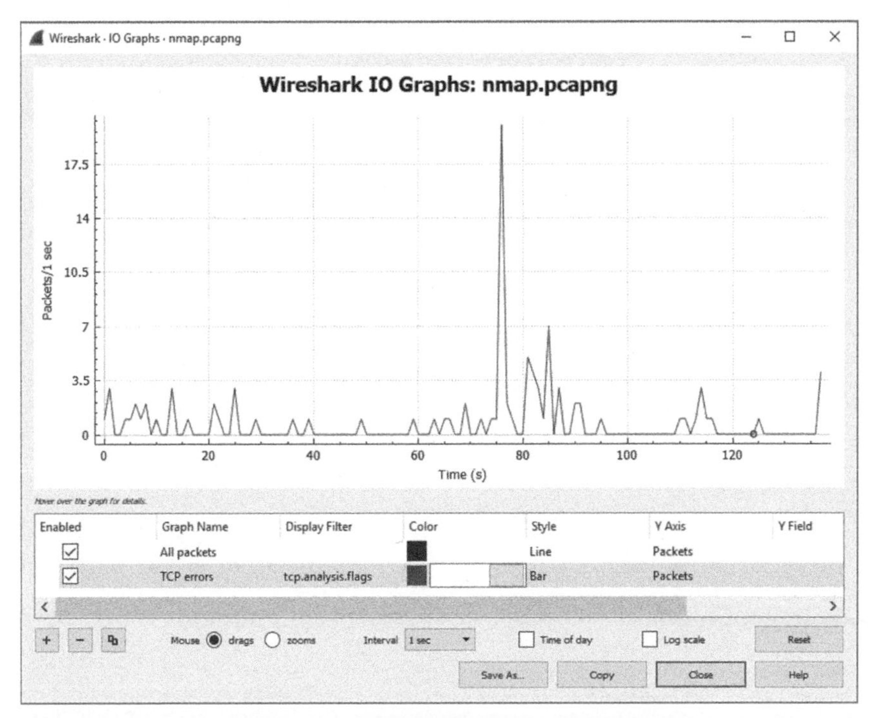

图 7.10　All packets 和 TCP errors 对比图

第 8 章

访问管理

本章内容：

- 身份验证、授权、审计
- 最小权限
- 单点登录
- JumpCloud

让我们来一趟飞机旅行吧。必须出示身份证明，以验证你的身份，获得登机牌；然后必须出示登机牌才能进入登机区，你的物品需要经过安检，以确保你不会携带任何违禁品进入安全区域。当登机时，他们会扫描你的登机牌，以确认你获得了登机权限。如今的航空公司可以跟踪和审核你的飞行之旅，这就是基本的访问管理，同样的概念也适用于网络安全环境。

考虑到以上提到的访问管理措施，人员通过安检需要多久时间？机场还有什么其他安全措施是你之前没有考虑过的？作为一名安全专业人员，你敏锐地意识到这些安防措施的深度。你总是要战略性地对防护进行思考，并提出建设性问题。如果有人在我的网络上冒充其他人，该怎么办？如果有人有太多访问权限怎么办？如果有人在访问网络时带来了勒索软件，又该怎么办？

访问管理要求系统或网络管理员考虑用户如何登录到计算机及其网络。大多数用户没有意识到使用域登录与直接登录到计算机之间的区别，他们也没有意识到访问级别不同，他们相信一个原则：你所看到的就是你得到的(WYSIWYG，What You See Is What You Get)。

访问管理是对授权用户访问你所管辖资产的识别、控制、管理和审计的过程。通常在 IT 领域，资产管理(AM)与身份管理(IM)是结合在一起的。IM 创建并预配不同的用户、角色、组和策略，而 AM 确保安全准则、流程和策略的遵循。

如今，有许多不同的企业在销售 IM/AM 解决方案。挑选解决方案并不容易，必须考虑可扩展性、性能和可用性。闭源的商业解决方案可能会阻碍应用程序灵活地适应特定环境的要求，并且部署成本较高。而开源的方案管理可以让你自由地做出良好的业务决策，针对特殊环境对方案进行自定义，维护费用较低或几乎没有，但实现起来较难。你不仅必须考虑 IM/AM 的方案，而且必须考虑最小权限的原则。最小权限的思路是将用户的访问权限控制在完成作业仅需的权限。Rapid7 的安全顾问乔希·弗朗茨(Josh Franz)曾说过："简单地说，如果你的公司没有身份访问管理，那就没有安全。如果网络上的每个人都是域管理员，则世界上所有的安全控制措施都无法阻止攻击者。"

8.1 身份验证、授权和审计

身份验证、授权和审计(AAA)通常用于网络安全，当涉及某人如何获得对系统的访问权限时，身份验证和授权是关键问题，但它们彼此不同。身份验证可以确认你是谁，而授权意味着验证你有权访问的内容。身份验证通常是用户名或 ID 和密码，但也可能是你具有的令牌或像指纹一样的生物识别特征。

根据你的安全策略，你和你的企业可能需要不同级别的身份验证：

- 单因子——最简单的身份验证，通常是一个简单密码，用于授予对系统或域的访问权限。
- 双因子——二次验证，可进一步提高安全性。当去到银行从 ATM 取款时，需要一张实体卡和个人识别号码(PIN)。
- 多因子——使用来自不同类别的两种或多种技术，用于授予访问权限的最高安全级别的身份验证。

身份验证通过后，下一步需要进行授权。在双因素机制中，使用 ATM 卡和 PIN 码后，可以取到你的钱，也只能是取你的钱，因为授权决定了可以访问哪些系统以及哪些账户，可以从哪些账户中取款。这是访问策略的关键组件。

审计(也有人说是校验)，用于确保控制措施到位且能正常工作。审计用于支持校验，通常是记录具有意义的事件，例如谁登录和注销，或谁尝试了某种类型的特权操作。监控有助于确保环境中没有恶意活动，如果希望证明某人在你的网络上做了某些事情，那么审计与安全日志绝对是维护某人或某事在网络环境中做了什么操作的最佳文件。

审计和校验的另一个重要作用是"不可否认"。不可否认意味着经过身份验证和授权的人不能抵赖其做过的行为。你不希望出现有人宣称发现了一起行为事件，而有人却完全反对这个事件的情况。不可否认的典型案例就是你收到一个文档的签名盖戳。在网络安全领域，不可否认要求具备某些组件，例如：

- 身份
- 对该身份的验证
- 与该身份相关的操作的证据

8.2 最小权限

如果曾经参加过认证考试，你会认为这是最小权限原则(PoLP)，或最小授权原则(PoLA)。这是一个基本概念，它可以有效地减少组织的攻击面与意外事件。通过访问管理，有几种方法可以使用此概念来保护网络系统。在 IT 领域，我们从别人的错误中吸取教训。

大约十年前，我是一个拥有约 12 000 台计算机和 9 000 个用户的网络管理员。我们在 Windows 中使用组策略来控制工作环境。这是一种在 Active Directory 环境中集中管理用户设置、应用程序和操作系统的方法。我们公司的新人们总是充满各种伟大的想法，但不知道或不愿意遵循我们为保护网络而制定的安全管理规则。

他修改了组策略中一个产生灾难性后果的主要特性。在 Windows 计算机上的事件查看器中，可以配置安全日志。他选中了不覆盖安全日志的框，并使用组策略对象将其推送到 12 000 台计算机。如果是一位经验老到的 IT 人员，你会比较谨慎，但新人不是这样。在 24 小时内，他锁定了我们网络上的 9 000 个用户，成功和失败的登录/注销事件占满了所有的日志空间。幸运的是，我们能够在大约 30 分钟内解决问题，因为我们弄清楚了事情的来龙去脉。起初，我们以为受到了黑客攻击，通过不可否认的机制，我们知道了在事发时间哪个管理员登录到系统做了哪些操作。

以下是这个故事的启示：

- 如果不确定自己在做什么，那就多问。
- 可以怎么做并不意味着应该怎么做。
- 如果限制了谁能访问关键系统，那么攻击面就会减少。

大多数设备系统都有内置的账户机制，一般有标准的终端账户和管理员账户。管理员账户适用于需要对受限制的计算机区域有完全访问权限的用户；普通账户可以运行应用程序，但没有完全的管理访问权限。

这一原则之所以如此有效，一个原因是它会让你对实际需要哪些级别的特权进行内部研究。遗憾的是，在许多组织中阻力最小的方式是过度滥用特权的账户。一个已登录到域控管理员账户的网络管理员打开了一个含恶意软件的电子邮件附件，其后果是恶意软件将具有管理员的同等权限，对域和网络有无限制的访问能力。如果网络管理员只是登录了一个普通的用户账户，那么恶意软件只能访问该用户的数据，这里潜在的危害范围要小得多。

你应默认为每个用户(包括管理员)创建单独的标准用户账户，并且每个账户应至少使用单因素身份验证。这使你能够控制用户可以安装的程序以及他们能够访问的网站。太多的组织允许所有用户使用系统管理员权限，这会产生大量的攻击面。管理员应始终使用其标准用户账户登录，然后使用“以管理员身份运行”的功能来运行需要提权才能使用的程序。有太多的违规事件可以归咎为管理员单击电子邮件中的恶意下载链接，导致系统被病毒感染，通过网络传播最后窃取了所有的数据信息。组织不仅会丢失知识产权，而且最终也会因违反合规性而遭受损失，一次违规可能导致的损失达数百万美元。

开始实现最小权限的最佳方法之一是从特权审计开始。为使用数据库而创建的用户账户一般不需要管理员权限。你不想妨碍最终用户，只需要授予他们足够的访问权限来执行其所需的工作。

定期对特权进行审计。这不是一次性作业。它是需要运营的，谁有权访问哪些内容，以及谁更改了岗位职责却保留了旧的访问权限？

每个账号都尽可能以低级别启动。仅在需要时添加更高权限，甚至在特定时间添加权限。比如，审计员仅在审核期间需要提升他的权限。

职责分离(Separation of Duties，SoD)是一种最小权限的战略功能。一个人写支票，一个人在支票上签名。通过让多人完成某项任务，它可以帮助防止欺诈或错误。在之前的组策略故事中，SoD 是该流程的一部分。如果员工遵循了变更管理流程，我们本可以告诉他为什么这是一个非常糟糕的主意。

通过实现最小权限，你甚至可以提高操作性能，减少未经授权行为的可能性，减少攻击面并减少恶意软件传播的机会，因为它们往往需要有权限的进程才能运行。实现最小特权的最大帮助之一是它让组织很容易满足合规性的要求。许多合规性法规(如 PCI-DSS、HIPAA、FISMA 和 SOX)都要求组织应用最小权限原则，以确保正确地管理数据和安全性。

美国国家标准与技术研究院(NIST)的 FDCC 要求规定，联邦员工必须使用标准权限登录 PC。PCI-DSS 3.0 7.2.2 要求根据岗位分类和职能向个人分配权限。

8.3 单点登录

在现代企业工作环境中，我们需要登录多个程序来完成工作。我们必须登录客户管理数据库，共享云应用程序中的资源，接收电子邮件，并在线创建文档。对于普通用户来说，记住所有这些用户名和密码可能是一件头疼的事情。为缓解此问题，我们使用单点登录(Single Sign-On，SSO)应用程序。SSO 是多个相互关联的软件系统之间的另一种访问控制形式。

单点登录的好处很多，可以减少密码疲劳，或让用户在便笺上写密码并将其放在显示器上或键盘下。它节省了用户一遍又一遍输入密码的时间，甚至减少了桌面支持的问题，经常会有用户去度假，回来后忘记了密码，最后把账号给锁定了。而针对 SSO 的最大批评就是只需要一次登录就可以访问许多不同的资源。

为了解决这个问题，我们必须专注于保护“王国的钥匙”，并将它与强验证(如多重身份验证)相结合。

图 8.1 所示的 CIA 三角形说明了组织需根据优先级进行适当平衡。比如军方机构会倾向于安全性，军方不希望其机密遭到泄露；而亚马逊等商业机构可能倾向于可用性，如果网站不可用了，用户将无法从网站购买商品。

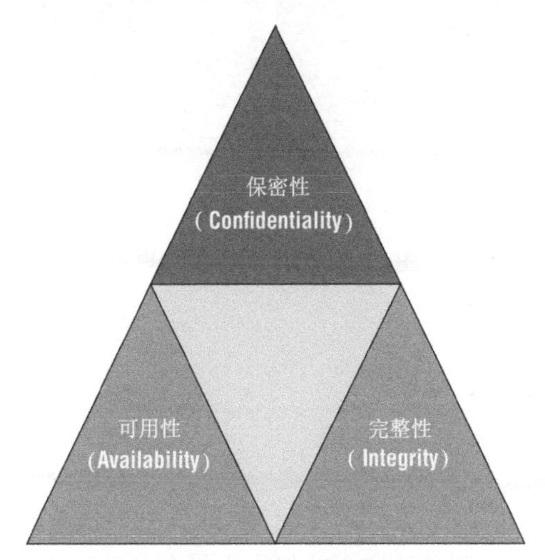

图 8.1　CIA 三角模型

保密性是一套限制对信息访问的规则，完整性是信息准确性的保证，可用性是向适当人员提供正确的信息访问。网络和安全 IT 管理员必须平衡安全防护和满足合规性，同时不妨碍最终用户的工作流程。如果控制过于严格，用户将无法完成工作，但如果控制过于宽松，则会导致漏洞。如果不加以约束，最终用户将开始在浏览器中保存其凭据，以便轻松登录他们喜爱的银行或购物网站。他们甚至可能保存公司凭据，届时未经授权的黑客访问计算机，将可能是灾难性的。

作为组织中的安全管理者，你经常需要做出决策。做决策的最大问题在于，你的企业很可能时时都在变化，今天的决策明天就可能不适应这种变化。我们在 IT 中使用的大多数流程都是循环的，总是需要重新评估。当你的安全成熟度模型达到将 AAA、最小权限和 SSO 融入管理流程的阶段时，组织中无论是 CEO 还是安全管理员，每个人的访问权限都需要进行审核。在图 8.2 中，你会看到一个用户在访问其网络时的简单需求矩阵。一旦你知道用户需要什么权限来做好他们的工作，就很容易构建该角色权限。

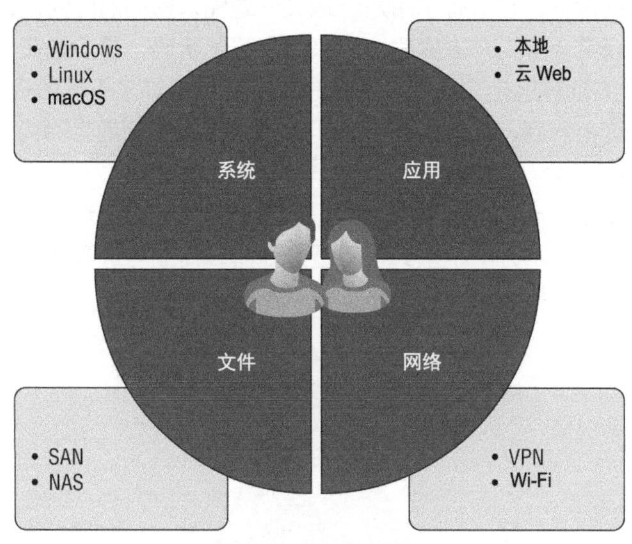

图 8.2　评估网络中的用户

8.4　JumpCloud

JumpCloud 的 Zach DeMeyer 提到："一般来说，端点管理解决方案只专注于管理系统，不包括身份和访问。" JumpCloud 是 SSO 和网络权限管理的前沿组合。用户身份验证是 JumpCloud 服务的核心功能，为每个身份创建集中的统一授权版本，以便员工可以在他们需要访问的所有资源中使用一组访问凭据。可以设置密码的复杂性和有效期，以确保满足安全策略，设置完成后，将这些用户绑定到连接 JumpCloud 的任何资源，包括主机系统、应用程序以及网络。

首先访问 jumpcloud.com 并创建用户账户。你的前十个用户是永久免费的，之后每个用户需要支付少量费用。通过电子邮件验证用户账户后，可以访问中央控制台，可在其中为平台、协议或资源位置设置访问凭据。可以使用 JumpCloud 强制实施策略、设置密码要求(包括多重身份验证)以及简化对大多数 IT 资源的访问。实验 8.1 演示如何创建用户，实验 8.2 演示如何创建系统。

实验 8.1：创建用户
(1) 打开浏览器并登录 JumpCloud 的 Web 界面。

(2) 在 Users 选项卡上，单击带有加号的框(见图 8.3)。

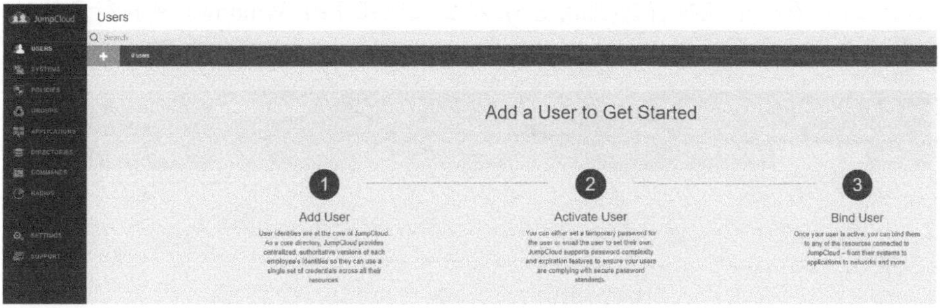

图 8.3　在 JumpCloud 创建用户

(3) 定义新用户的名字、姓氏、用户名和电子邮件地址。如果已了解此用户的访问需求，将决定是否需要启用管理员/sudo 权限或需要多重身份验证。在图 8.4 中，将看到 New User 对话框。可以在其中添加用户的初始密码。

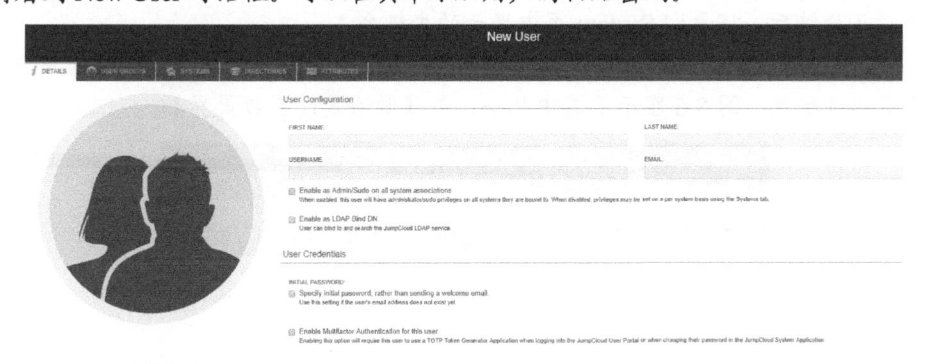

图 8.4　New User 对话框

(4) 对于每个用户，你能够将此人添加到用户组中以获取访问权限，决定每个系统有权访问其他哪些系统，以及每个系统需要访问哪些目录。下一步，需要将这些策略绑定在一起。

实验 8.2：创建系统

(1) 打开系统菜单，在顶部打开第二个菜单。单击带有加号的绿色框，打开 New System 说明。

(2) macOS、Windows和Linux系统在安装了系统代理后，会绑定到 JumpCloud 平台。安装后，可以远程安全地管理系统和这些系统上的账户，并设置策略。代理程序很小，通过端口 443 签入并报告事件数据。通过New System选项将需要管理的终端系统添加到平台。

(3) 每个系统都有特定的说明和连接密钥。在 Windows 的环境下，需要下载代理程序以及一个连接密钥(见图 8.5)。双击代理程序的 Windows 可执行文件时，安装过程中系统会询问这个连接密钥。

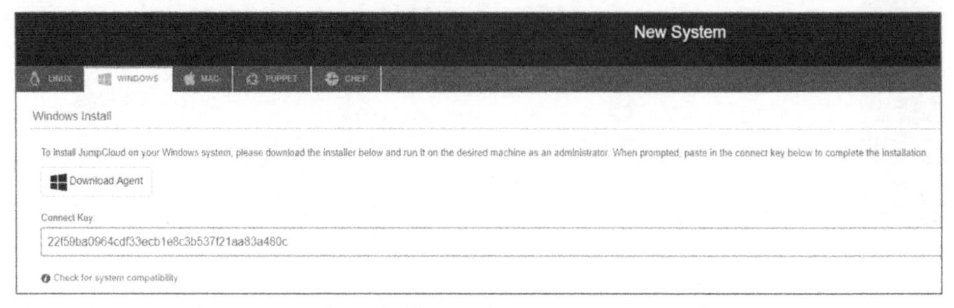

图 8.5　下载 Windows 代理程序并使用连接密钥完成安装

(4) 将连接密钥复制并粘贴到安装文件中，将 JumpCloud 代理程序绑定到系统。几分钟后，将看到 System 页中显示的主机名。

(5) 资产成功签入后，可以对该资产应用策略。默认情况下，Windows 有 22 个策略可配置。图 8.6 显示了其中几个，最佳做法是设置锁屏界面。

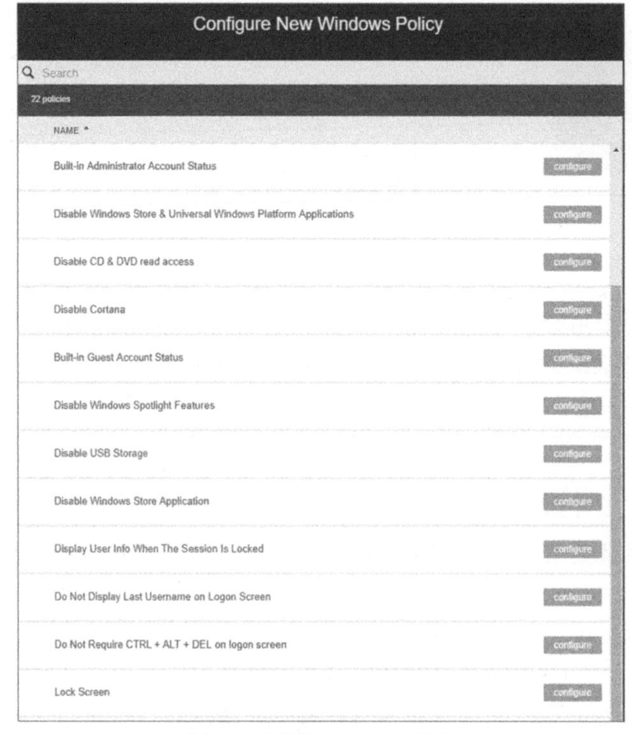

图 8.6　配置 Windows 策略

锁屏功能可以帮助你不成为甜甜圈日的受害者。甜甜圈日(Donut day)是当不在、走开或转过身一小会时，你的电脑处于解锁状态，这时有人乘机利用你的登录状态干坏事。比如，坏人会给每个人发一封电子邮件，说："我明天把甜甜圈带来！"这下，每个人都知道你离开时机器没锁屏。有些组织，比如我曾经工作过的地方有一种恶作剧方式，他们会修改我们的桌面壁纸，并把这个过程称为 get pwned。必须在离开时锁定计算机，如果忘记了，策略可自动执行此操作，毕竟给 250 人带甜甜圈是一个昂贵的教训。在图 8.7 中，可以看到 Windows 锁定屏幕策略和设置在几秒钟内超时。这里再次强调，必须平衡 CIA 三角中的可用性。我见过一位高管，他对锁屏策略感到沮丧，在键盘旁边放一只"啄木鸟"玩具敲击键盘来模拟活动，这样他就不必每 60 秒输入一次密码。

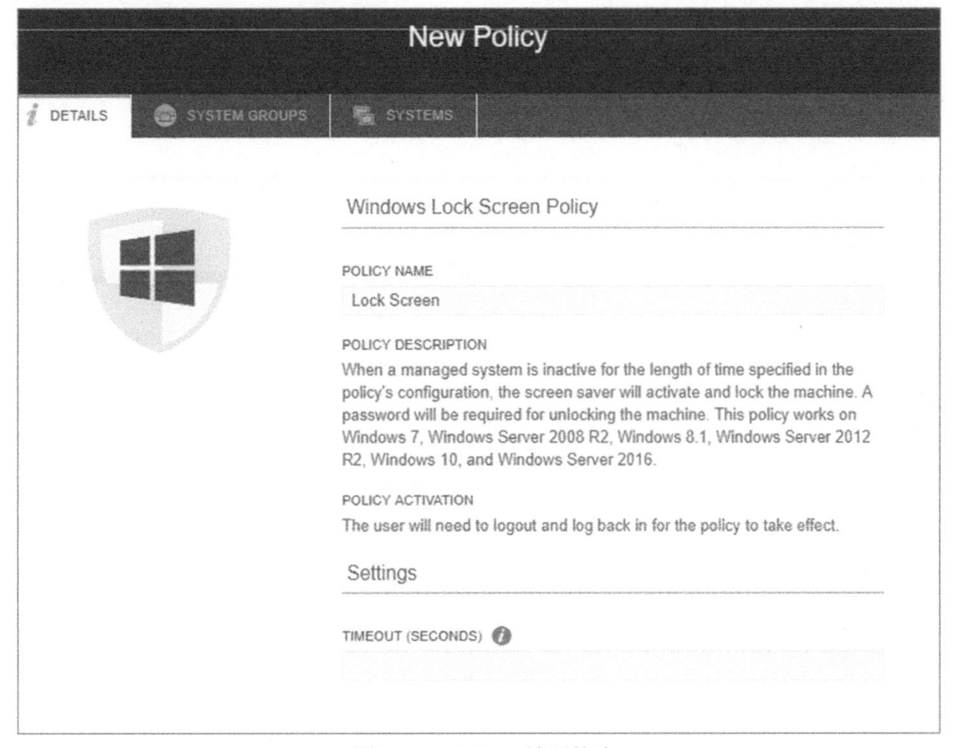

图 8.7　Windows 锁屏策略

现在，你已经拥有了用户、系统和策略，是时候考虑组、应用程序和目录的配置了。其中每一项都会对组织的安全状态产生影响。使用组，当将用户和管理员拉入集中管理页面时，可以向用户和管理员提供对资源的访问。如果想进一步提升安全性，配置用户使用 SSO 登录到应用程序将增强安全效果。最后构建一个目录将允许你同步用户账户，并使 JumpCloud 能够充当用户的单点授权目录。

我们的目标是通过 CIS 控制项来管理工作方式。许多 IM 和 AM 的方案遵从 CIS Control 5 标准。通过控制计算机、网络和应用程序权限的正确使用，可以保护信息和资产免遭盗窃和滥用。控制将变得越来越重要，尤其是当面临着巨大的外部威胁压力时，内部人员也在做着他们不应该做的事情。这也许是一项长期而艰巨的任务，但它至关重要。

第 9 章 管理日志

本章内容：

- Windows 事件查看器(Windows Event Viewer)
- PowerShell
- BareTail
- Syslog
- Solarwinds Kiwi

记得在我成长的过程中，我的哥哥十分喜爱电视剧《星际迷航》。当时的 U.S.S 企业号舰长 James T. Kirk 将启动舰长日志。从首批舰长们启航开始，舰长日志一直是一种记录保存形式。这个日志用于通知舰长的上级(可能是这艘战舰的所有者或政府实体)，日志描述了战舰在对外探索或完成任务的过程中的所见所闻，也为后台记录了当时的历史事实。网络世界也是同样的工作原理。网络上的每台设备都会生成某种类型的语言记录，有些是人类可读的，有些是杂乱无章的，我们应该了解哪些日志更有用，并保留下来用于将来的分析。我们不需要记录所有内容，但应有针对性地收集和管理日志。

CIS Control 6 是一个对审计日志进行维护、监视和分析的组织。我们的企业发展迅速，在大数据云计算时代，我们必须学会处理日志数据。分析审计日志是安全的重要组成部分，对于系统安全、流程以及合规至关重要。日志分析过程的一部分工作是协调来自不同源和相关设备的日志，这些设备可能位于不同的时区。如果查看基本的网络拓扑，将有许多类型的设备，包括路由器、交换机、防火墙、服务器和工作站。每一个帮助你连接到世界其他地方的设备，都将根据其操作系统、配置和软件生成日志。检查日志是查找并解答系统或应用程序上出现的问题的最有效方法之一。

同步并对这些设备之间的数据进行关联的能力对于一个健康的环境至关重要。当我开始从事 IT 工作时，偶尔会通过日志进行故障排除，如果日志记录不正确，攻击者可以在计算机上隐藏其活动。因此，需要一种整合和审核所有日志的战略方法。如果没有可靠的审核日志分析工具，攻击可能会长时间被忽视。根据 2018 年 Verizon 数据泄露调查报告，87%的数据泄露事件的发生时间只有短短几分钟或更少，而 68%的数据泄露事件却需要几个月才能被发现。报告全文基于对 53 000 多起安全事件的详细分析，包括 2216 起数据泄露事件。可在 verizonenterprise.com/DBIR2018 下载完整详细信息。

9.1 Windows 事件查看器

Windows 事件查看器(Windows Event Viewer)是用来学习分析问题的首选工具之一。作为安全管理员，必须确保在系统和网络设备上启用本地日志记录。创建审核日志的过程通常需要在特权模式下运行，以便用户无法停止或更改它。要通过 GUI 查看 Windows 资产上的日志(如图 9.1 所示)，必须打开事件查看器。

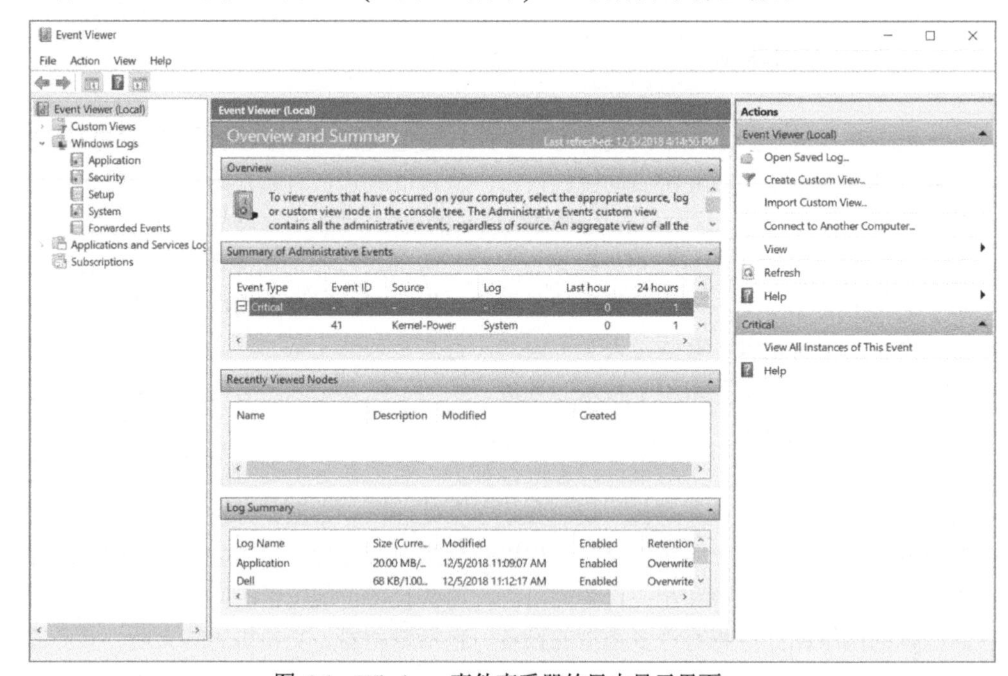

图 9.1 Windows 事件查看器的日志显示界面

Windows 的事件分为三个不同的类别，每个类别都与 Windows 保留的日志相关。

虽然也分很多类别，但大多数故障排除和调查都发生在应用程序、系统或安全日志中。

- 应用程序日志(Application)：记录与 Windows 组件(如驱动程序)相关的事件。
- 系统(System)日志：记录有关已安装程序的事件。
- 安全(Security)日志：此日志记录与安全相关的事件，如登录尝试和访问的资源。

在实验 9.1 中，将学习如何排查 Windows 安全日志。

实验 9.1：检查 Windows 安全日志

(1) 在 Windows 系统中，使用 Windows 键 + R 组合键打开 Run 菜单。

(2) 在框中输入 eventvwr 并按 Enter 键打开事件查看器。

(3) 事件查看器的界面上有三个窗格。左侧的窗格是日志文件的层次结构。右侧窗格显示可以执行的操作。对于日志的详细视图，可以使用中间的大窗格。单击左侧窗格中文件夹或文件左侧的箭头，打开每个级别的日志。

(4) 在 Windows Logs 下，单击 Security。页面中心将列出此计算机上记录的所有安全事件。如图 9.2 所示，这些是在此主机上记录的审核成功事件。在左侧，可以看到对这些日志所能执行的操作，包括筛选这些日志以查看严重事件、警告以及检查日志属性。

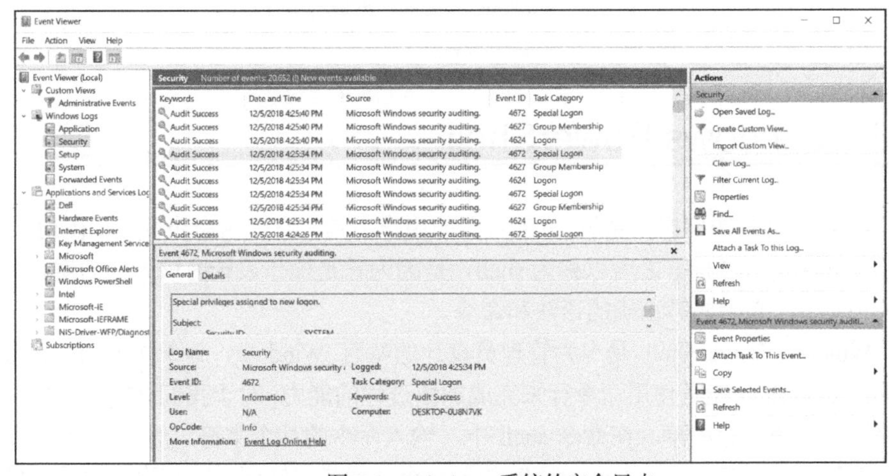

图 9.2　Windows 系统的安全日志

(5) 当我们熟悉安全日志后，可以再来看看应用程序日志和系统日志的文件夹。这些日志将帮助你了解计算机上正在运行的应用程序、这些程序正在执行的操作以及它们是否遇到问题。System 文件夹是筛选严重事件(如配置更改或断电)的绝佳位置，如图 9.3 所示。

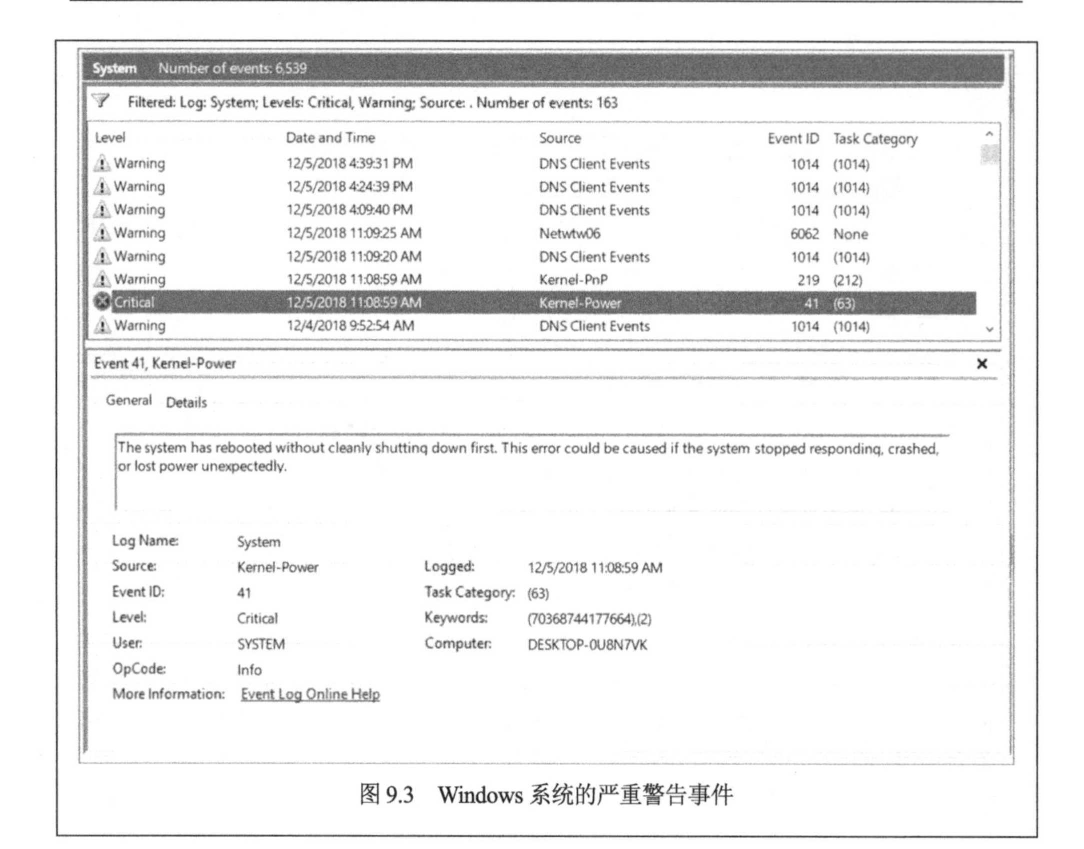

图 9.3 Windows 系统的严重警告事件

9.2 Windows PowerShell

shell 通常是访问操作系统 GUI 背后的用户工具。它使用命令行接口(CLI)，而不是移动和单击鼠标。之所以称为 shell，是因为它是操作系统内核外部的层。要成功使用 CLI，必须熟悉正确的语法和命令。

Windows PowerShell 是专为管理员设计的特有 Windows 命令行 shell。我最喜欢的命令 shell 功能是使用命令行来完成加快进程的能力，对于我们这些可怕的打字员来说，这是救命稻草。在命令 shell 中，输入命令的几个字符，然后按 Tab 键几次，直到显示所需的项。PowerShell 的另一个功能是能够保存将来可能要重用的命令序列，此功能允许你按向上箭头以循环浏览前面的命令。

PowerShell 引入了 cmdlet(发音为 command-let)。它是内置于 shell 中一个简单的函数命令行工具。cmdlet 是使操作系统执行类似“运行此程序”的操作顺序，有超过 200 个 cmdlet 操作组合。例如，可输入 Get-Help 命令，这将为你提供 cmdlet 的说明。

使用 PowerShell 搜索日志与 Windows 事件查看器相比更具有优势，可以更快地检查远程计算机上的事件。在执行服务器管理时，这非常有用。PowerShell 将帮助你生成报告，而且由于我们都很忙，这种自动化操作将带来更大的帮助。在实验 9.2 中，将学习如何使用 Windows PowerShell 来查看日志。

实验 9.2：使用 Windows PowerShell 查看日志

(1) 在 Windows 系统上，使用 Windows 键+ R 组合键打开 Run 菜单，输入 powershell，然后按 Enter 键。

(2) 要获取本地计算机上的事件日志列表(如图 9.4 所示)，请输入以下命令：

```
Get-EventLog -List
```

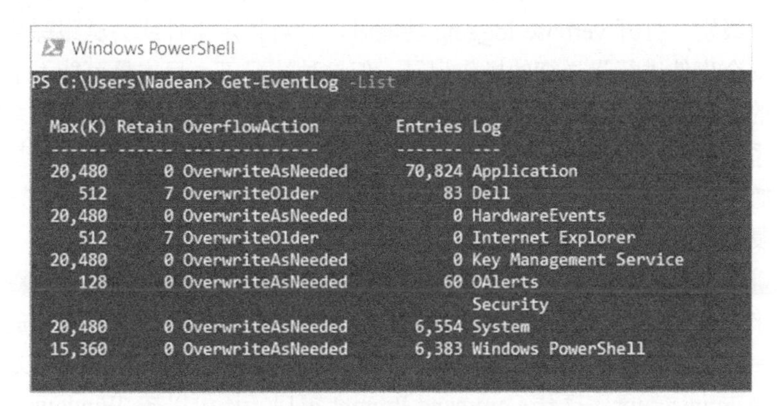

图 9.4　通过 PowerShell 获取可用的本地日志列表

(3) 要在本地计算机上获取系统日志，请输入以下命令：

```
Get-EventLog -LogName System
```

(4) Get-EventLog 命令会生成大量信息。要缩小显示范围，例如仅显示系统日志中的最后 20 个条目(如图 9.5 所示)，只需要按向上箭头并添加以下语法：

```
Get-EventLog -LogName System -Newest 20
```

```
PS C:\Users\Nadean> Get-EventLog -LogName System -Newest 20

Index Time          EntryType   Source                 InstanceID Message
----- ----          ---------   ------                 ---------- -------
 6554 Dec 05 20:04  Information Service Control M...   1073748864 The start type of the JumpCloud Agent service was changed from demand start to auto start.
 6553 Dec 05 20:04  Information Service Control M...   1073748869 A service was installed in the system...
 6552 Dec 05 19:08  Error       DCOM                        10016 The description for Event ID '10016' in Source 'DCOM' cannot be found.  The local computer may not have the necessary registry information or mess...
 6551 Dec 05 18:32  Warning     Microsoft-Windows...         1014 Name resolution for the name agent.jumpcloud.com timed out after none of the configured DNS servers responded.
 6550 Dec 05 18:32  Error       DCOM                        10016 The description for Event ID '10016' in Source 'DCOM' cannot be found.  The local computer may not have the necessary registry information or mess...
 6549 Dec 05 18:32  Information Microsoft-Windows...            1 The system has returned from a low power state...
 6548 Dec 05 18:32  Information BTHUSB                 1074069522 Windows cannot store Bluetooth authentication codes (link keys) on the local adapter. Bluetooth keyboards might not work in the system BIOS during...
 6547 Dec 05 18:32  Information Netwtw06               1073748849 7025 - Dump after return from D3 before cmd
 6546 Dec 05 18:32  Information Microsoft-Windows...          105 The description for Event ID '105' in Source 'Microsoft-Windows-Kernel-Power' cannot be found.  The local computer may not have the necessary regi...
 6545 Dec 05 18:32  Information Microsoft-Windows...          131 The description for Event ID '131' in Source 'Microsoft-Windows-Kernel-Power' cannot be found.  The local computer may not have the necessary regi...
 6544 Dec 05 18:32  Information Microsoft-Windows...            1 Possible detection of CVE: 2018-12-06T01:32:04.5080000Z...
 6543 Dec 05 17:20  Information Microsoft-Windows...          107 The description for Event ID '107' in Source 'Microsoft-Windows-Kernel-Power' cannot be found.  The local computer may not have the necessary regi...
 6542 Dec 05 17:20  Information Microsoft-Windows...           42 The description for Event ID '42' in Source 'Microsoft-Windows-Kernel-Power' cannot be found.  The local computer may not have the necessary regis...
 6541 Dec 05 17:09  Warning     Microsoft-Windows...         1014 Name resolution for the name www.bing.com timed out after none of the configured DNS servers responded.
 6540 Dec 05 16:54  Warning     Microsoft-Windows...         1014 Name resolution for the name agent.jumpcloud.com timed out after none of the configured DNS servers responded.
 6539 Dec 05 16:39  Warning     Microsoft-Windows...         1014 Name resolution for the name v10.events.data.microsoft.com timed out after none of the configured DNS servers responded.
 6538 Dec 05 16:37  Information Microsoft-Windows...           44 Windows Update started downloading an update.
 6537 Dec 05 16:24  Warning     Microsoft-Windows...         1014 Name resolution for the name agent.jumpcloud.com timed out after none of the configured DNS servers responded.
 6536 Dec 05 16:09  Warning     Microsoft-Windows...         1014 Name resolution for the name agent.jumpcloud.com timed out after none of the configured DNS servers responded.
 6535 Dec 05 16:09  Information Microsoft-Windows...            1 The system has returned from a low power state...
```

图 9.5　获取系统日志的最后 20 条记录

(5) 可以通过输入以下命令来指定与磁盘源相关的系统日志条目，如图 9.6 所示：

```
Get-EventLog -LogName System -Source Disk
```

```
PS C:\Users\Nadean> Get-EventLog -LogName System -Source Disk

 Index Time          EntryType   Source                 InstanceID Message
 ----- ----          ---------   ------                 ---------- -------
  3910 Nov 05 16:39  Error       Disk                   3221487627 The driver detected a controller error on \Device\Harddisk2\DR2.
  2789 Oct 14 14:08  Warning     Disk                   2147745843 An error was detected on device \Device\Harddisk2\DR2 during a paging operation.
  2788 Oct 14 14:08  Warning     Disk                   2147745843 An error was detected on device \Device\Harddisk2\DR2 during a paging operation.
  2787 Oct 14 14:08  Warning     Disk                   2147745843 An error was detected on device \Device\Harddisk2\DR2 during a paging operation.
```

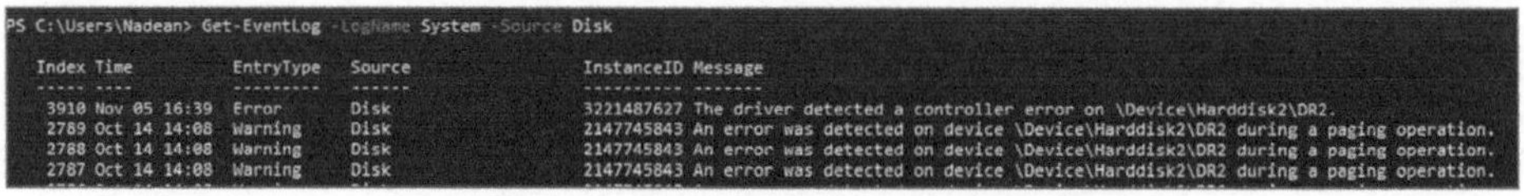

图 9.6　系统日志中的磁盘错误和警告

默认情况下，Windows 会启用大多数日志记录功能。但你可能需要定义所需的日志记录级别。打开 verbose logging 功能时，会对指定事件或尝试跟踪某个活动、已知的安全事件进行最详细的操作记录。但这种情况下，日志量可能不小心占用许多 TB 的磁盘空间。很多时候之所以引起系统崩溃，往往是因为善意的系统管理员为所有系统都启用了 verbose logging 功能，然后在故障排除完成后忘记禁用它，这就很尴尬了。这种情况下系统管理员务必在监视器上贴条，提醒自己在完成故障排除后恢复日志记录级别。

正确的日志记录方式是从大量信息中拉出必要的严重事件和警告。对于大多数管理员来说，问题不在于获得足够的信息，而是从大量数据中获取有用的信息。

要启用安全审核策略来捕获加载失败的事件，请右击 cmd.exe 快捷方式并选择 Run As Administrator，打开 Command Prompt 窗口。还可以按 Windows 键 + R 组合键打开 Run 框，输入 cmd，然后按 Ctrl+Shift+Enter 组合键以管理员身份运行命令。在 Command Prompt 窗口中，运行以下命令：

```
Auditpol /set /Category:System /failure:enable
```

如图 9.7 所示，应该可以看到一条成功信息，表明你现在正在记录所有安全审核日志。只有重新启动计算机才能使更改生效。

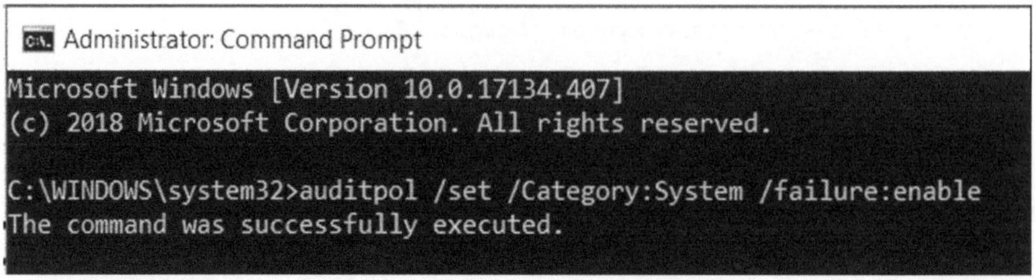

```
Administrator: Command Prompt
Microsoft Windows [Version 10.0.17134.407]
(c) 2018 Microsoft Corporation. All rights reserved.

C:\WINDOWS\system32>auditpol /set /Category:System /failure:enable
The command was successfully executed.
```

图 9.7　通过命令行启用安全审核日志

收集所需的日志后，为了不耗尽资产上的所有存储空间，不要忘记运行以下命令。

```
Auditpol /set /Category:System /failure:disable
```

使用 PowerShell 搜索日志还有一个优势。可以更快地检查远程计算机上的事件，如果在执行服务器管理，这种操作非常有用。不需要物理连接即可收集远程计算机上的日志。通过使用 PowerShell 参数-ComputerName，可以连接然后将命令传递给你选择的远程计算机并收集所需的信息。如果要从名为 PC1 的计算机中拉出所有系统日志，可以使用以下命令：

```
Get-EventLog -ComputerName PC1 -LogName System
```

了解这些日志及其访问网络远程区域的一个组成部分是它们的 IP 地址。互联网已经用完了 IPv4 地址，互联网的格局正在迅速演变。IPv4 是一种技术，它允许我们的设备连接到 Web，其唯一的数字 IP 地址由 4 个八位字节组成，由小数分隔，且数字不超过 255。它看起来像 192.168.1.0。将数据从一台计算机发送到另一台计算机并生成日志，同时这样做需要两台设备上的 IP 地址。

但我们正处于 IP 技术演变阶段。应用程序数量极多，随着物联网(Internet of Things，IoT)的发展，我们开始在日志记录中看到越来越多的 IPv6 地址。Google 收集了全球 IPv6 采用率的统计数据，最新数字显示，超过 25%的 Google 用户使用 IPv6 访问其资源。对于家庭用户和小型企业来说，这可能需要几年时间才能成为一个问题，但几乎所有现代设备都支持这项新技术。

将开始在日志中看到的是 128 位的逻辑网络 IPv6 地址，而不是 IPv4 地址中的 32 位。IPv6 以十六进制而不是虚线小数形式编写，IP 地址共有八组四位，而不是四组三位，当然也有一些缩短技术。例如，如果 IPv6 地址的分组为 0000，它将显示为::。请注意，如果开始看到显示 32 个十六进制字符而不是通常的 12 个字符的日志源地址，则网络上的某些主机正在使用 IPv6。

9.3 BareTail

从历史上看，系统管理员会在 shell 中使用 tail -f 实时跟踪日志。BareTail 由 Bare Metal Software 公司开发，是一个免费的、轻量级的但有较大影响力的工具。可以在 GUI 界面中实时监视日志，该 GUI 允许你在多个选项卡之间导航以组织日志流，突出显示和浏览那些重要的部分，还可以让它保持运行，不断刷新日志流。

当决定需要一个工具来观察日志流时，请转到 www.baremetalsoft.com/baretail 下载该工具。它的下载程序为 baretail.exe，但它并不需要安装。可以非常灵活地将这个程序移动到任何位置运行它，我通常把它放在 USB 上。

打开 BareTail 后，主菜单下的第一个选项是 Open。单击 Open File 选项可打开对话框以导航到要监视的程序日志。在图 9.8 中，可以看到 Nexpose 的路径，用于排除问题或验证系统上的漏洞。

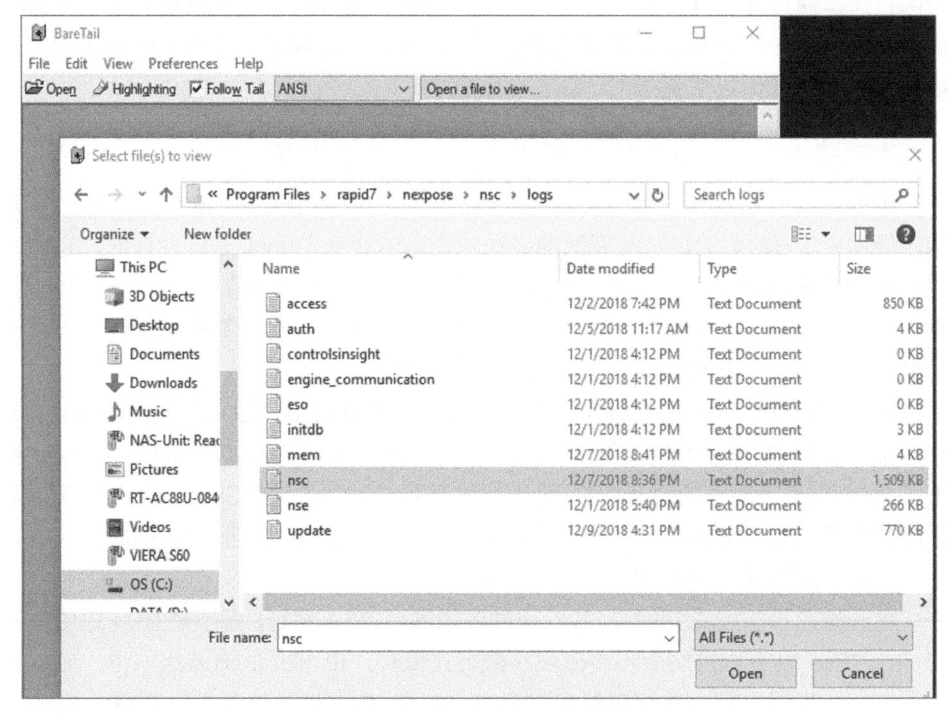

图 9.8 打开文件位置查看日志

要查找指定单词或字符串，请查看 Open 菜单旁的 Highlighting 菜单。可过滤、更改前景颜色/背景颜色，并在字符串位置输入你最感兴趣的关键字。在图 9.9 中，你看到在 nse.log 中，我针对的是 vulnerable 一词，这里忽略了大小写格式。在此日志中，如果向下滚动某些日志，则在检查资产上可能存在漏洞时，可能会看到 vulnerable 或 not vulnerable。如有必要，还可以搜索其他单词。当单击 OK 按钮后，所创建的 Highlighted 过滤器将在日志中保持激活状态。

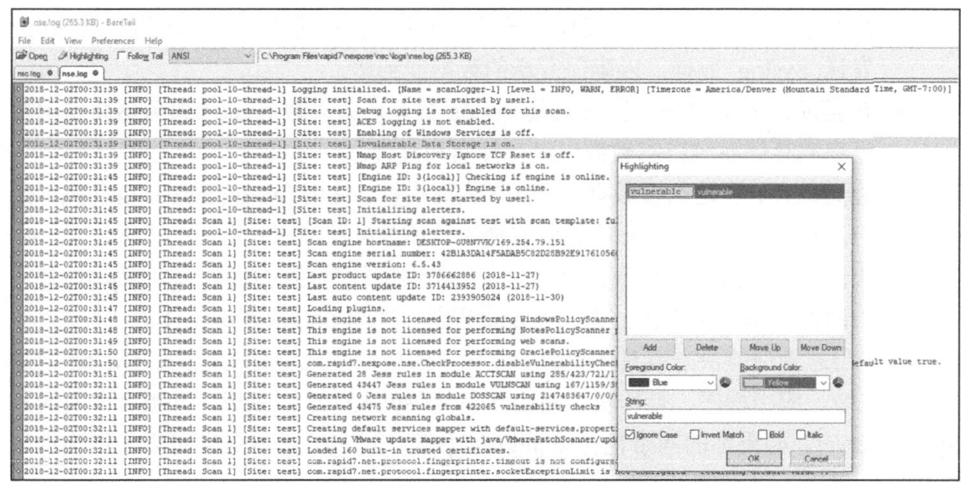

图 9.9　用过滤器在 nse.log 中查找 vulnerable 资产

9.4　Syslog

我们生产的数字数据量是惊人的。根据 www.internetlivestats.com 统计，仅谷歌每秒处理的搜索就超过 40 000 次。单击链接时，将生成日志。在全球范围内，每天的每一秒，计算机网络都在生成日志。据统计，我们每天创建 2.5EB 的数据。其中有一些日志是例行日志，还有一些日志表示网络运行状况不佳或恶意尝试破坏网络。日志文件包含大量信息，它能够减少与入侵者、恶意软件和法律问题。日志数据需要收集、存储、分析和监控，以满足和报告法规遵从性标准，如 HIPAA、FISMA、FERPA、PCI DSS 或最新的专注于隐私的欧盟 GDPR(全球合规性标准)。这是一个令人难以置信和有挑战的任务。

Syslog 是网络设备向日志记录服务器发送消息的一种方式，各种设备均支持。它可用于记录不同类型的事件。Syslog 是一种把来自不同来源、不同格式和不同容量大小的日志整合到单个位置的绝妙方法。如果没有用于监视和保护连接设备的日志管理策略，则结果可能难以克服。

使用 Syslog 服务器收集和存储 Syslog 消息，为日志数据提供了可靠的中央存储库。Syslog 使用 UDP 通信将消息发送到中央收集器(也称为 Syslog Server)。Syslog 消息用于解决网络问题、建立取证证据和证明合规性。将 Syslog 消息转发到中央系统日志服务器可帮助你关联分析网络中的事件。

通常，大多数 Syslog Server 具有以下组件。

- **Syslog 侦听器**：Syslog Server 需要接收通过网络发送的消息。侦听器进程通过 UDP 端口 514 接收或发送 Syslog 日志数据，由于 UDP 不面向连接，因此消息不会被确认。某些情况下，网络设备将通过面向连接的 TCP 1468 发送 Syslog 数据，以确保发送的数据能到达。

- **数据库：** 大型网络会生成大量 Syslog 数据，大多数 Syslog 服务器将使用数据库来存储系统日志数据以进行搜索和查询。
- **管理软件：** 有这么多数据，就像在大海捞针。使用 Syslog Server 自动执行部分工作，Syslog Server 能够生成警告、预警以及响应时所需的事件消息。如果阅读了 Verizon 报告，就知道在单击网络钓鱼活动之前，你还有 16 分钟的时间检测这起攻击。作为安全管理员，需要能够快速地工作。

一个日志管理解决方案具备聚合、索引、解析和生成指标的能力。Syslog 消息由操作系统、应用程序、打印机、路由器和交换机上的进程生成，并被合并发送到 Syslog Server。如果你的网络包含 Windows 系统，则 Syslog 服务器可以帮助你管理 Windows 事件日志信息。

从不同地理位置对单个账户进行多次登录尝试的日志是任何管理员想要调查的情况。主动、自动检测异常活动至关重要。网络安全的变化是令人难以置信的，我们无法提前知道每一个潜在的攻击模式，所以监测这类活动不是一件容易的事。如果不分析你的日志，看看发生了什么，将永远无法检测到可疑活动。

基线是你可用于作对比的起点。创建一个基线，表示系统上的正常活动，以便在出现异常时对比了解。用户几次失败的登录尝试可能被视为正常，但数百或数千次失败的登录尝试可能意味着暴力攻击或恶意攻击。

整合和集中管理所有日志，不同于记录每个事件。要记录哪些事件以及需要记录多少事件，这个大问题需要通过审计来解答。通过适当的协调，审计员以及法务部门专注于遵守技术 CISO 的观点，确定正确的信息级别。这些问题通常需要针对系统的每个组件进行解答，并做好文档记录，以便将来能够轻松扩展。对于大多数资产，你可能会坚持其默认值。唯一不支持发送 Syslog 日志的主要操作系统是微软的 Windows 系统。Windows 包含 PowerShell，并且 PowerShell 可以使用.NET 框架将 UDP 数据包发送到 Syslog 日志服务器。

另一个需要考虑的关键问题是你的数据保留周期需求。日志需要存储多长时间？你是否需要它们进行故障排除？是否有法规或审核要求要求将日志保留一段时间？

当我作为一名 ISC 讲师教授 CISSP 课程时，他们给我们最好的教学工具之一是 250 个问题。我记得里面有个关于日志的问题：

“你是系统管理员，组织的安全策略规定，日志保留 3 年。你却保留了五年的日志。因此你被当局传唤了，那么你在法律上必须给出什么？

答案是必须交出你所拥有的一切。我们必须相信，管理团队实施安全策略是有原因的。如果我们不同意该政策，我们作为网络专业人员有责任与管理决策团队进行讨论，直到我们了解政策实施原因或改变政策。否则，违反日志记录保存时间规定可能带来潜在的破坏性问题，有时甚至是法律问题。

每天的日志量可能已经很大，但当设备发生故障时，日志量可能呈指数级增长。生成的日志消息可轻松地将生成的日志消息增加五倍。

日志有各种格式。某些格式遵循传统的标准，而其他格式则完全自定义。日志解决方案应该能够近乎实时地全面分析和呈现数据，并且它应该允许你定义自定义分析规则。分析将日志分解为更小、易于消化的消息，并将它们放入自己的组中，以便可以进一步分析甚至可视化它们，识别数据的不一致之处。

9.5　SolarWinds Kiwi

SolarWinds Kiwi Syslog Server 有一个免费版本，可以在其中收集、查看和存档 Syslog 日志消息。从网络设备(如路由器、交换机、UNIX 主机和其他支持 Syslog 的设备)轻松设置和组合接收、记录、显示和转发 Syslog 日志消息的方式。

Kiwi 的免费版本将允许你从五个数据源实时获取统计信息，并在控制台中提供摘要。还可从网络设备接收和管理 Syslog 日志消息，并在多个窗口中查看 Syslog 日志消息。

与任何其他软件一样，需要确保你的系统满足硬件和软件要求，并已打开适当的端口，以便进行通信。在 Kiwi Syslog Server 中，将需要 Windows 7 或更新版本，需要 Internet 访问和至少 4GB 以上的磁盘空间。Kiwi Syslog Server 使用表 9.1 中列出的端口。

表 9.1　Kiwi Syslog Server 使用的端口

端口	协议	目的
514(默认)	UDP	传入 UDP 消息
1468(默认)	TCP	传入 TCP 消息
162 for IPv4	UDP	传入 SNMP traps
163 for IPv6		
6514	TCP	传入安全的 TCP 消息
3300	TCP	Syslog Service 和 Syslog Manger 的内部通信
8088(默认)	TCP	Kiwi Syslog Web 访问

来源：https://support.solarwinds.com

要下载并安装此 Syslog Server 解决方案，请在浏览器中搜索 solarwinds kiwi syslog server free，它可以轻松地将你带到下载地址。需要提供一些信息来创建一个账户，接着将收到下载软件的链接。如图 9.10 所示，可以在开始安装软件时做出选择，例如选择在 Windows 计算机上将 Kiwi Syslog Server 以“服务”或者“应用程序”的方式安装。如果选择将其安装为应用程序，则需要以用户身份登录，然后才能使用该产品。这里我已经将其安装为服务，因为它还安装了 Kiwi Syslog Server 管理器，将使用该管理器来控制该服务。

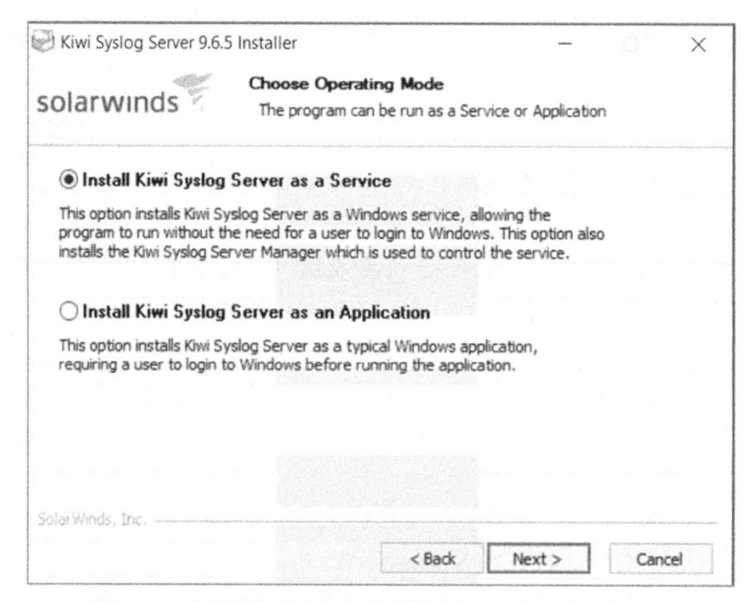

图 9.10　选择服务或应用程序方式安装 Kiwi Syslog Server

开始收集 Syslog 数据的计划，从网络上的连接设备开始，配置它们正确发送日志，以便你开始保存、消化、分析和对环境中的问题发出警报。在本章的示例中，我从路由器上收集了 Syslog，以便了解在 Kiwi Syslog Server 中会是什么样子。在你自己的环境中，取决于你要从哪些设备发送 Syslog。必须阅读设备的产品指南，了解能否通过 GUI 界面或硬件 CLI 命令行来启用 Syslog。无论采用哪种方式，都能把日志发送到一个集中位置。

如果已配置 Kiwi Syslog Server，却无法检测到你想收集的设备日志，如图 9.11 所示，可以用测试服务器来确保它实际运行。

如果 Syslog Server 未显示消息成功接收，则需要检查服务是否已正确启动。转到 Manage 菜单来启动、停止服务或执行 ping 操作，并查看服务是否正在运行。如你在第 1 章中学到的，可以运行 netstat-ano 命令，以查看是否有任何活动网络端口使用 UDP 514，这是 Syslog 用于通信的默认端口。如果其他进程正在使用 UDP 514，请按 Ctrl+Alt+Delete 组合键打开任务管理器并结束该进程。再返回 Kiwi Syslog Server 中的 Manage 菜单重新启动服务，服务将在 UDP 端口 514 重新运行。

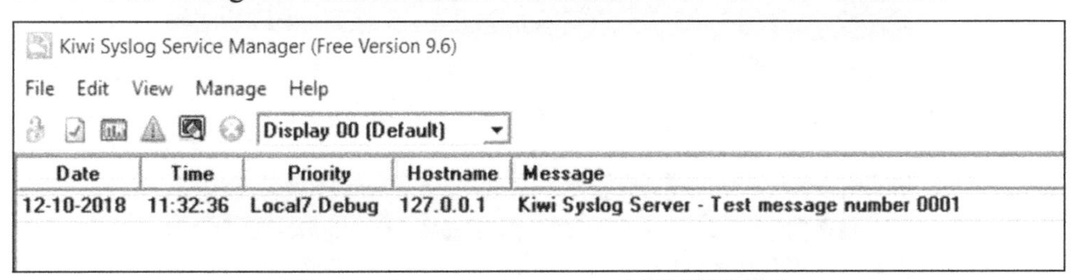

图 9.11　在 Kiwi Syslog Server 上测试消息接收

根据 IETF 提供的 RFC 5424(该文档用于指定 Syslog 协议格式)，Syslog 将使用支持不同传输协议的体系结构。此 RFC 将 Syslog 分解为三个层：内容、应用程序和传输。规则没有限制 Syslog 消息的大小，但它至少需要包含时间戳、发送消息的设备主机名或 IP 地址以及消息数据本身。消息数据通常是人类可读的，如图 9.12 的示例所示。

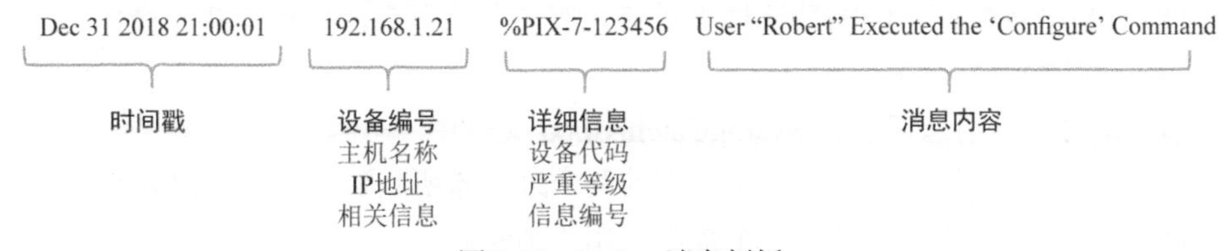

图 9.12　Syslog 消息剖析

一旦日志流入 Syslog Server，就是时候考虑将哪些规则应用于日志信息了。这些规则确定当 Syslog Server 看到日志中的某些项目时会发生什么情况，以及对它采取什么操作。可以创建规则来记录所有消息，在发生严重事件时发送电子邮件，甚至在日志中包含某个单词时执行相关脚本。当开始构建规则时，如图 9.12 所示，将使用过滤器和 action。在 Kiwi Syslog Server 中，最多只能有 100 个规则，并且每个规则最多具有 100 个可能的过滤器和 100 个可能的 action。

如果曾经在防火墙上创建过规则，则在 Syslog Server 中创建规则是相似的。当服务器看到消息并且该消息满足第一条规则的条件时，如果不匹配第一个规则，则将其传递到第二个规则。我们必须按自己希望的顺序生成规则，当规则应用于消息时，过滤器将开始匹配 True 或 False。如果第一个过滤器返回 True，它将尝试匹配第二个。如果第二个过滤器返回 False，则处理下一条消息。例如，图 9.13 显示了与第一个过滤器匹配但与第二个不匹配的规则工作流。

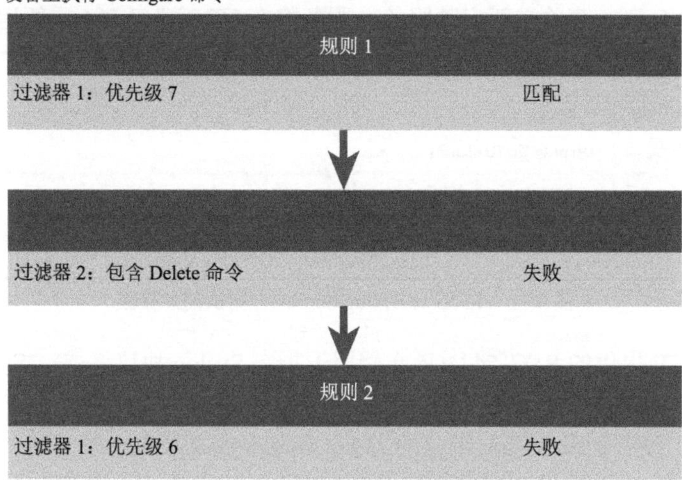

图 9.13　Syslog 消息在规则中的过滤

Kiwi Syslog Server 中的默认规则对流入服务器的所有消息执行两个操作：

- 在终端中显示每一条消息
- 将每一条消息记录到 SyslogCatchAll.txt 文件中

图 9.14 显示了同一消息被一个规则的两个过滤器所匹配，然后执行相应的操作。执行所有操作后，服务器将下一个规则应用于消息。

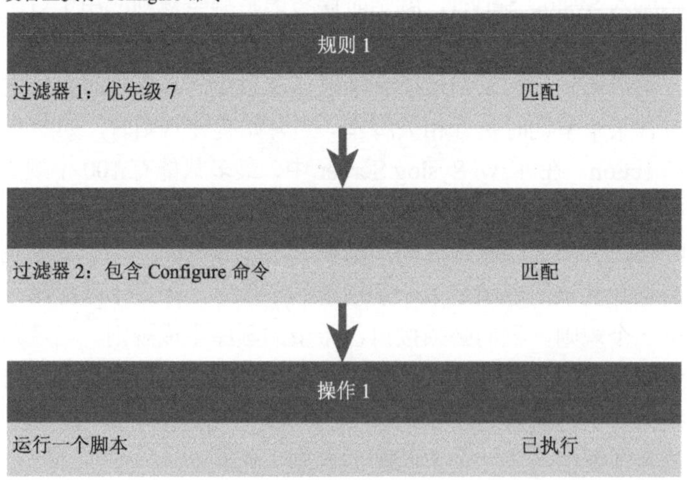

图 9.14　Syslog 消息被规则中的过滤器匹配后执行了 action

要创建规则，请选择 File 菜单并转到 Setting。单击按钮，将新规则添加到分层树中。可以更改默认名称 New Rule，该名称最好对即将创建的过滤器和 action 有意义。当选择新的过滤器时，如图 9.15 所示，将看到几个要打开的选项，包括优先级、IP 地址或主机名。你选择的每个字段都将有自己独特的定义。当定义好要接收提醒的事件后，可创建一个 action 来播放声音、发送电子邮件、运行其他程序甚至执行以上所有这些事情，因为可以为每个规则设置多个操作。

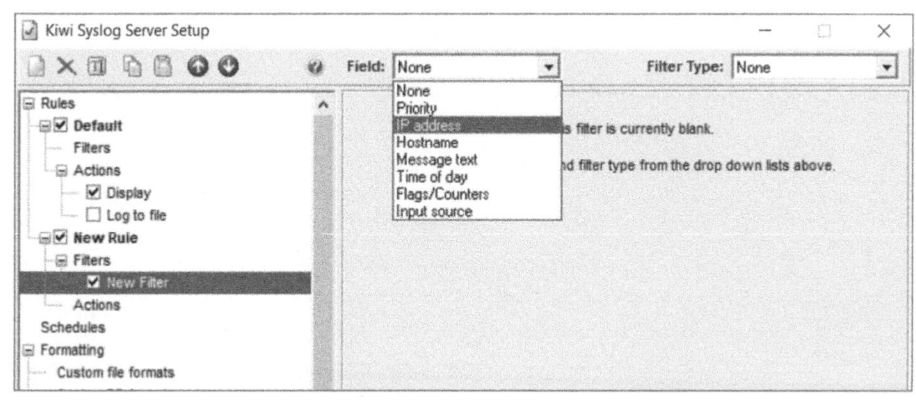

图 9.15　在 Kiwi Syslog Server 中创建一个过滤器

在建立具有持续运作机制的计划后，一个考虑因素是警告疲劳的问题。在小学，我们学习了彼得和狼的故事。他就是那个小男孩，当他提醒大家在村外有一只狼时，一开始他还能受到关注，后面便没人理会他。最后，当他确实遇到狼时，就被吃掉了。日志的警告效果也类似，如果你的系统管理员不断受到大量警告的轰炸，他们确实会变得不敏感，这可能导致响应时间延长或丢失重要内容。最好的解决方案是考虑将这个流程中的所有利益相关方召集起来进行圆桌讨论，可能涉及网络管理员和安全团队。确认日志保留策略，确认是依照合规性需求还是遵从行业最佳实践，这样一来你所实施的保留策略将确保这些消息在需要时就在那里。充分利用 Kiwi Syslog Server 的内置工具来实现自动化，平时我们都忙于保护基础设施，但如果忘记备份文件，可能带来严重后果。

第10章 Metasploit

本章内容：

- 侦察(Reconnaissance)
- 安装
- 获取访问权限
- Metasploitable2
- 可攻击的 Web 服务
- Meterpreter

开发软件通常是用来解决问题的。Metasploit 框架由 HD Moore 在 2003 年开发，当时他只有 22 岁。Metasploit 最初是用 Perl 编写的，共有 11 个 exp 模块，可很好地解决渗透测试过程遇到的问题。HD Moore 的大部分时间都花在验证和优化漏洞利用代码上。我想，对于像 HD Moore 这样睿智的人，这些事是多么无聊，他知道一定有更简单的方法。由于当时他所工作的组织没有批准他的项目，所以他决定在业余时间开发这个项目。今天，我们使用 Metasploit Framework 作为创建安全工具和漏洞利用的平台，并且有一个庞大的开源社区支持这项工作。2009 年，Rapid7 收购了该项目，HD Moore 加入该团队，担任首席安全官。

现在，Metasploit 框架是用 Ruby 编写的，拥有很多漏洞利用模块和辅助模块。实际上，在本书出版时，已有超过 3700 个。Metasploit 框架是蓝队成员和红队成员都喜欢的渗透测试工具。蓝队是网络安全防御的一方，红队则是擅长攻击的一方。红队成员通常被称为渗透测试人员，他们喜欢证明哪里存在可以利用的漏洞。这里需要澄清一下，红队与使用此工具的黑客主义罪犯截然不同，他们的意图是不同的。事实上，随着网络安全的成熟，有些人，像我一样，认为自己是紫色的，混合了红色和蓝色，我既能捍卫一个网络，也能站在坏人的视角，定期对这个网络进行渗透攻击，发现潜在的脆弱性。

Metasploit 框架并不是一次旅行的目的地，而是旅行的过程，在你安装这个软件之前就开始了。在本章开始之前，必须清楚地知道该工具只提供给个人设备使用。

只有在获得许可的情况下，这些工具才能在组织的业务环境中使用。使用这些工具中的任何一个来破坏其他计算机系统是非法的，否则必须有相应实体签名的渗透测试授权文档。这里不是你在一个走廊上跟经理口头表明将开始开展渗透测试，一旦过程出啥差错，他又不记得此次谈话，你可能就得开始更新简历，寻找新的工作。

美国联邦政府拥有全球历史最悠久、最复杂的网络安全法律。网络安全监管的目的是强制公司保护其系统免受网络攻击。除非你具有访问计算机网络或系统的明确书面授权，否则请勿使用 Metasploit 框架去创建和分发网络攻击。必须确保你的授权文档明确，并有适当的机构签名。

《计算机欺诈和滥用法》规定，未经授权或超出授权故意访问他人计算机是非法的。这部 1984 年通过的法律基于 1983 年的《战争游戏》电影(由马修•布罗德里克主演)。然而，这部法律并没有就“未经许可”或“超出授权访问”给出明确定义，这使得起诉变得容易，有时难以辩护。这项法律是为打击黑客行为而制定的，其影响可能很严重，那些未经授权的首次犯罪事件可能导致 5 年监禁和罚款。

SANS 是我最喜欢的组织之一，我很幸运地能够在那里工作和上课。SANS 是一个最好的讲师组织，讲授各种技术类和一些非技术类课程。

如果搜索 SANS 文档寻找渗透测试的模板，可以找到一个资源下载页面，页面将包含 Metasploit Framework 各种规则的工作表。在范围界定工作表中，你会被要求定义面临的安全问题，测试能覆盖和不能覆盖的内容和范围；还需要定义在渗透测试过程中发生某些情况时的升级流程，这里包括但不限于：你不小心打破某些规则，你找到了之前有人利用漏洞的证据，以及当前存在的入侵行为。

10.1 侦察

在你开始这次 Metasploit 之旅前，必须先做些准备功课。当获得合法探索某个网络的权限后，需要获得有关该网络的尽可能多的信息。这包括 DNS、域、端口和服务等信息。对于这个过程，我建议先从创建一个专门的文件夹开始。

当需要创建一个报告时，这个文件夹将使工作变得轻松。当开始深入探索某个网络时，它也可以作为一种很好的资源。我使用微软 OneNote，因为它非常通用，并将所有内容放在一个位置。

侦察是收集有关组织的情报，可以采取两种形式：被动和主动。被动侦察是为了在不进行任何形式的主动参与的情况下收集尽可能多的信息。你收集的信息将用于尝试成功利用目标。得到的信息越多，就越有利于攻击。被动侦察是完全合法的，可以浏览某个公司公开的网站，这时你与网站的典型用户一样。

很难想象，在社交媒体网站上究竟分享了多少信息。专业社交媒体网站是发现员工姓名和电子邮件的绝佳场所，如果想收集一些社会工程信息，可以试着查找某些员工的电子邮件账户是否使用类似 first.lastname@companyname.com 的邮箱地址，这种方式往往会很有帮助。

另外，你一般可以访问到大多数组织发布到公网的官方宣传网站。当转到技术岗位时，如果组织正在招聘活动目录管理员，则可以推测他们使用的是 Microsoft 环境架构。如果他们正在寻找具有 CCNA 认证的人员，则他们使用的是思科网络设备。

有时，组织会在其招聘广告中非常直白。作为一个红队成员，当我知道组织正在寻找一个具有 Microsoft SQL 经验的 DBA，那么一旦我入侵到这个组织的网络环境后，便能知道使用什么漏洞来做进一步的渗透。这里提醒一下，这种情况是假设我们都是好人或蓝队成员，实际操作中，可与人力资源部门沟通合作，尽可能模糊地对外发布技术职位列表，不要过多泄露公司的敏感信息。

在被动侦察的过程中，尽可能使用各种方法，奠定的基础将使你的渗透测试更顺畅，为你提供更多的战略选择。

在被动侦察过程中所做的任何操作都不会留下安全日志或警告，而且无法追溯到你的 IP 地址。这是完全合法的，不管是好人还是坏人，他们都会这么做。

主动侦察涉及在安全日志或警报中看到某些内容，并可能被追踪。这就是为什么需要有一个书面许可(或者称为“摆脱监狱免罪卡”)。当运行端口扫描或对非你本人拥有的资产发起漏洞扫描时，你便开始涉及服务条款违规，甚至违反法律。主动侦察的目标是构建你所保护环境的完整四维画像。通过主动侦察，如果可以建立可能的网络入侵点并获得访问权限，就知道在何处进行漏洞利用并建立持久性。

10.2 安装

安装 Metasploit 时，你有很多选择。有 Metasploit 框架开源版、Metasploit 框架 Linux 或 Windows 版、Metasploit 社区版以及 Metasploit 专业版。当访问 www.metasploit.com 时，这个 Rapid7 网站上有一个指向 github.com 的链接，可以在其中下载 Linux、macOS 或 Windows 32 位版本，这些安装程序每天都会被重建。这些安装程序还包括所需的相关软件，如 Ruby 和 PostgreSQL 数据库，这些软件将管理你在渗透测试期间收集的所有信息。它们将与包管理器无缝集成，因此很容易在

Linux 上更新。

还有一种选择是下载一个称为 Kali Linux 的全新操作系统。Kali 基于 Debian Linux 的分支版本，由一个名为 Offensive Security 的组织设计和维护。Kali 有超过 600 个渗透测试程序，包括 Metasploit 框架以及本书中已有的一些测试项目，如 Nmap 和 Wireshark，以及后面要介绍的一些工具(如第 11 章介绍的 Burp Suite)。Kali 可以作为操作系统在硬盘上裸机运行，也可以从 USB 驱动器启动，运行 Kali 最流行的方式是在虚拟环境中运行。我个人最喜欢的是在虚拟环境中运行它。在虚拟机中部署 Kali 的用处是可以生成虚拟机快照。快照用于保留特定时刻的计算机状态，这是一种网络时间的旅行保障，如果不小心犯了一个错误，你能够通过快照再次回到那个特定时刻。

回顾一下我们在第 3 章学习的 Nmap，以及在第 4 章学习的 OpenVAS，Nexpose 社区将其作为漏洞扫描程序。这两个产品能为你提供可导入 Metasploit 的数据。在本章中，将介绍在裸机 Windows 计算机上安装 Metasploit 社区版。我们使用 Metasploit 社区版的原因有两个，一是因为它是免费的，二是因为它是一个有 GUI 界面的版本。

纸上得来终觉浅，作为网络安全的实践者，我们需要通过实践来改进工作。安装 Metasploit 后，可以选择从开放 Web 应用程序安全项目(OWASP)或 Rapid7 下载存在漏洞的系统，来做不同类型的漏洞利用实验。OWASP 是一个非营利组织，专注于提高软件的安全性。它提供许多不同的易受攻击的计算机系统下载，以便可以做各种各样的实验。在本书即将介绍的实验示例中，我将使用一个称为 Metasploitable2 的存在漏洞的系统。

Metasploitable2 是专为培训 Metasploit 而精心设计的，并且有许多漏洞可供试验。

在实验 10.1 中，将在 Windows 系统上安装 Metasploit 社区版本。

实验 10.1：安装 Metasploit 社区版

(1) 从官方网站下载软件：www.rapid7.com/products/metasploit/download/community。

注意，如果这个链接无法访问，请搜索 metasploit community free download。

(2) 填写并提交免费许可证的表单后，可选择下载 Windows 32 位、64，或下载 Linux 64 位版本(见图 10.1)，我们需要确认哪个适用于当前的计算机系统环境。之后，一个包含你的许可证密钥的电子邮件将发送到你在注册页面上提供的 Email 地址。

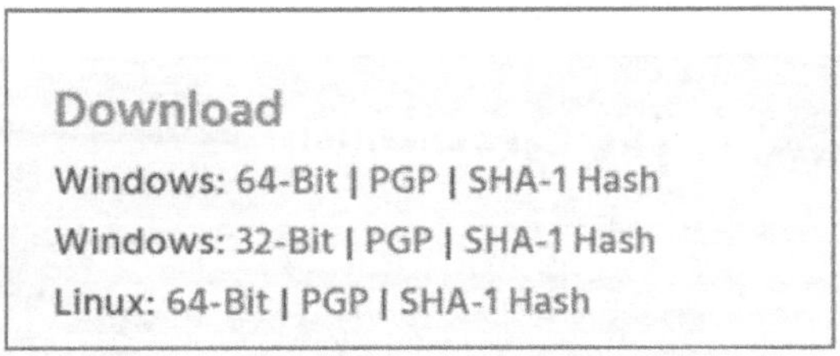

Download

Windows: 64-Bit | PGP | SHA-1 Hash

Windows: 32-Bit | PGP | SHA-1 Hash

Linux: 64-Bit | PGP | SHA-1 Hash

图 10.1 为平台架构选择合适的 Metasploit 版本

(3) 双击 Metasploit 社区版本的 exe 文件，在安装过程中，你会收到有关防病毒和防火墙设置的警告，如图 10.2 所示。使用 Metasploit 进行测试时，最佳做法是尽可能使用专用资产。请勿将 Metasploit 放在用于个人电子邮件、社交媒体或任何财务会计的系统上。将 QuickBooks 财务数据放在你正在入侵的计算机上是一个坏主意。在这里提起是因为我有过类似的教训。

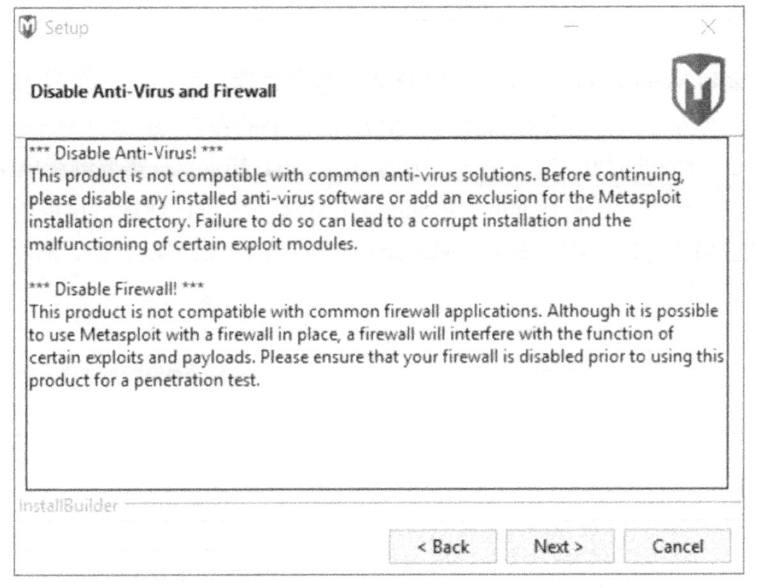

图 10.2 关闭杀毒软件的功能，否则安装进程可能会中断

(4) Metasploit 社区版默认绑定端口 3790，使用默认值生成证书，以便可以通过浏览器访问软件。如图 10.3 所示，启动 Metasploit 服务需要几分钟的时间。

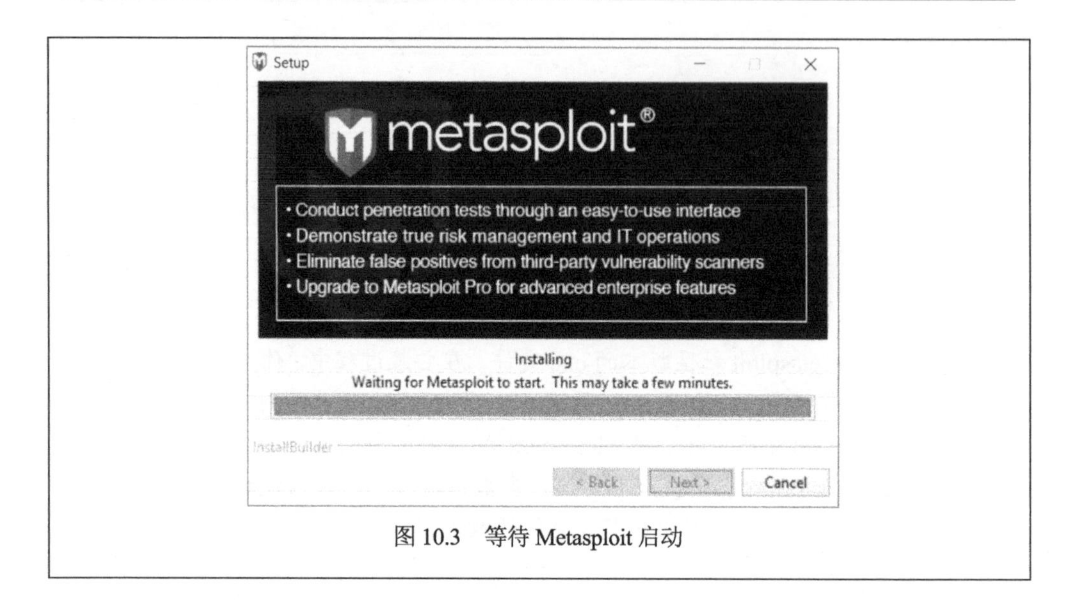

图 10.3 等待 Metasploit 启动

欢迎来到 Metasploit，初始欢迎界面将呈现非常详细的信息。在图 10.4 中，有一个解释说明为什么可能存在有关不安全 SSL 证书的警告，还说明 Metasploit 服务可能需要 10 分钟的时间完成初始化，如果出现 404 错误，只需要继续单击 Refresh 按钮即可。浏览器将导航到 https://localhost:3790/这个 URL 地址。也可以使用 Start 菜单，找到 Metasploit 文件夹打开 Metasploit Web UI，还可以更新、启动和停止服务以及重置密码。

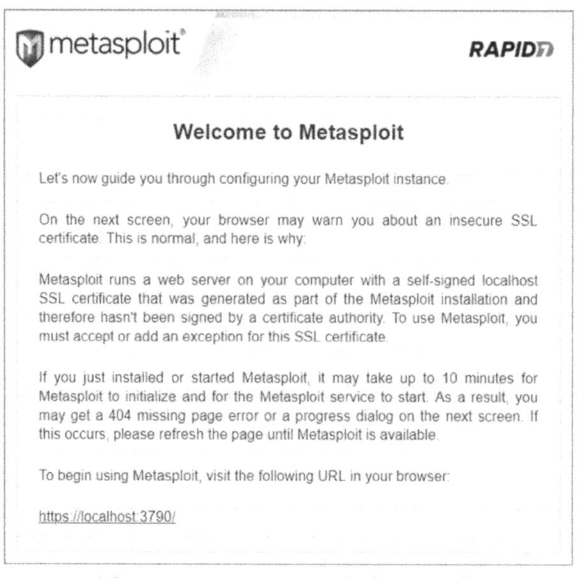

图 10.4 Metasploit 社区版本欢迎屏幕

请准备好通过电子邮件给你发送的许可证。在提交用户名和密码后，需要导入这个许可证。这些凭据非常重要，因为这个软件将存放有关网络、操作系统、拓扑等你不希望公开的详细信息。创建此初始账户后，系统将要求你获得在实验 10.1 中请求的 Metasploit 许可证。如图 10.5 所示，需要在连接到 Internet 时输入 16 位许可证并激活许可证。

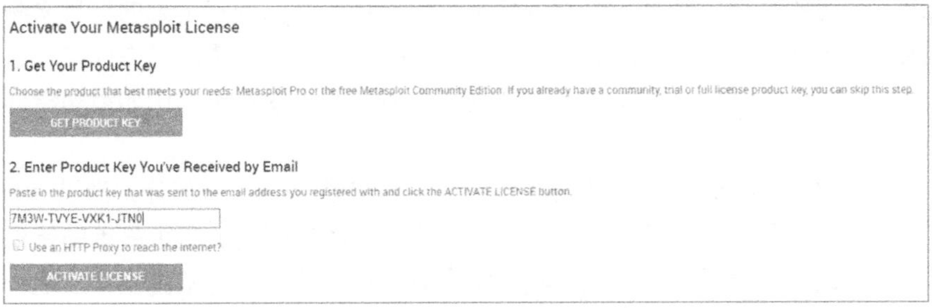

Activate Your Metasploit License

1. Get Your Product Key

Choose the product that best meets your needs: Metasploit Pro or the free Metasploit Community Edition. If you already have a community, trial or full license product key, you can skip this step.

GET PRODUCT KEY

2. Enter Product Key You've Received by Email

Paste in the product key that was sent to the email address you registered with and click the ACTIVATE LICENSE button.

7M3W-TVYE-VXK1-JTN0

Use an HTTP Proxy to reach the internet?

ACTIVATE LICENSE

图 10.5　激活 Metasploit 社区许可证

成功激活许可证后，将看到 Metasploit 社区版的仪表板和默认项目。如果单击名为 default 的蓝色超链接，将打开项目的概述页，可以把项目看成保存所有笔记的容器。在图 10.6 中，可以看到默认项目的概述。由于我们是新安装的软件，还看不到任何主机或服务。没有已识别的漏洞，但有几种不同的方法来引入数据。可以启动新的扫描，导入以前的扫描，启动临时的 Nexpose 扫描，或者如果有 Metasploit Pro 版本，请使用 Sonar 工具。

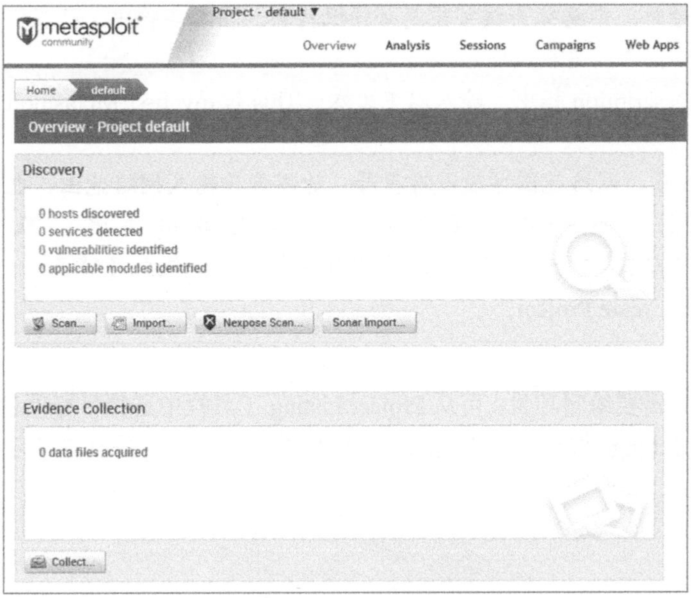

metasploit community
Project - default
Overview　Analysis　Sessions　Campaigns　Web Apps
Home　default
Overview - Project default
Discovery
0 hosts discovered
0 services detected
0 vulnerabilities identified
0 applicable modules identified
Scan...　Import...　Nexpose Scan...　Sonar Import...
Evidence Collection
0 data files acquired
Collect...

图 10.6　查看 Metasploit 社区版的默认项目

对于一个新项目，我们需要给它起个名字，并添加说明来提醒你创建此项目的原因。对于初学者来说，Metasploit 社区版本的美妙之处在于，可以通过方便的 GUI 来创建项目。当完成渗透测试时，它也能使报告更加轻松。

至此，有了一个独特的项目名称和描述，你之前做的所有被动和主动侦察都起作用了。首先需要对此项目中使用的网络范围进行定义。随着业务的增长，需要为整个组织，为各个部门甚至各个设备制定不同项目。可以创建单独的项目来测试人力资源、市场营销、工程 IT 的安全，并为每个部门提供可靠的结果反馈。它还允许你进行一些比较分析，并将你的发现呈现给适当的受众对象，比如最初给你提供授权的人。

如果在项目创建时输入默认网络范围，它将自动填充其余部分。当以 IP 地址的形式输入项目范围时，请务必小心。如果在 IP 地址范围上犯了简单的错误，可能导致你测试了不属于你的系统。我通常会对项目创建阶段的范围检查三遍，之后我便不必担心后面运行的各种各样的测试模块了。这是一种自我保护的方法，可将渗透测试的范围始终保持在可控的网络范围内。

在实验 10.2 中，将学习如何使用 Metasploit 社区版创建项目。

实验 10.2：创建一个 Metasploit 项目

(1) 单击 Project Listing 工具栏上的 New Project 按钮，该按钮有一个绿色圆圈，中间有个加号。

(2) 当 New Project 页面出现时，必须输入项目名称。当在 Project Name 等字段之后看到星号时，则意味着该字段是必须填写的。在本实验中，让我们将该项目命名为 MC1。

(3) 在 Description 框中，输入以下文本：This is my first Metasploit Community project。

(4) 请注意，网络范围字段没有星号。你不需要输入网络范围，也不用强制检查网络范围。这会在后面根据实际情况做出决定。默认范围为 192.168.1.1~192.168.1.254。对于本次实验项目，这个范围就足够了。

(5) 单击 Create Project。

如果以后需要编辑项目，可从 Project Listing 工具栏中选择目标项目，然后单击工具栏中的 Settings 按钮，不必删除整个项目重新填写，如图 10.7 所示。

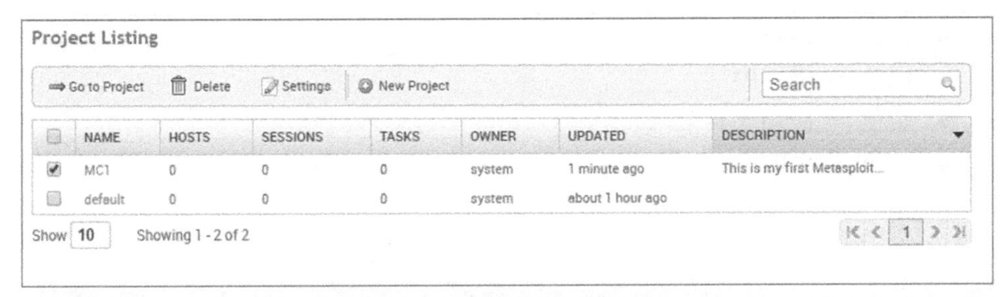

图 10.7　Metasploit 社区版项目列表

在实验 10.3 中，将学会发现容易受到攻击的资产。

实验 10.3：发现易受攻击的资产

(1) 单击主页左上角的 Metasploit 社区版 Logo 刷新页面。

(2) 打开 MC1 项目。

(3) 单击 Discovery 窗口中的 Scan 按钮(如图 10.8 所示)。

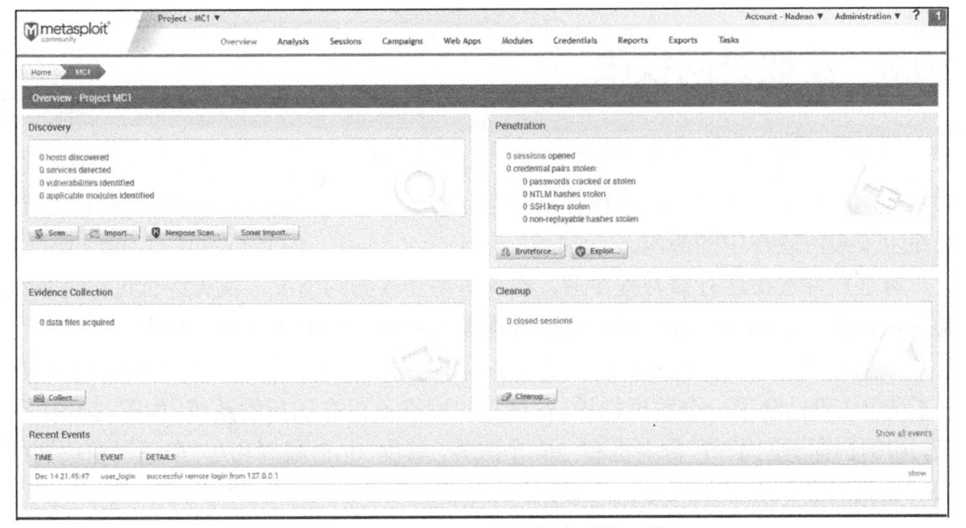

图 10.8　Metasploit 社区版本项目一览

(4) 查看目标设置。如果使用的是私有 A 类或 B 类地址，则可以更改 IP 地址范围以适配网络环境。

(5) 单击目标地址下方的 Advanced Options 按钮。在高级选项下，可以设置排除目标资产，以及自定义扫描。还可以选择端口扫描速度来隐蔽扫描行为。

(6) 保留所有默认值，然后单击主页右下角的 Launch Scan 按钮。

(7) 当 Metasploit 发现项目中定义范围内的可用设备时，请观察任务窗格中的不同阶段(见图 10.9)。任务窗格中的操作颜色编码如下。

- 白色 = 信息
- 绿色 = 进行中
- 黄色 = 成功
- 红色 = 失败

```
Discovering    Sweep of 192.168.1.1-192.168.1.254 complete (5 new hosts, 527 new services)    Completed    Started: 2018-12-15 18:05:37 -0700
                                                                                                             Duration: 7 minutes
                                                                                                             Replay

[*] [2018.12.15-18:05:37] Scan initiated: Speed: 5, Max: 300m (Portscanning) (UDP probes) (Finger enumeration) (H.323 probes)
[*] [2018.12.15-18:05:37] Workspace:MC1 Progress:1/177 (0%) Sweeping 192.168.1.1-192.168.1.254 with Nmap4 probes
[*] [2018.12.15-18:05:37] Scanning 254 hosts...
[*] [2018.12.15-18:06:02] Nmap Command (data:C:/metasploit/nmap): C:/metasploit/nmap/nmap.exe -sS -T5 -PP -PE -PM -PI -PA20,53,80,113,443,5060,10043 --host-timeout=300m -O --max-rtt-timeout=3000ms --initial-rtt-timeo
[*] [2018.12.15-18:06:02] Nmap Output:
[*] [2018.12.15-18:06:02] Nmap Output: Starting Nmap 7.01 ( https://nmap.org ) at 2018-12-15 18:06 Mountain Standard Time
[*] [2018.12.15-18:06:12] Nmap Output: Stats: 0:00:10 elapsed; 0 hosts completed (0 up), 60 undergoing Ping Scan
[*] [2018.12.15-18:06:12] Nmap Output: Ping Scan Timing: About 7.66% done; ETC: 18:08 (0:01:48 remaining)
```

图 10.9　MC1 项目完成扫描，发现了 7 台主机和 26 个服务

注意，上图所示的扫描针对我的网络，你的环境结果可能有所不同。

10.3　获取访问权限

“漏洞利用”是指利用设备上的漏洞。漏洞利用可以是远程的或在客户端本地。远程漏洞利用侧重于针对联网计算机上运行的服务。客户端漏洞利用是利用计算机系统上安装的软件中的漏洞。

有些软件包在运行修补程序后，也具有易受攻击的情况。我曾经试过打完系统补丁后再次运行漏洞扫描，最后很受挫地发现我使用的补丁也存在漏洞。

如果通过单击 Overview 页检索到第一次扫描的结果，将看到四个象限的内容。目前为止，我只做了一个发现扫描，试图找出网络上正在运行的系统。如图 10.10 所示，初始扫描返回了 7 台主机和 26 个服务，其中 0 个漏洞和 0 个适用模块被标识。让我们进一步深入探讨这个案例。

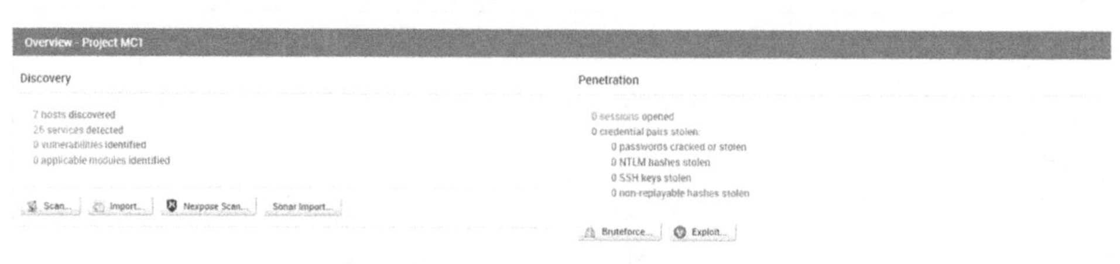

图 10.10　查看网络上发现的资产和服务

如果单击标识主机旁边的数字，将打开资产 IP 地址的详细列表，有时可能是主机名。里面包括各种基本信息，例如操作系统类型、用途和正在运行的服务。对于

Metasploit 用户，最后一列是最重要的：这些设备的当前主机状态是什么？状态可能是 Scanned、Shelled、Looted 以及 Cracked。状态随着扫描操作的变动而变动。下面让我们来认识这些状态：

- Scanned——已完成 Discovery 扫描或已从外部导入数据。
- Shelled ——已打开一个会话。
- Looted——数据、文件、哈希或屏幕截图等信息已收集。
- Cracked——密码已被破解，可提供明文格式。

在项目页面上的 Hosts 旁边，有一个 Notes 选项，用于指定在每个资产上检索的数据类型。Services 选项列出每个服务的名称、协议、端口号和当前状态。Vulnerabilities 选项可能使用 Discovery 扫描期间的发现来尝试漏洞利用。Applicable Modules 选项列出了能够使用的 Metasploit 模块。Captured data 将根据你所扫描的 IP 地址范围帮助生成报告。如果使用的是付费版本，Network Topology 将绘制一个类似 Zenmap 的图片(Zenmap 是第 3 章中使用的 GUI Nmap 工具)。

完成以上步骤后，你已经拥有了关于自身网络的所有信息，那么接下来最大的问题是：下一步要做什么？如果有兴趣寻找潜在的客户端或远程漏洞利用，必须考虑使用哪个 Metasploit 模块。这是渗透测试的阶段，需要有较大的耐心。让我们单击项目顶部的 Modules 选项，然后转到 Search 项。

在 Search Modules 对话框中，可以轻松查询到正在运行的系统或端口。为某个漏洞编写的利用代码将按最佳匹配度进行排名。例如，如图 10.11 所示，在我的环境中，我在家庭网络上添加了一台打开了 23 端口的老式激光喷射打印机。端口 23 是 Telnet 应用端口。Telnet 是一种网络协议，允许你通过局域网登录到其他设备。

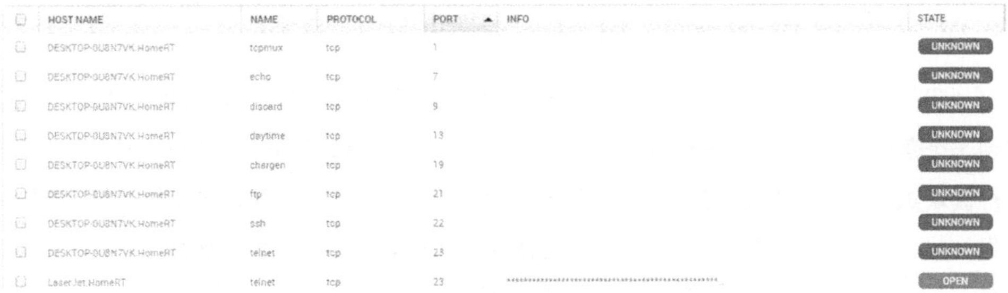

HOST NAME	NAME	PROTOCOL	PORT ▲	INFO	STATE
DESKTOP-0U8N7VK.HomeRT	tcpmux	tcp	1		UNKNOWN
DESKTOP-0U8N7VK.HomeRT	echo	tcp	7		UNKNOWN
DESKTOP-0U8N7VK.HomeRT	discard	tcp	9		UNKNOWN
DESKTOP-0U8N7VK.HomeRT	daytime	tcp	13		UNKNOWN
DESKTOP-0U8N7VK.HomeRT	chargen	tcp	19		UNKNOWN
DESKTOP-0U8N7VK.HomeRT	ftp	tcp	21		UNKNOWN
DESKTOP-0U8N7VK.HomeRT	ssh	tcp	22		UNKNOWN
DESKTOP-0U8N7VK.HomeRT	telnet	tcp	23		UNKNOWN
LaserJet.HomeRT	telnet	tcp	23		OPEN

图 10.11　发现网络中开放的端口

Telnet 协议现在几乎已没人使用，因为它严重缺乏安全性。但如果想以明文形式发送凭据，它仍可以使用。在我看来，这是一个漏洞，我们暂且不修复它，先来看看这个过程是如何工作的。

这个过程可能需要你在 Metasploit 论坛进行一些研究，但最终可以找到一个 Metasploit 模块，该模块可以很好地攻击激光打印机上开放的 23 端口。

让我们来看看如何用工具来实现这个攻击过程，如图 10.12 所示，我搜索了激光打印机。我可以很容易地搜索 Telnet 或端口 23，看看可能的选项列表。在输入特定的搜索字符串后，我使用 MODULE RANKING 列对排名较高的模块进行排序，如图所示。针对不同漏洞使用不同的模块过程变得简单高效。

Home MC1 Modules

Search Modules laser jet

Module Statistics show Search Keywords show

Found 12 matching modules

MODULE TYPE	OS	MODULE	DISCLOSURE DATE	MODULE RANKING ▼	CVE
Server Exploit		Oracle Event Processing FileUploadServlet Arbitrary File Upload exploit/windows/http/oracle_event_processing_upload	April 20, 2014	★★★★★	2014-2424
Server Exploit		MS99-025 Microsoft IIS MDAC msadcs.dll RDS Arbitrary Remote Command Execution exploit/windows/iis/msadc	July 16, 1998	★★★★★	1999-1011
Server Exploit		Rejetto HttpFileServer Remote Command Execution exploit/windows/http/rejetto_hfs_exec	September 10, 2014	★★★★★	2014-6287
Auxiliary		HP LaserJet Printer SNMP Enumeration auxiliary/scanner/snmp/snmp_enum_hp_laserjet		★★	
Auxiliary		Sybase Easerver 6.3 Directory Traversal auxiliary/scanner/http/sybase_easerver_traversal	May 24, 2011	★★	2011-2474
Auxiliary		Apache ActiveMQ Directory Traversal auxiliary/scanner/http/apache_activemq_traversal		★★	
Server Exploit		HP Jetdirect Path Traversal Arbitrary Code Execution exploit/linux/misc/hp_jetdirect_path_traversal	April 4, 2017	★★	2017-2741
Auxiliary		HP Web JetAdmin 6.5 Server Arbitrary Command Execution auxiliary/admin/http/hp_web_jetadmin_exec	April 26, 2004	★★	
Auxiliary		Apache ActiveMQ JSP Files Source Disclosure auxiliary/scanner/http/apache_activemq_source_disclosure		★★	2010-1587
Auxiliary		Dopewars Denial of Service auxiliary/dos/misc/dopewars	October 4, 2009	★★	2009-3591
Server Exploit		Citrix Provisioning Services 5.6 SP1 Streamprocess Opcode 0x40020006 Buffer Overflow exploit/windows/misc/citrix_streamprocess_get_objects	November 3, 2011	★★	
Server Exploit		Apache Jetspeed Arbitrary File Upload exploit/multi/http/apache_jetspeed_file_upload	March 5, 2016		2016-0710, 2016-0709

图 10.12　列出可用的漏洞利用并按照星级排序

我的个人偏好是使用排名更高的模块，此时我只是想获得网络的访问权限或找到一个落脚点。通过打开模块链接，可以详细了解该漏洞利用将执行的操作，以及将模块组合起来使用的可选项。这些单元由业界专家创建，并按照最佳实践配置。我一般直接拿来就用，除非我有更好的想法去尝试不同的参数。如图 10.13 所示，有一个 HP LaserJet 打印机 SNMP 枚举模块，允许你枚举以前打印的文件。这里，环境中的资产 IP 地址是 192.168.1.93。

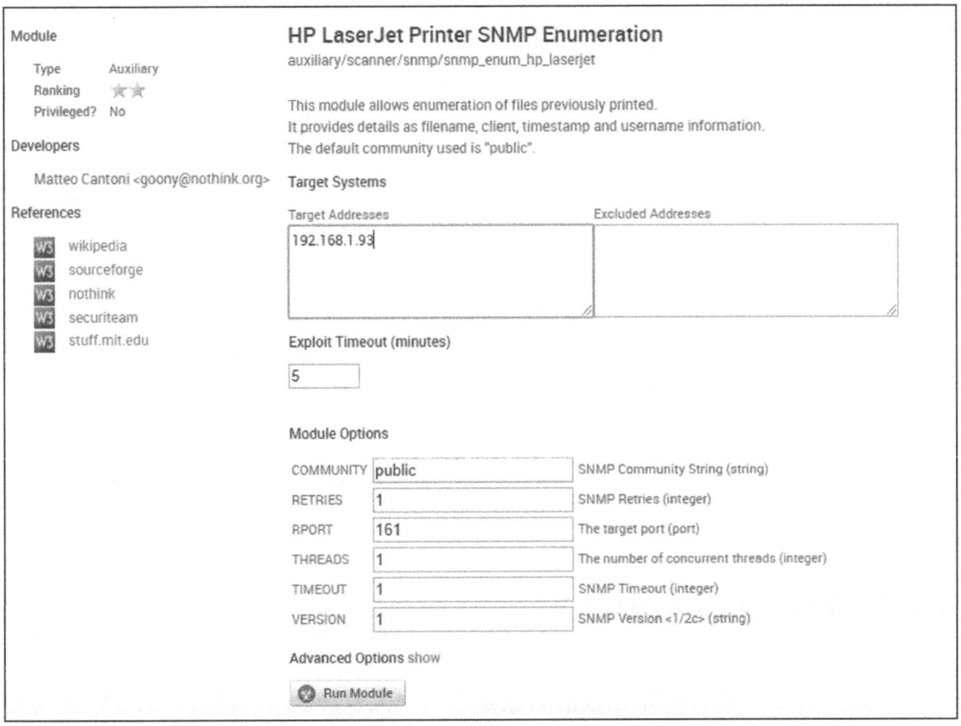

Module

Type　Auxiliary

Ranking

Privileged?　No

Developers

Matteo Cantoni <goony@nothink.org>

References

wikipedia

sourceforge

nothink

securiteam

stuff.mit.edu

HP LaserJet Printer SNMP Enumeration

auxiliary/scanner/snmp/snmp_enum_hp_laserjet

This module allows enumeration of files previously printed.
It provides details as filename, client, timestamp and username information.
The default community used is "public".

Target Systems

Target Addresses	Excluded Addresses
192.168.1.93	

Exploit Timeout (minutes)

5

Module Options

COMMUNITY	public	SNMP Community String (string)
RETRIES	1	SNMP Retries (integer)
RPORT	161	The target port (port)
THREADS	1	The number of concurrent threads (integer)
TIMEOUT	1	SNMP Timeout (integer)
VERSION	1	SNMP Version <1/2c> (string)

Advanced Options show

Run Module

图 10.13　配置一个 Metasploit 模块攻击打印机

如图 10.14 所示，在不到 5 秒内，连接被拒绝并强行关闭。是时候转到下一个可用的模块了。

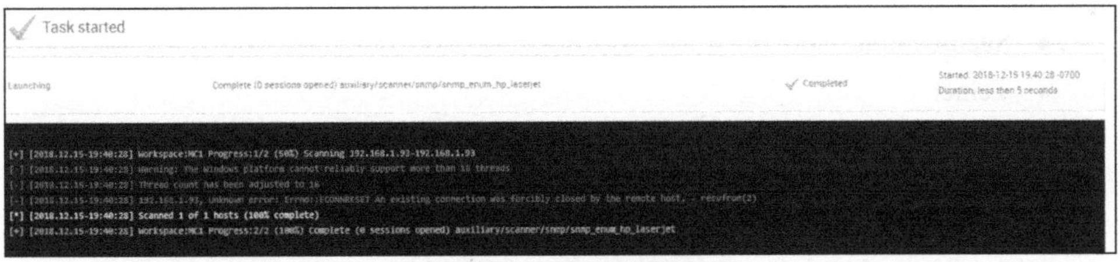

Task started

图 10.14　模块攻击失败

另一种策略是搜索你知道的网络上存在的操作系统，与先前按排名排序不同，我们按日期对它们进行排序。网络中的所有设备都按计划打上最新补丁的可能性有多大？这里，我们假设安全管理员非常忙碌，无法及时在其计算机上获得最新的升级修补程序。还有一种策略是搜索 Web 上的最佳或最常用的 Metasploit 模块。在图 10.15 中，可以看到搜索指定平台时按日期显示的漏洞。

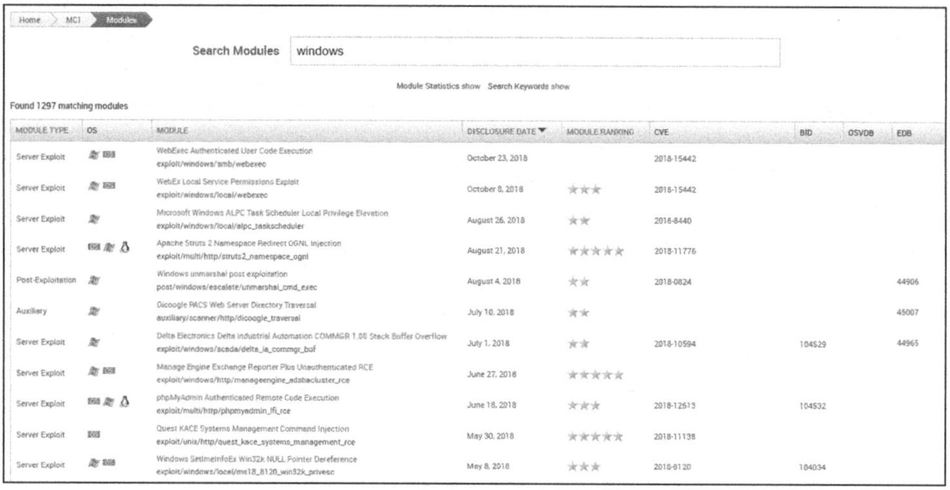

Home > MCI > Modules

Search Modules windows

Module Statistics show Search Keywords show

Found 1297 matching modules

MODULE TYPE	OS	MODULE	DISCLOSURE DATE ▼	MODULE RANKING	CVE	BID	OSVDB	EDB
Server Exploit		WebExec Authenticated User Code Execution exploit/windows/smb/webexec	October 23, 2018		2018-15442			
Server Exploit		WebEx Local Service Permissions Exploit exploit/windows/local/webexec	October 8, 2018	★★★	2018-15442			
Server Exploit		Microsoft Windows ALPC Task Scheduler Local Privilege Elevation exploit/windows/local/alpc_taskscheduler	August 26, 2018	★★	2018-8440			
Server Exploit		Apache Struts 2 Namespace Redirect OGNL Injection exploit/multi/http/struts2_namespace_ognl	August 21, 2018	★★★★★	2018-11776			
Post-Exploitation		Windows unmarshal post exploitation post/windows/escalate/unmarshal_cmd_exec	August 4, 2018	★★	2018-0824			44906
Auxiliary		Dicoogle PACS Web Server Directory Traversal auxiliary/scanner/http/dicoogle_traversal	July 10, 2018	★★				45007
Server Exploit		Delta Electronics Delta Industrial Automation COMMGR 1.08 Stack Buffer Overflow exploit/windows/scada/delta_ia_commgr_bof	July 1, 2018	★★	2018-10594	104529		44965
Server Exploit		Manage Engine Exchange Reporter Plus Unauthenticated RCE exploit/windows/http/manageengine_adshacluster_rce	June 27, 2018	★★★★★				
Server Exploit		phpMyAdmin Authenticated Remote Code Execution exploit/multi/http/phpmyadmin_lfi_rce	June 18, 2018	★★★	2018-12613	104532		
Server Exploit		Quest KACE Systems Management Command Injection exploit/unix/http/quest_kace_systems_management_rce	May 30, 2018	★★★★★	2018-11138			
Server Exploit		Windows SetImeInfoEx Win32k NULL Pointer Dereference exploit/windows/local/ms18_8120_win32k_privesc	May 8, 2018	★★★	2018-8120	104034		

图 10.15 按公开日期排序的 Windows Server 漏洞利用

10.4 Metasploitable2

在实验 10.3 中进行初始扫描的对象是你的个人资产。如果我们想通过搭建易受攻击的环境来体验 Metasploit，最佳方法之一是在虚拟机中使用 Metasploitable2。Metasploitable2 是在 VMware 环境上运行的 Ubuntu 8.04 服务器。这个虚拟机包含许多易受攻击的服务，包括：

- FTP
- Secure Shell
- Telnet
- DNS
- Apache
- Postgres
- MySQL

要将 VMware 作为虚拟机环境，可下载永久免费的 VMware 播放器、VMware Workstation Pro 虚拟机管理程序(30天试用期)。我使用 Workstation Pro 来创建 Metasploitable2 实例。如果更喜欢使用其他虚拟主机，例如 VirtualBox，也是可以的。如果已经安装了 VMware Workstation，则可跳过实验10.4。

在实验 10.4 和实验 10.5 中，你将学会如何安装 VMware Workstation Pro，并运行 Metasploitable2。

实验 10.4：安装 VMware Workstation Pro 试用版

(1) 在搜索引擎中，查找 VMware Workstation Pro，并选择合适的结果进行下载。你也可以像我一样直接从官网下载软件，访问 www.vmware.com，如图 10.16 所示，有 Windows 版本和 Linux 版本。

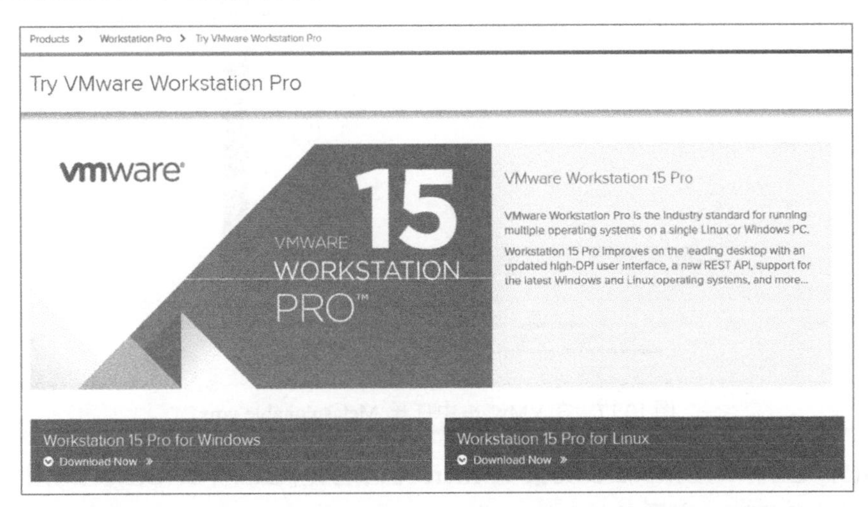

图 10.16 VMware Workstation Pro 下载——Windows 或 Linux 版本

(2) 下载适合你环境的文件。.exe 文件通常会被下载到 Downloads 文件夹。然后双击安装它，当被要求输入 license 时，别管它继续前进，安装需要几分钟的时间。

实验 10.5：在 Vmware pro 中运行 Metasploitable

(1) Metasploitable2 由位于得克萨斯州 Austin 的 Rapid7 Metasploit 团队所开发。可以直接从 Rapid7.com 官网下载，可以获得最新、最强大、最干净的版本。在浏览器中输入以下地址：

```
https://information.rapid7.com/download-metasploitable-2017.html。
```

(2) 填写表格后提交，就会出现文件下载链接。当单击 Download Metasploitable Now 时，将下载一个 metasploitable-linux.zip 文件，文件大小约为 825MB。

(3) 下载完成后解压缩。请不要忘记在哪里解压缩文件(往往会因为没留意而重复解压)。

(4) 打开进入 VMware Workstation。单击 File 菜单并选择 Open。在显示的对话框中，会询问你要打开哪个虚拟机。这时你不能直接选择 zip 文件，而是要进入它的解压缩目录，其中应该有一个名为 Metasploitable.vmx 的文件。选择并打开，如图 10.17 所示。

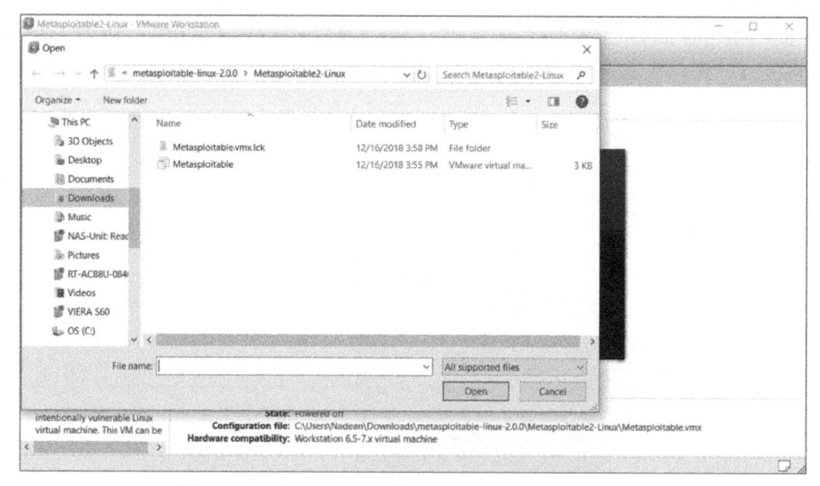

图 10.17　在 VMware 中打开 Metasploitable.vmx

(5) 这时你的虚拟机应出现在 VMware 中的选项卡上。单击 OK 按钮并打开此易受攻击的 Linux 计算机的电源。

(6) 你可能会看到一个对话框，询问你是否移动或复制了它。在本实验中，请单击 I Copied It 选项。加载虚拟机后，将看到 Metasploitable2 的欢迎界面，如图 10.18 所示。请注意，欢迎界面会告诉你使用 msfadmin/msfadmin 登录，这意味着 msfadmin 既是用户名又是密码。

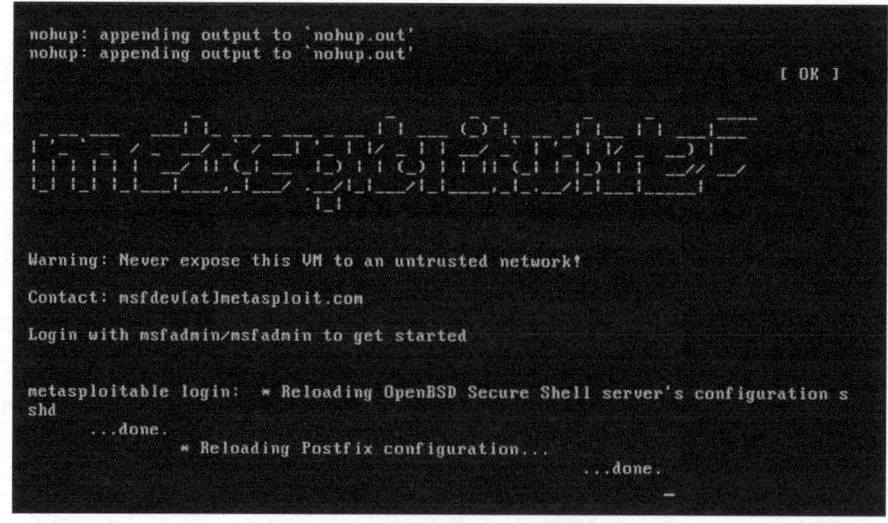

图 10.18　Metasploitable2 欢迎界面

(7) 使用用户名 msfadmin 和密码 msfadmin 登录。进入命令提示符后，输入 ifconfig(因为这是 Linux 计算机，而不是 Windows 计算机，Windows 环境是 ipconfig 命令)。在返回的信息中记下 eth0 的 IP 地址，这是你即将访问的 Metasploitable2 计算机的 IP 地址。

也可以使用命令 ip addr 来获取此信息。如图 10.19 所示，eth0 的 inet address 为 192.168.124.140。

Home | Metasploitable2-Linux

```
The programs included with the Ubuntu system are free software;
the exact distribution terms for each program are described in the
individual files in /usr/share/doc/*/copyright.

Ubuntu comes with ABSOLUTELY NO WARRANTY, to the extent permitted by
applicable law.

To access official Ubuntu documentation, please visit:
http://help.ubuntu.com/
No mail.
msfadmin@metasploitable:~$ ip addr
1: lo: <LOOPBACK,UP,LOWER_UP> mtu 16436 qdisc noqueue
    link/loopback 00:00:00:00:00:00 brd 00:00:00:00:00:00
    inet 127.0.0.1/8 scope host lo
    inet6 ::1/128 scope host
       valid_lft forever preferred_lft forever
2: eth0: <BROADCAST,MULTICAST,UP,LOWER_UP> mtu 1500 qdisc pfifo_fast qlen 1000
    link/ether 00:0c:29:79:cf:f2 brd ff:ff:ff:ff:ff:ff
    inet 192.168.124.140/24 brd 192.168.124.255 scope global eth0
    inet6 fe80::20c:29ff:fe79:cff2/64 scope link
       valid_lft forever preferred_lft forever
3: eth1: <BROADCAST,MULTICAST> mtu 1500 qdisc noop qlen 1000
    link/ether 00:0c:29:79:cf:fc brd ff:ff:ff:ff:ff:ff
msfadmin@metasploitable:~$ _
```

To direct input to this VM, click inside or press Ctrl+G.

图 10.19　在 Metasploitable2 中执行 ifconfig 命令

(8) 通过打开 Project 选项并向下滚动到 Create Project 来创建新项目。

将这个项目命名为 Metasploitable2，并使用刚才看到的 IPv4 地址。执行资产扫描，当扫描完成后，如图 10.20 所示，此计算机有 33 个服务。

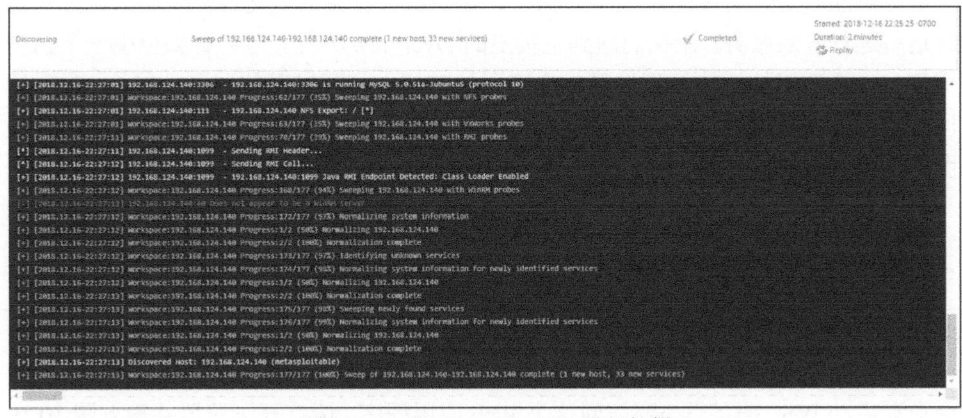

图 10.20　对 Metasploitable2 进行扫描

(9) 如果打开了Analysis选项，并按端口进行排序，将看到Telnet服务在Metasploitable的界面处于打开状态。还记得PuTTY的安装吗？打开PuTTY，添加192.168.124.140，然后选择Telnet作为连接类型。单击Open按钮。

有时，你甚至不需要暴力破解密码。如图 10.21 所示，密码将显示在欢迎屏幕上。在 Services 选项卡上，请注意端口 22 和 513 也处于打开状态。尝试使用 SSH 或 Rlogin 攻击 Metasploitable 系统。

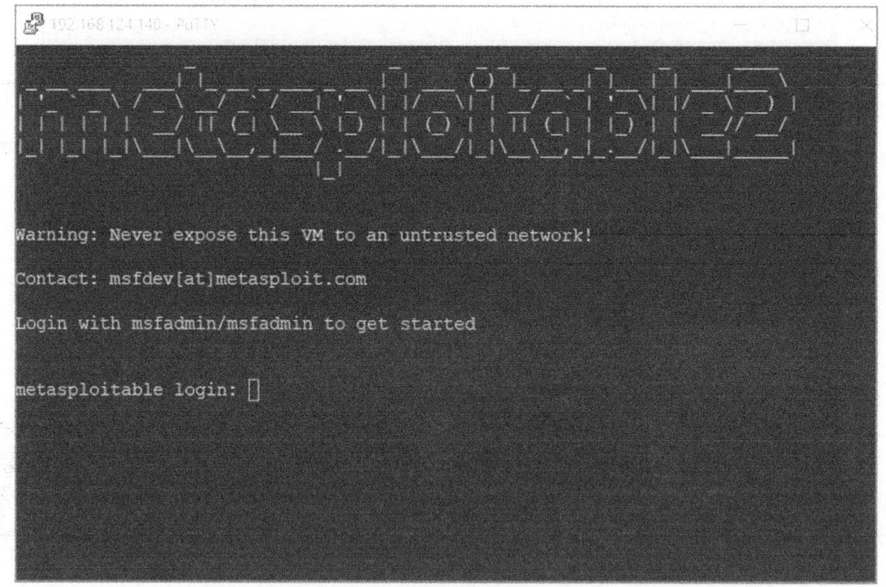

图 10.21　使用 Metasploit 社区版获取信息并用 PuTTY 访问目标系统

你可能对这个简单的过程感到惊讶。你经常会发现很多交换机使用默认密码运行这些远程登录服务。让我们回到主页上的 Overview 界面，你会看到至少一个漏洞标识、一个适用的模块标识以及一个密码被破解。打开发现的漏洞，Metasploit 社区版本会建议某个可行的漏洞利用模块。打开 Credentials 选项，查看已获取了哪些服务的密码。

10.5　可攻击的 Web 服务

Metasploitable2 还预装了易受攻击的 Web 应用程序。启动 Metasploitable2 时，会自动启动 Web 服务器。要访问这个 Web 应用程序，请打开浏览器并输入图 10.19 所示的 IPv4 地址，我的环境是访问 http://192.168.124.140。如图 10.22 所示，可从此页面访问 Web 应用程序。

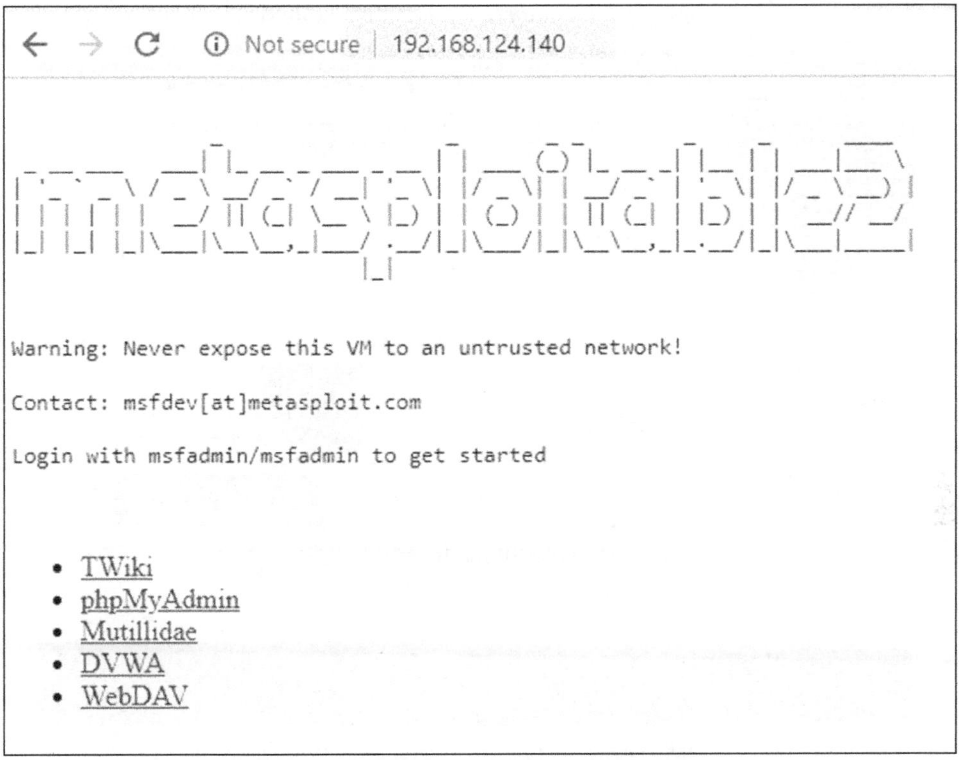

Not secure | 192.168.124.140

Warning: Never expose this VM to an untrusted network!

Contact: msfdev[at]metasploit.com

Login with msfadmin/msfadmin to get started

- TWiki
- phpMyAdmin
- Mutillidae
- DVWA
- WebDAV

图 10.22　Metasploitable2 Web 应用程序界面

该 Web 应用程序包含了 OWASP 前十名中的所有漏洞(见图 10.23)。通过滚动浏览这个 Web 界面，可看到 OWASP Top 10 的漏洞子目录，里面包括表单缓存和单击劫持等漏洞。该 Web 界面还允许用户将安全级别从 0(极不安全)改为 5(安全)。

此外，还提供三个级别的提示，范围从“Level 0-I try harder”(没有提示)到“级别 2-noob”(最大提示)。如果应用程序被用户注入或入侵，单击 Reset DB 按钮会将应用程序重置为原始状态。

Damn Vulnerable Web App(DVWA)是一个基于 PHP/MySQL 的 Web 应用程序，它真的是相当脆弱。如图 10.24 所示的 DMVA 主页所述，其主要目的是帮助安全专业人员在合法环境中测试技能和工具，并帮助 Web 开发人员更好地了解保护 Web 应用程序的过程。

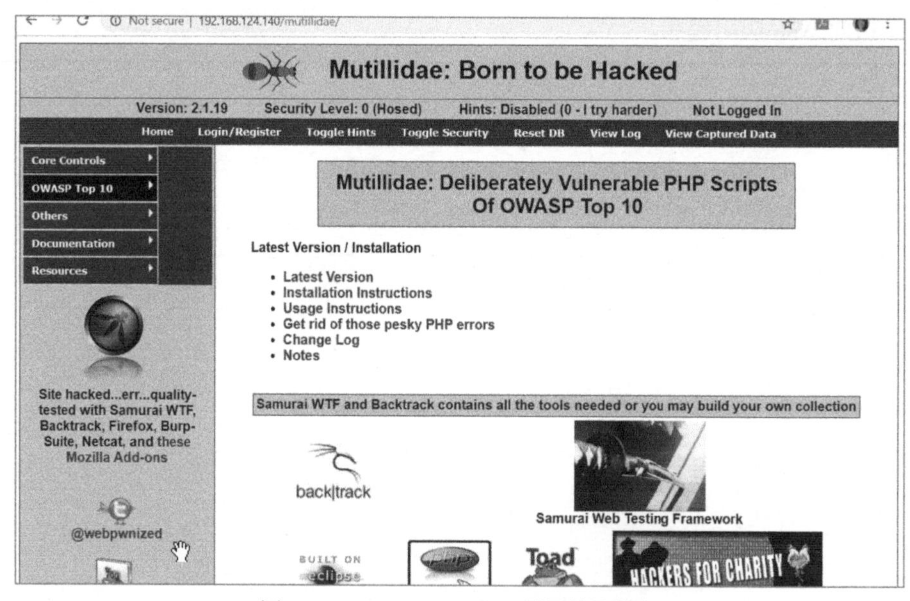

图 10.23　OWASP Top 10 漏洞利用脚本

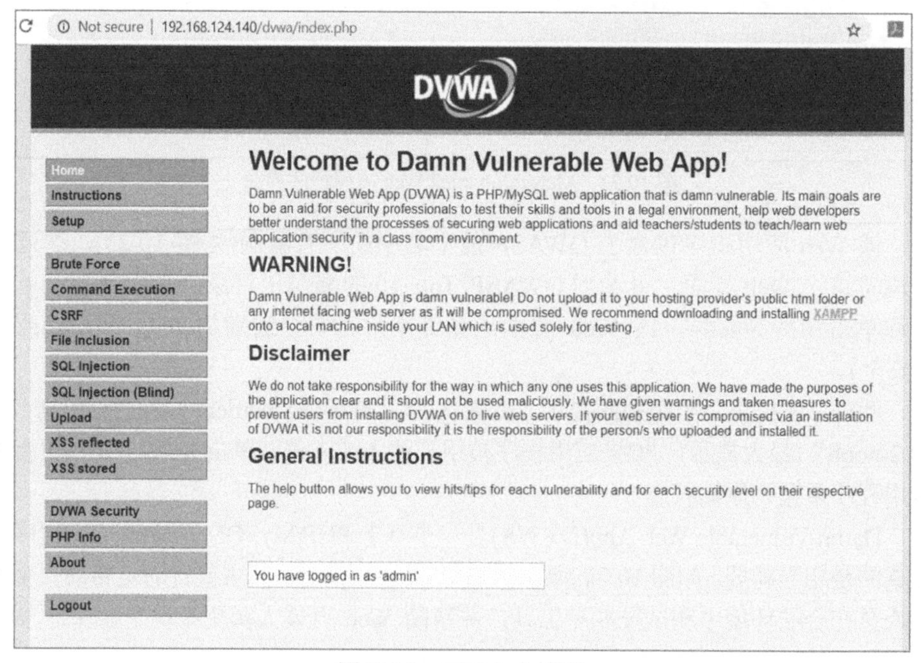

图 10.24　DVWA 主界面

默认 DVWA 用户名为 admin，默认密码为 password。进入 DVWA 后，可以选择不同的漏洞，然后使用此工具了解每个漏洞，并尝试利用该漏洞攻击 Web 应用程序。

例如，其中一个漏洞是 SQL 注入(SQLi)。SQLi 是一种非常普遍的使用代码注入方式攻击数据驱动的应用程序的技术。

具体做法是通过在 Web 请求中包含 SQL 语句，让 Web 程序将命令传递到数据库。当用户的输入无效且发现意外执行时，该漏洞出现了。它是广受欢迎的网站攻击方式，可用于攻击任何类型的 MySQL、MSSQL 或 PostgreSQL 数据库。要了解如何创建恶意的 SQL 命令，只需要使用 DVWA 进行试验即可。

10.6 Meterpreter

Metasploitable 完成的 Discovery 扫描不如漏洞管理软件得到的结果可靠。如果还安装了 Nexpose 社区版本，请使用完整的审核模板对 Metasploitable2 计算机进行全面的漏洞扫描。将能获取一份更全面的漏洞列表，有些漏洞能让你得到系统返回的 shell 权限。

成功的漏洞利用可让你以多种方式访问目标系统。首选通道是 Meterpreter shell。命令行 shell 是很棒的方式，而 PowerShell 会更好。但如果在 Windows 系统上有一个 Meterpreter shell，将体会到红队的完美幸福感。没有人会忘记他或她的第一个 Meterpreter shell。在过去我教 Metasploit 的几年里，当学生们看到 Meterpreter shell 植入一个被入侵的系统上时，他们往往会大吃一惊。可以利用它来窃取密码哈希、截图、搜索硬盘、升级权限，并植入代理跳板以探索未发现的其他内部网络。你相当于拥有了打开王国的 SSH 钥匙。

Meterpreter 是 Metasploit 独有的负载，为你提供了一个在内存中运行的交互式 shell。Meterpreter 不会在驱动器上执行，日志中不会留任何痕迹，任何监视设备上运行的进程都很难检测到。相当于你在一台被入侵的计算机上运行了一个服务，这个 shell 的独特功能之一是可从一个服务跳到另一个，以逃避安全设备的检测。Meterpreter 提供常见的命令行界面，包括命令历史记录和 Tab 辅助填充功能。

第11章

Web 应用程序安全

本章内容：

- Web 开发
- 信息收集
- DNS
- 深度防御
- Burp Suite

去年夏天我乘坐达美航空航班从亚特兰大飞往丹佛，并被升级到头等舱。我知道有些人讨厌飞行，并且像我丈夫一样，讨厌在飞机上与陌生人交谈。我的正常习惯是微笑并打招呼。如果我的邻座也向我问好，那么可能会进行一些交谈。否则，我会戴上降噪耳机观看电影。在这次飞行中，我发现我的邻座是一名 Web 应用程序开发人员，飞往丹佛与风险资本家会面并展示最终产品。当然，作为一个极客，我非常感兴趣并提出各种各样的问题。对于大多数问题，他的回答是，“这是保密的，我无法分享。” 在我们快要到达目的地时，他问我从事什么职业。我告诉他我是 Rapid7 公司的安全顾问，并讲授安全类课程——主要是漏洞管理和 Metasploit，但我的工作也涉及应用安全和事件检测与响应。对此，他的回答是“那是什么？”

这是我遇到的一些 Web 应用程序开发人员的心态。他们充满了奇妙的想法并且拥有丰富的编码知识，但当涉及安全性时就会毫无头绪。如何能交付未考虑安全因素的应用程序呢？ 更让人大开眼界的是在第二年的超级碗期间看到这个家伙帮助创建的应用程序的广告。我立即想到的是，我希望他能记住我们关于软件开发生命周期(SDLC)价值的讨论。

11.1 Web 开发

创建非常健壮的应用程序需要做很多工作，甚至需要更多时间来维护这些应用程序的发展进化。在过去 20 年中，互联网呈指数级增长。以原版 Facebook 页面为例，该页面于 1999 年被称为 www.aboutface.com。如果在 www.archive.org 上使用名为 Wayback Machine 的 Internet 存档站点，可看到 Facebook 在二十年前的样子(见图 11.1)。我喜欢 Wayback Machine 的是，如果愿意，可以右击已存档的网站并查看页面来源。

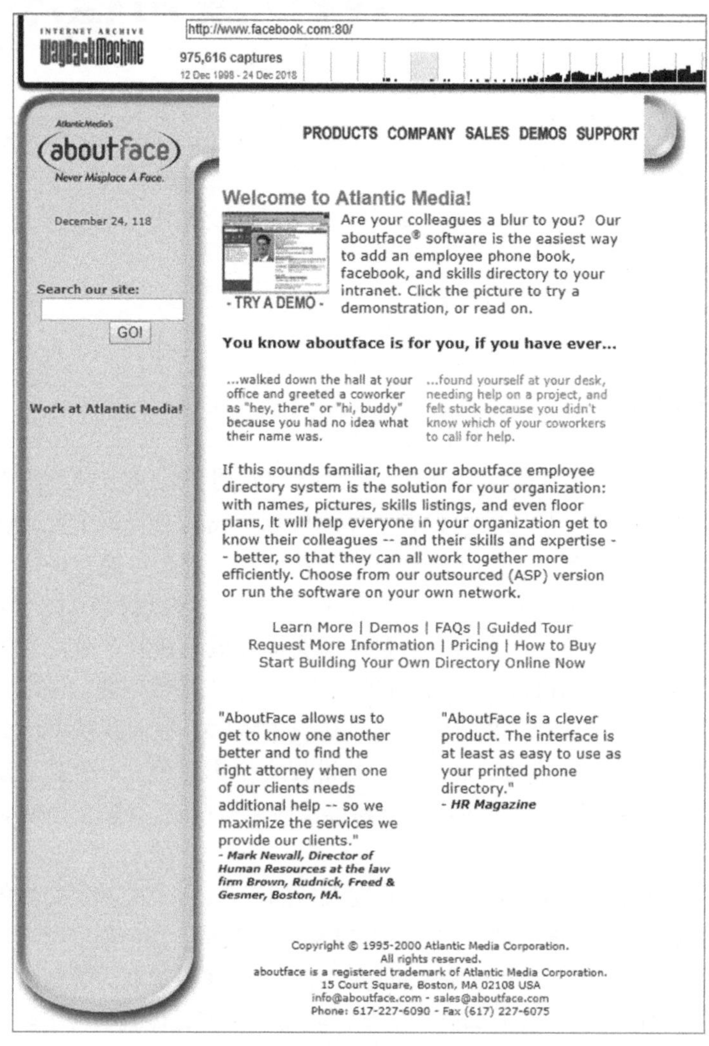

图 11.1　在 2000 年开发的最初的 facebook.com 称为 aboutface.com

Web 的发展导致了对 Web 应用程序测试发展的需求。在当时，网页是一个静态页面，信息流从服务器到浏览器。大多数网站不需要任何类型的身份验证，因为它只是不需要。遇到的任何问题都是由于 Web 服务器中的漏洞造成的。现在你看到的是动态和为每个用户自定义的 Web 应用程序，问题是暴露给公众的不仅是 Web 服务器文件还包括私有数据。

我认识的每一个开发人员都说强大的应用程序的基础是构建它的框架和体系结构。Web 应用程序体系结构是应用程序、中间件和应用程序所依赖的数据库之间的交互。当用户通过任何浏览器单击提交按钮时信息能够被正确处理，这一点至关重要。中间件是除操作系统外给应用提供服务的软件。内核和应用程序之间的任何软件都可以是中间件。有些人将中间件描述为“软件胶水”。

你输入一个 URL，浏览器将找到托管该网站的面向 Internet 的服务器，并访问该站点内的特定页面。服务器通过将适当的文件发送到浏览器来执行响应。现在，可以与该网站进行互动。这里最重要的是代码。代码由浏览器解析，浏览器可能有(也可能没有)特定的指令来告诉浏览器该做什么。Web 应用程序框架和体系结构具有应用程序需要的所有组件、例程(routines)和交换(interchanges)。

最终，Web 应用程序的设计是为了可用性，希望应用程序有效地实现目标。这对许多组织来说至关重要，因为大多数全球业务和我们的生活都在互联网上。今天的每个应用程序和设备都是基于 Web 交互的概念构建的。例如淘宝购物、微信、网银以及电子邮件。即使你确信这些 Web 应用程序受到保护，锁定图标出现在浏览器中，应用程序声明它们是安全的，因为它们使用 SSL 或者它们符合 PCI-DSS 要求，这些网站也可能存在漏洞，例如 SQL 注入、突破访问控制、跨站脚本(XSS)或跨站请求伪造(CSRF)。即使使用 SSL(加密 Web 服务器和浏览器之间的链接)，Web 应用程序中仍可能存在漏洞。

作为安全专业人员，还将面临构建 Web 应用程序需要的所有不同框架和语言。最受欢迎的框架和语言包括以下几种：

- Angular：由 Google 构建并使用 JavaScript 的框架
- Ruby on Rails：面向对象 Ruby 的框架
- YII：使用 PHP 5 的开源框架
- MeteorJS：在 Node.js 中开发，主要用于移动设备
- Django：用 Python 编写的复杂网站

在这个动态过程中选择合适的开发框架至关重要。其中一些特别满足了对速度、可扩展性或复杂性的需求。无论是框架还是语言，无论项目规模如何，都应始终在 SDLC 中考虑安全性，在存储用户个人信息的应用程序中更是如此。如图 11.2 所示，SDLC 从分析项目需求开始。在此阶段提出的问题不应仅限于申请的人员、内容、时间和地点，还应包括对正在设计的应用程序被攻击产生的影响进行风险评估。

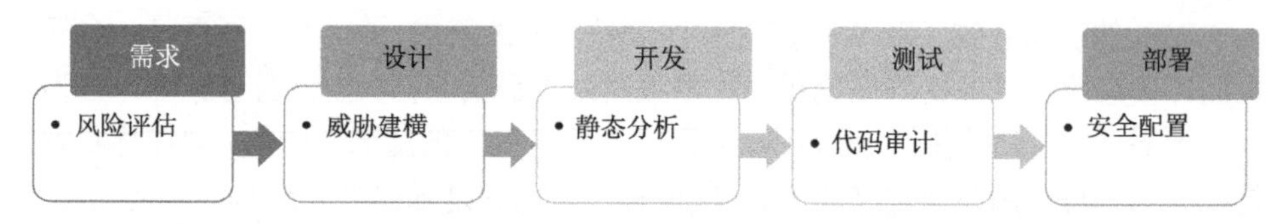

图 11.2 在软件开发生命周期的每个阶段都嵌入了安全功能

回顾过去一年，一些重大的漏洞是由缺乏安全实践(如错误配置的数据库，社会工程学或 Web 应用程序中的漏洞)造成的。物联网的兴起导致了许多复杂的问题，当一些挽救生命的设备(如心脏起搏器或胰岛素泵)因加密不良而容易受到攻击而且软件易受恶意软件感染时尤其如此。即使是我们驾驶的汽车也必须根据其攻击面和网络架构的规模进行评估。如果你的汽车提供诸如蓝牙、Wi-Fi、蜂窝网络连接、无钥匙进入或无线电可读轮胎压力等功能，监控系统可能存在安全漏洞，导致可以对汽车网络进行攻击。

在保护 Web 应用程序的安全方面存在许多问题。主要问题之一是开发人员缺乏安全意识(如本章开头所述)。此外，还有内部员工定制的 Web 应用程序，新的 Web 攻击技术带来的威胁，以及时间限制导致的必须尽快将 Web 应用程序投入生产等问题。这一切都会对托管 Web 应用程序的公司和共享其信用卡信息的用户造成严重威胁。

11.2 信息收集

Web 应用程序测试的初始步骤非常类似于第 10 章中讨论的渗透测试。必须获得测试目标的权限，并且所有权的验证至关重要。可以使用其他一些资源，例如 Whois 和 DNSdumpster 进行 Web 应用程序侦察。在实验 11.1 中，将验证正在测试的 Web 应用程序的所有者。

实验 11.1：验证目标

(1) Whois 协议用于搜索域名和 IP 地址的 Internet 注册数据库。打开浏览器并导航到 https://www.whois.icann.org。

确保访问正确的 Whois 网站，因为存在假冒的 Whois 网站。如图 11.3 所示，ICANN 的 WHOIS 查询使你能够查找域所有者。

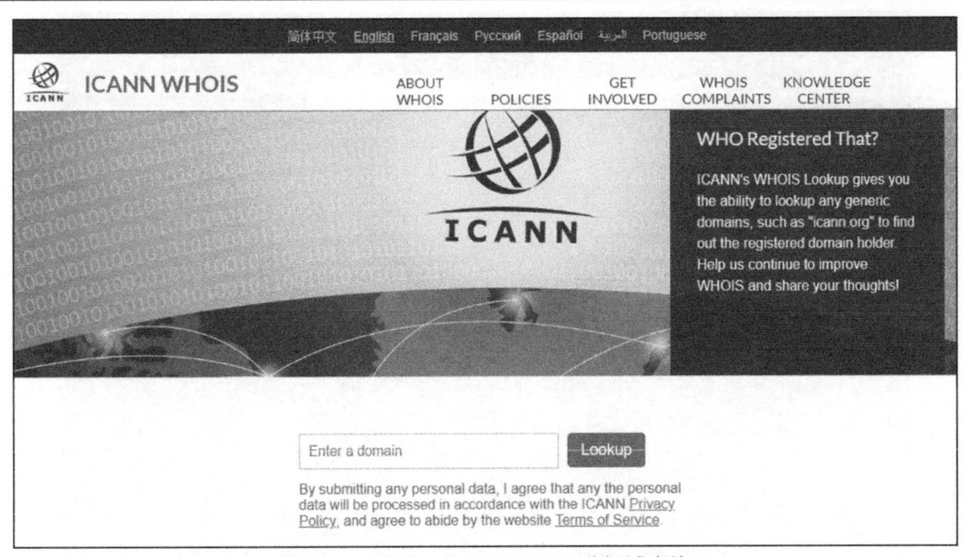

图 11.3　通过 ICANN WHOIS 进行域查询

(2) 如果表单要求你输入域，请输入 www.example.com。在图 11.4 中，你会看到 www.example.com 是自 1992 年以来由互联网号码分配机构(IANA)拥有的域。

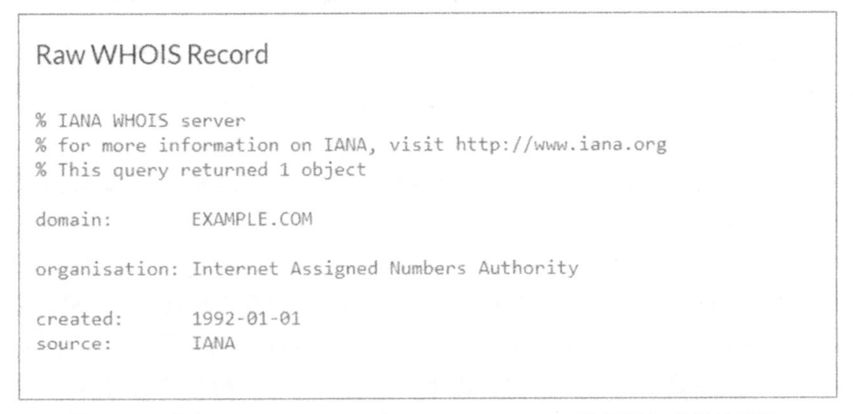

图 11.4　通过 ICANN WHOIS 对 www.example.com 进行域名查找的结果

(3) 在浏览器中打开另一个选项卡，然后输入 https://dnsdumpster.com。DNSdumpster 是一个免费的域名分析工具，可以发现与你使用 Whois 查找的初始域相关联的其他主机。只有了解整个 Web 应用程序的环境才能保护它。如图 11.5 所示，可以获得有关 www.example.com 的大量信息。

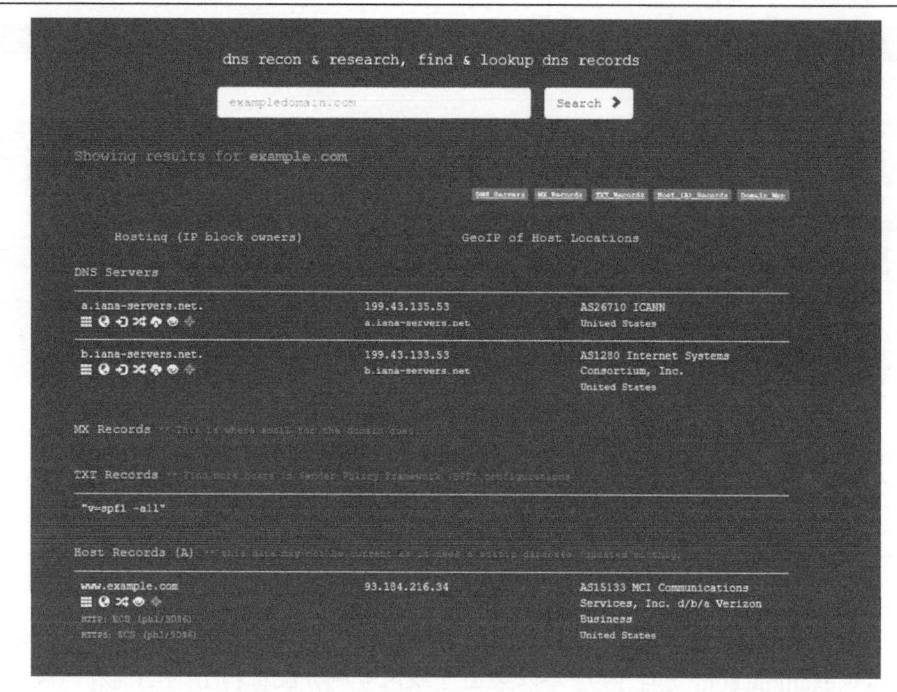

图 11.5　DNS 服务器侦察和调查域，包括主机(A)、邮件(MX)和 TXT 记录

(4) 打开两个选项卡，将注册所有者与托管该站点的 DNS 服务器进行比较。如果它们是相同的，请随时继续进行其余的测试。顺便说一下，我最喜欢的 DNSdumpster 网站部分靠近搜索的底部，它会映射域名。

(5) 你正在测试的任何设备是否已连接到 Internet? 打开第三个选项卡，然后导航到 www.shodan.io。

如果正在寻找特定类型的物联网，包括网络摄像头、路由器或主要运行 HTTP / HTTPS、FTP、SSH、Telnet、SNMP、IMAP、SMTP 和 SIP 的服务器，Shodan 正是应该使用的搜索引擎。Shodan 用户可以找到与互联网相关的各种有趣的东西。来自交通信号灯、控制系统、电网、安全摄像机，甚至还有一两座核电站的一切都可以找到。许多这些物联网设备仍然使用默认配置，例如 admin/admin; 连接所需的唯一软件是你的 Web 浏览器。在图 11.6 中，可以看到对 www.example.com 的搜索。Shodan.io 在互联网上抓取可公开访问的设备。除非你创建账户，否则将只能获得 10 个结果。如果登录后搜索，则最多可以达到 50。

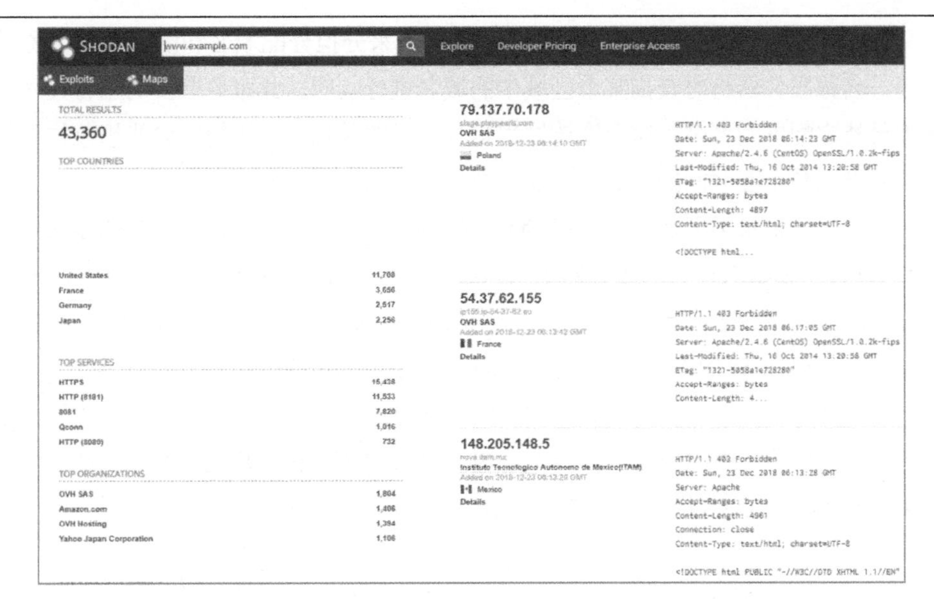

图 11.6　顶级国家/地区，服务和组织拥有一个公开的服务器，并在其详细信息中包含 www.example.com

(6) 在搜索栏中输入telnet。

当在 banner 中找到带有用户名/密码凭据的 Shodan 结果时，是非常可怕的。请记住，除非获得许可，否则请勿执行进一步操作。

11.3　DNS

我相信，对连接到 Internet 的任何事物的分级命名系统有充分的了解，将对你的信息安全工作更有帮助。DNS 的含义是域名系统(Domain Name System)。自 1985 年以来，DNS 一直是互联网的重要组成部分。它提供全局的分布式目录服务。它使用分配给数字 IP 地址的域名来协调信息。我们要记住想要访问的每个网站的四个八位字节非常困难。但记住 www.example.com 要容易得多。

有 4 294 967 296 个 IPv4 地址。构建和维护所有这些 IPv4 地址的数据库将非常困难。随着 340 282 366 920 938 463 463 374 607 431 768 211 456 个 IPv6 地址的增加，这会使维护变得更困难。据估计地球上有 77 亿人。那么这个星球上每个人都将可以分配超过万亿个 IP 地址。我们需要一种方法来跟踪所有这些地址。实际上，我们必须将此过程委托给一个系统。

DNS 将通过为每个域指定权威名称服务器来分担分配域名和映射这些名称的责任。名称服务器将对查询某个区域中的域名进行响应。此服务器仅响应有关网络管理员特定配置的域名。这允许该过程是分布式的并且是容错的。你能想象如果单点故障导致整个互联网的命名系统崩溃会发生什么吗？

最常见的记录类型是起始授权(Start of Authority，SOA)、IP地址(A和AAAA)，SMTP邮件交换(MX)、名称服务器(NS)和域名别名(Domain Name Aliases，CNAME)。CNAME 也称为规范名称。它可将 www.example.com 和 ftp.example.com 指向 example.com的正确DNS记录，该记录具有A记录，即IP地址。

术语 DNS 区域是指全局系统内的特定部分或空间。管理权存在权限边界，由区域表示。根据层叠的低级域的层次结构，DNS 区域像树一样组织起来。在图 11.7 中可以看到一个 DNS 区域命名空间的示例。

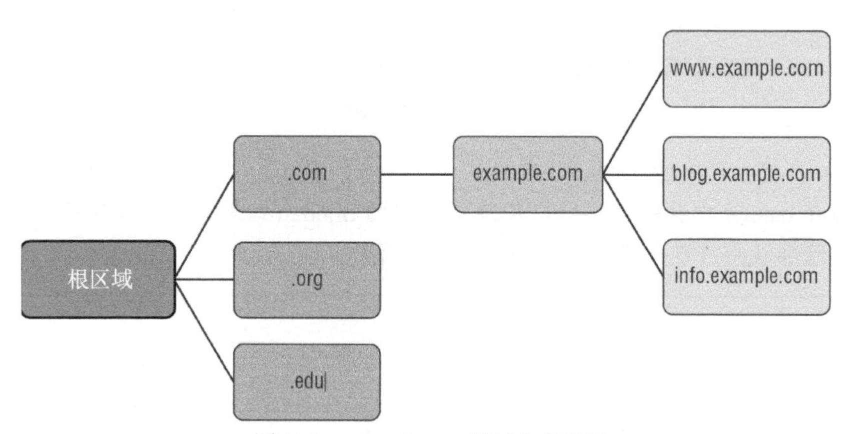

图 11.7　example.com 的域命名空间

DNS 区域转移是 DNS 服务器将其部分数据库传递到另一个 DNS 服务器的过程。有一个主 DNS 服务器和一个或多个从 DNS 服务器，因此可有多个 DNS 服务器能够响应有关特定区域的查询请求。基本的 DNS 区域转移攻击是伪装成从 DNS 服务器并向主服务器请求一份副本。最佳做法是限制区域转移，至少主服务器要知道从服务器的 IP 地址，以便他们不与模仿者共享信息。

11.4　深度防御

如果曾经参观过一座精心设计的中世纪城堡，那么你已经深入了解了防御的最终目标是不让坏人得逞。必须越过护城河穿过外面的城墙，城堡本身通常位于悬崖上一个防守良好的地方，四周有高高的城墙，并且墙壁上有供弓箭手使用的箭垛。进行 Web 开发的人员应该以同样的方式思考他们的防御过程。

个人信息和知识产权信息需要托管在城堡最内部，受保护的区域，这样如果攻击者越过护城河，他们仍然无法获得王国的钥匙。可使用几种机制来保护 Web 应用程序。大多数 Web 应用程序使用身份验证、会话管理和访问控制三元组来减少其攻击面。它们具有相互依赖性，可提供全面保护。三元组的任何部分的任何缺陷都可能导致攻击者能够访问数据。

身份验证是最基本的，必须通过登录站点来证明自己是谁。使用强密码或多因素身份验证登录后，必须对经过身份验证的会话进行管理。这通常使用某种令牌来完成。当用户获得令牌时，浏览器会在每个后续 HTTP 请求中将其提交给服务器。如果用户未处于活动状态，理想状态下该令牌到期后会要求该用户再次登录。采用访问控制技术来确保谁有权访问什么。如果已正确部署，则会知道此用户是否有权执行操作或访问所请求的数据。

即使使用这种三元组，也没有任何网络应用程序或技术被证明是无懈可击的。每天都会出现新的威胁和技术，为防御带来不确定的因素。坏人攻击，我们防守。任何担任开发角色的人都必须意识到，在实际开发这些工具期间要时刻考虑安全性。一个好的经验法则是假设所有输入都是敌对的。完成输入验证，以便只有正确形成的数据才能输入 Web 应用程序的字段。下次调用表单时，请检查是否可以在字段中为邮政编码添加字母。该字段应仅接受数字，并且只接受一定数量的数字。

加密是另一种防御机制，无论是保护传输中的数据还是静态数据。必须使用身份验证手段，但这些服务共享的数据必须以某种方式加密。一个开放的、不安全的 Web 服务是黑客最好的朋友，并且有一些算法可以通过爬虫来寻找那些不安全的 Web 服务。

要使用的另一个以开发为中心的安全工具是异常处理。想想上次你输入错误的用户名和密码。错误提示是否告诉你这是用户名或密码？理想情况下，它应该是通用的。如果错误消息提示密码不正确，黑客现在知道用户名是正确的，并将精力集中在密码上。任何情况下，异常或错误都应拒绝或自动关闭。遇到故障时安全关闭的应用程序将阻止不应该发生的操作。

最后，不要忘记审计和日志以及质量保证和测试。日志通常记录可疑活动，并可以提供个人当责功能。如果可以，聘请专门从事渗透测试或漏洞扫描的第三方服务团队。在大学里，最好的做法之一是让另一个人阅读你的论文。你可能对自己的错误免疫，你知道你想说什么，但你说得对吗？让掌握专业知识的人给你的应用程序做一个测试，是支付百万美元的违约金和完全没有违约之间的区别。我很幸运地把克里斯·罗伯茨称为朋友，我不想倒霉到叫他敌人。尽管他穿着方格短裙，留着一英尺长的蓝胡子，但他在身体上还是很有气派的，他是最优秀的安全研究人员之一，也是我见过的最好的人之一。他说，“我们中的一些人知道发生了什么，外面有太多组织说，‘哦，我们是 100%安全的’，但确实有很多人并没有意识到。”我们必须学习和进化。

11.5 Burp Suite

Burp Suite 是由 PortSwigger Web Security 公司开发的基于 Java 的图形化 Web 渗透测试工具。它已成为安全专业人员使用的行业标准工具套件。Burp Suite 有三个版本：可以自由下载的社区版本以及具有试用期限的专业版和企业版。Burp Suite 可帮助你识别漏洞并验证影响 Web 应用程序的攻击媒介。Burp Suite 最简单的形式可以用作代理服务器、扫描器和入侵工具。

在浏览目标应用程序时，渗透测试人员可以配置他们的 Internet 浏览器以通过代理服务器路由流量。然后，Burp Suite 会捕获并分析与目标 Web 应用程序之间的每个请求。这允许对原始流量进行拦截、检查和修改。渗透测试人员可以暂停、操作和重放各个 HTTP 请求，以分析潜在的参数或注入点。入侵者可以对 Web 应用程序执行自动攻击。该工具可以配置一个算法，该算法可以生成恶意 HTTP 请求，也可以测试 SQL 注入和跨站脚本(CSS)等。某些注入点可以指定用于手动以及自动模糊测试，以发现可能意外的应用程序行为、崩溃和错误信息。模糊测试是一种允许通过将无效或意外数据放入计算机程序并监视行为来测试软件的技术。

在实验 11.2 中，将安装 Burp Suite Community Edition。

实验 11.2：安装和配置 Burp Suite Community Edition

(1) 要下载 Burp Suite Community Edition，请访问 https://portswigger.net/burp/communitydownload。如图 11.8 所示，有一个 Windows 版本和 JAR 文件。

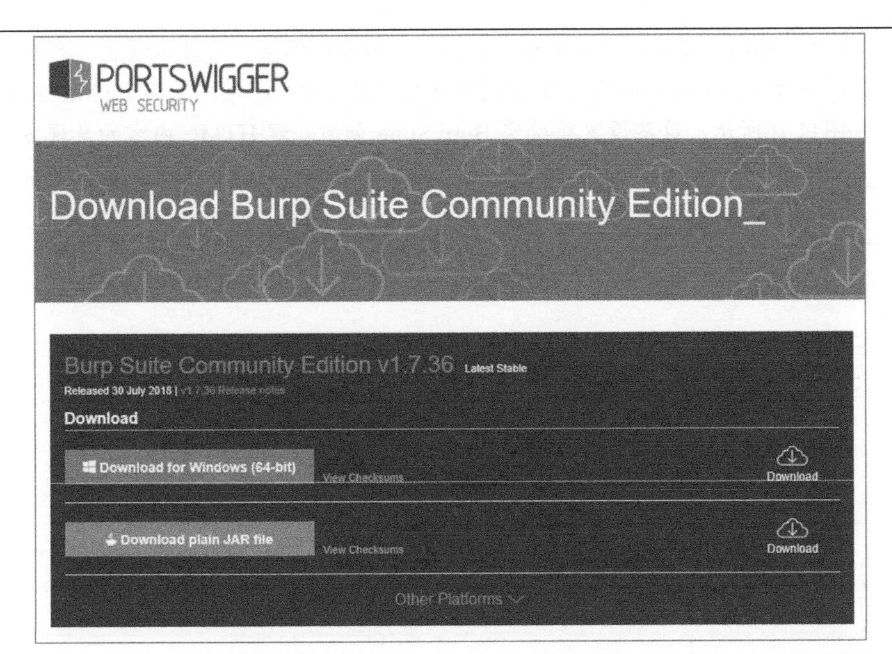

图 11.8 用于下载 Burp Suite Community Edition 的 PortSwigger Web Security 公司网站

(2) 下载可执行文件，打开 Downloads 文件夹，双击所需的文件，然后按照说明完成操作。

(3) 导航到开始菜单，然后搜索 Burp Suite 以打开软件。为你的初始项目加载 Burp Suite 默认值，然后单击右下角的 Start Burp 按钮(见图 11.9)。

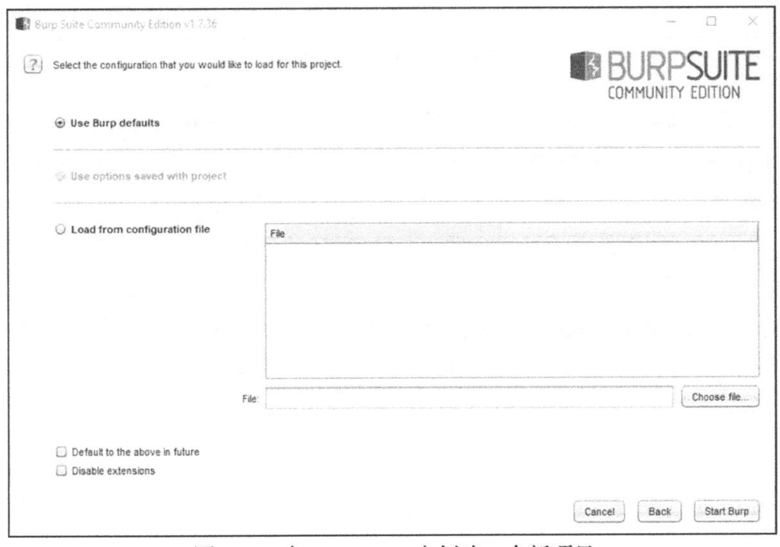

图 11.9 在 Burp Suite 中创建一个新项目

(4) 加载临时项目后，单击 User Options 选项卡以调整任何显示设置。例如，可以更改字体大小和字体，以及希望 HTTP 消息的显示方式、字符集和 HTML 呈现方式。如图11.10所示，这些设置将确定 Burp Suite 如何处理 HTML 内容的呈现方式。

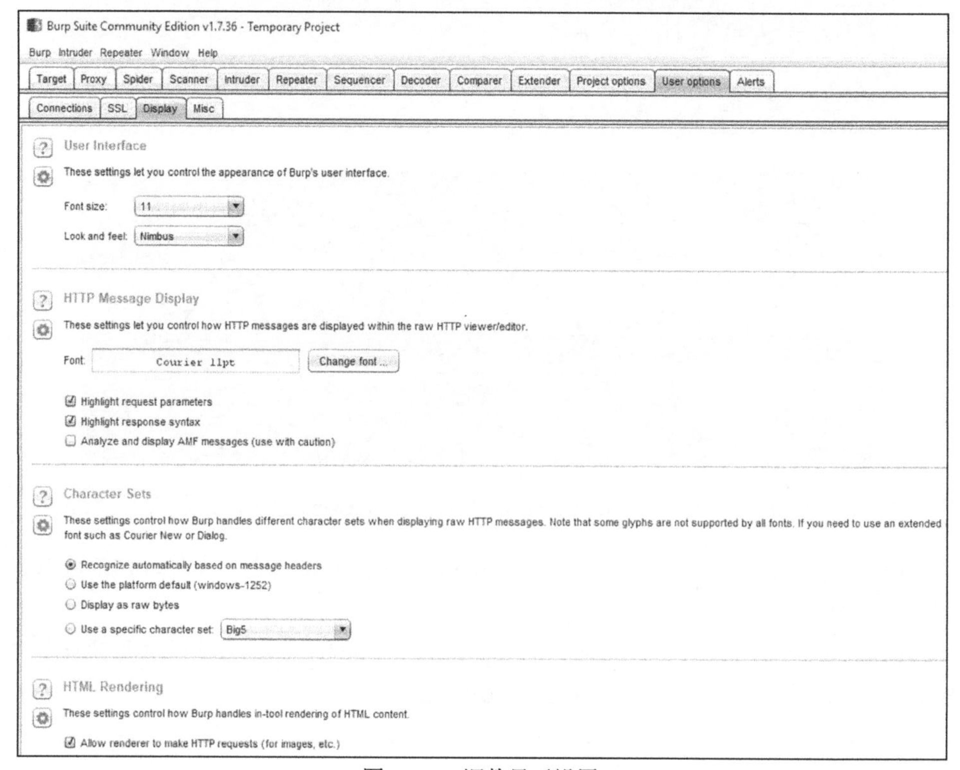

图 11.10 调整显示设置

接下来，需要配置代理侦听器以确保它处于活动状态并正常工作。这将允许浏览器使用 Burp Suite 作为 HTTP 代理，并使所有 HTTP/S 流量通过 Burp Suite。你可在浏览器和目标 Web 应用程序之间作为“中间人”进行操作。

(5) 在 Options 子选项卡下，如图 11.11 所示，在 Proxy Listeners 区域中，应该在表中看到一个条目，其中在 Running 列中选中了复选框，在 Interface 列中显示了 127.0.0.1:8080。单击 Intercept (拦截)选项卡并验证拦截是否已启用。现在，Burp Suite 可以拦截你与 HTTP 目标之间的流量。

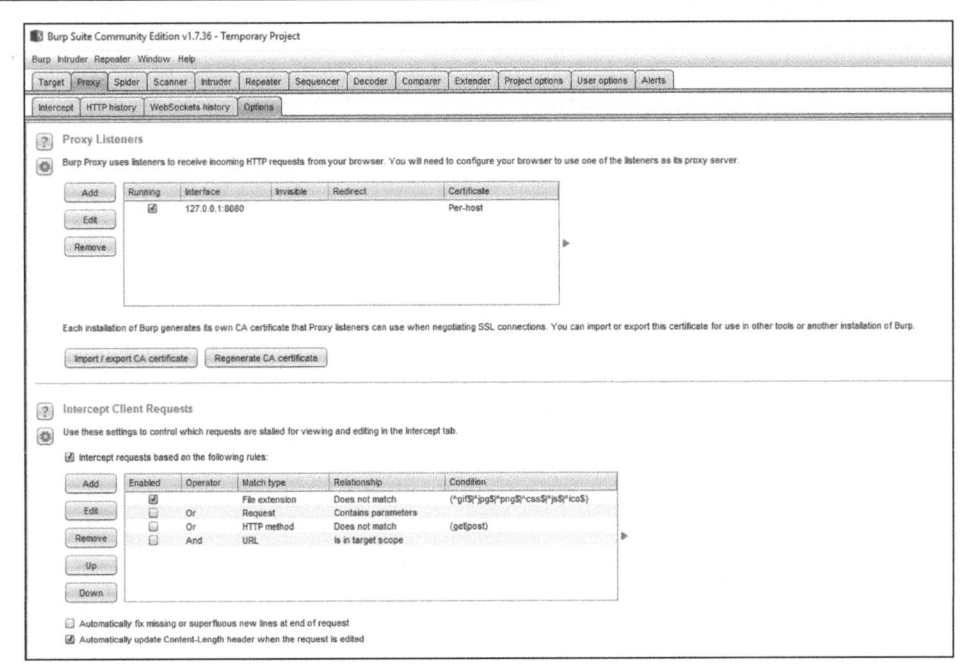

图 11.11 配置浏览器以通过 Internet 侦听流量

(6) 打开浏览器并访问 www.example.com。Burp Suite 应该以原始数据的形式显示你所做的每个请求。如果有原始数据，请单击 Forward 按钮以循环显示浏览器的每个请求以获取更多数据。

如果侦听器未运行，则 Burp Suite 无法通过端口 8080 打开默认代理侦听器端口。需要在 Burp Suite 中将侦听器的端口号编辑为适用于设备的端口号，或者将你选择的浏览器配置为与 Burp Suite 进行交互。使用 Burp Suite 时，为了提高可扩展性和便于配置，我推荐使用 Firefox 作为浏览器。转到 Firefox 菜单，选择 Preferences，然后选择 Options。在 General 选项卡下，打开 Network Settings。如图 11.12 所示，应该通过端口 80 手动将代理配置为 127.0.0.1，并将此代理用于所有协议。

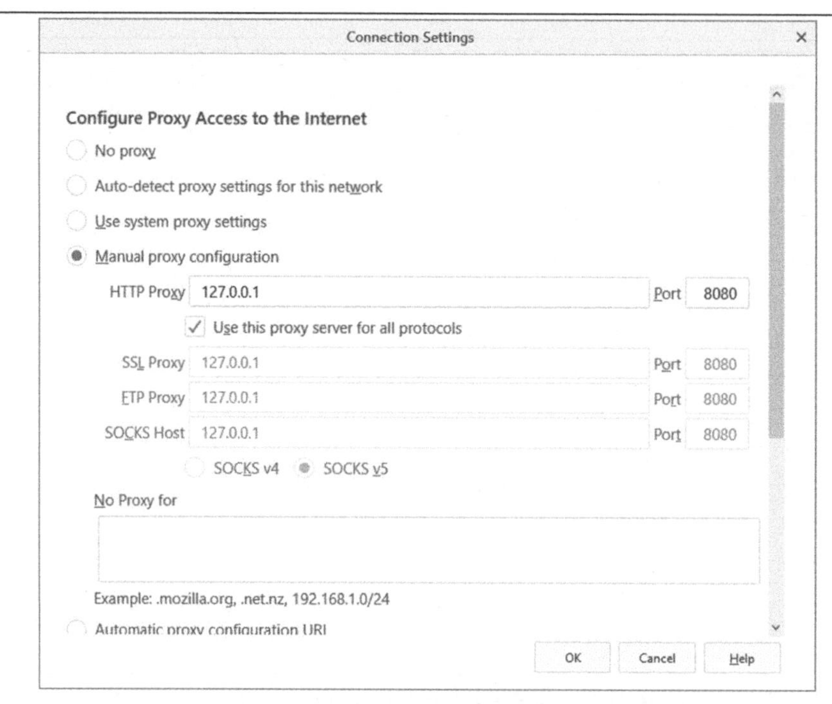

图 11.12　用于 Burp Suite 网络代理的 Mozilla Firefox 设置

(7) 如果尝试查看初始请求且没有数据，请检查是否有警告消息。可能需要配置浏览器使用的证书。同样，我更喜欢 Mozilla Firefox，在浏览器中，可以访问 http://burp 来下载图 11.13 所示的 CA 证书。CA 是证书颁发机构，是 Internet 用于身份验证的可信实体。CA 颁发 Web 浏览器用于验证内容的 SSL 证书。

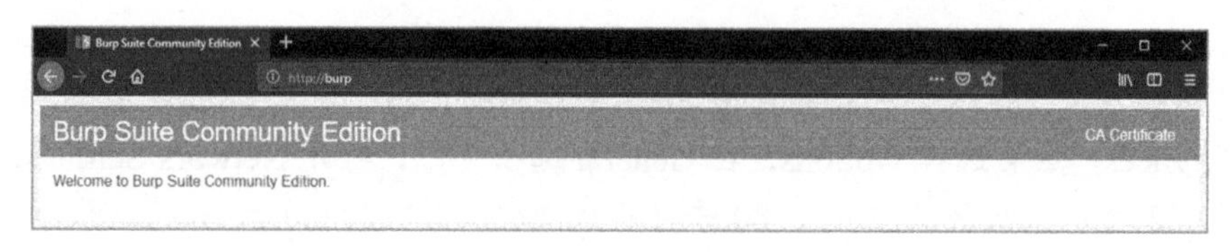

图 11.13　http://burp

(8) 下载证书后，需要将其带入浏览器。在图 11.14 中，可以看到将 SSL 证书引入 Mozilla Firefox 以供 Burp Suite 使用的选项。根据 Mozilla Firefox 高级主管 Marissa Morris 的说法，“就 Burp Suite 而言，CA 允许专业人员测试他们的加密服务是否存在漏洞。”

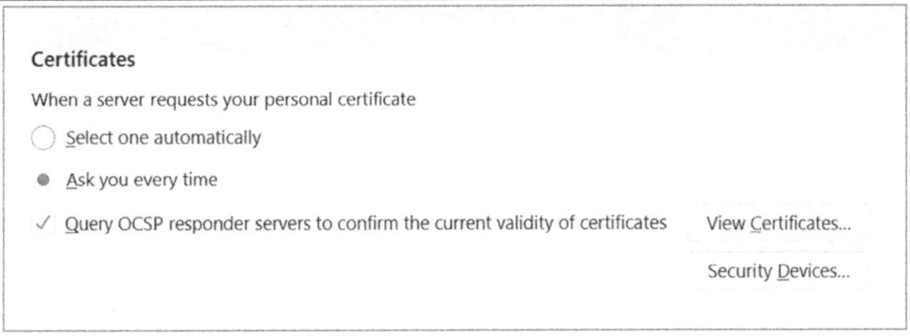

图 11.14　将 CA 证书加载到位于 Privacy And Security 下的 Firefox 首选项中

只需要稍加努力，任何人都可以开始使用 Burp Suite 的核心功能来测试应用程序的安全性。Burp Suite 非常直观且用户友好，开始学习的最佳方式就是动手。接下来的步骤将帮助你开始运行 Burp Suite 并使用一些基本功能。

代理工具是 Web 代理服务器产品的核心。代理服务器是位于 Web 浏览器和真实服务器之间的服务器。当请求文件、链接或网页时，代理服务器会出于多种原因检查请求，例如控制、简化或匿名。在 Burp Suite 中，目的是在两个方向上检查并修改原始流量。

在实验 11.3 中，将使用 Burp Suite Community Edition 的核心功能。

实验 11.3：使用 Burp Suite 拦截 HTTP 流量

(1) 导航到 www.whatismyip.com 以记下实际 IP 地址。了解你的真实 IP 地址对于获得任何类型的技术支持都至关重要。

(2) 浏览器发出的每个 HTTP 请求都显示在 Intercept 选项卡中。可以查看每条消息，并根据需要进行编辑。然后单击 Forward 按钮将请求发送到目标 Web 服务器。实际上，你可能需要多次单击 Forward 按钮，直到页面加载以循环遍历所有请求。

在图 11.15 中，可看到 Firefox 浏览器欢迎页面和 Burp Suite 之间成功捕获的信息。单击每个消息编辑器选项卡以查看数据的不同方法。会有原始数据，然后更具体的是头(Headers)内容，最后是十六进制数据。

(3) 当仍在 Proxy 选项卡中时，请转到 HTTP history 选项卡。在这里，将获得已截获的所有 HTTP 消息的表。如果在表格中选择一个项目，则可在请求和响应之间切换。

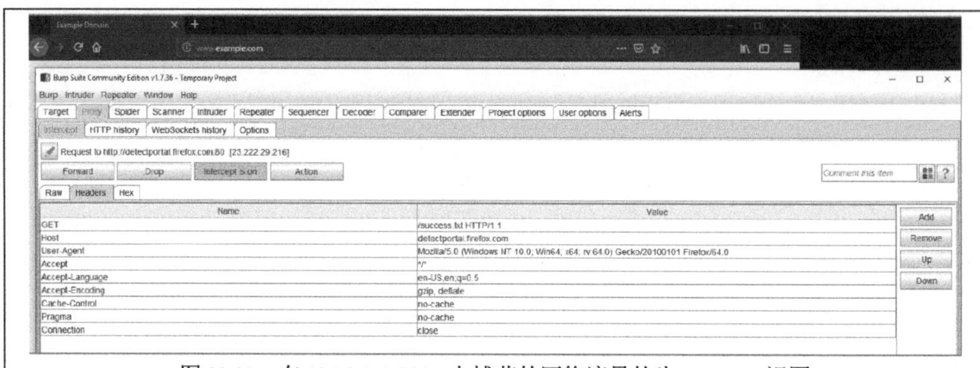

图 11.15 在 127.0.0.1:8080 上捕获的网络流量的头(Headers)视图

(4) 接下来，单击列表中的列标题以对数据进行排序。如果再次单击它，将反转顺序，无论是数字还是字母。实际上，可使用列标题对任何页面中的数据进行排序。

(5) 当在 HTTP history 页面中对 Web 流量进行分析时，可单击第一列中的数字来添加颜色。还可以右击一行以添加注释供将来参考。

用户驱动的工作流程的另一个关键部分是能采用相同的信息并以不同方式处理它。可以右击 HTTP history 中表示流量的任何条目，如果可以，使用 Burp Scanner 对该请求进行漏洞扫描。如图 11.16 所示，还可以一次又一次地使用流量对请求进行微小修改，并使用 Repeater 一遍又一遍地重新发出。使用 Sequencer 可以分析收到的响应中返回的令牌的随机性。

Burp Suite Community Edition v1.7.36 - Temporary Project
Burp Intruder Repeater Window Help
Target Proxy Spider Scanner Intruder Repeater Sequencer Decoder Comparer Extender Project options User options Alerts
Intercept HTTP history WebSockets history Options
Filter: Hiding CSS, image and general binary content

#	Host	Method	URL	Params	Edited	Status	Length	MIME type	Extension	Title	Comment	SSL	IP	Cookie
24	https://push.services.mozilla...	GET	/			101	129					✓	52.10.142.3	
25	http://detectportal.fire					200	379	text	txt				23.222.29.231	
26	http://detectportal.fire					200	379	text	txt				23.222.29.231	
27	http://detectportal.fire					200	379	text	txt				23.222.29.231	
28	http://detectportal.fire					200	379	text	txt				23.222.29.231	
29	http://detectportal.fire					200	379	text	txt				23.222.29.231	
30	https://push.services.					101	129					✓	52.10.142.3	
31	http://detectportal.fire					200	379	text	txt				23.222.29.231	
32	https://www.google.co		x&q=...	✓		200	586	JSON				✓	172.217.1.196	
33	https://www.google.co		x&q=...	✓		200	652	JSON				✓	172.217.1.196	
34	http://www.example.co					200	1627	HTML		Example Domain			93.184.216.34	
35	http://detectportal.fire					200	379	text	txt				23.222.29.231	
36	http://detectportal.fire					200	379	text	txt				23.222.29.231	
37	http://detectportal.fire					200	379	text	txt				23.222.29.231	
38	http://detectportal.fire					200	379	text	txt				23.222.29.231	

http://detectportal.firefox.com/success.txt
Add to scope
Spider from here
Do an active scan
Do a passive scan
Send to Intruder Ctrl-I
Send to Repeater Ctrl-R
Send to Sequencer
Send to Comparer (request)
Send to Comparer (response)
Show response in browser
Request in browser
Engagement tools [Pro version only]
Show new history window
Add comment
Highlight
Delete item
Clear history
Copy URL
Copy as curl command
Copy links
Save item
Proxy history help

Request Response
Raw Headers Hex

```
GET /success.txt HTTP/1.1
Host: detectportal.firefo
User-Agent: Mozilla/5.0 (W ... 100101 Firefox/64.0
Accept: */*
Accept-Language: en-US,en,
Accept-Encoding: gzip, de
Cache-Control: no-cache
Pragma: no-cache
Connection: close
```

Type a search term 0 matches

图 11.16 可在分析 Burp Suite 中的各个 HTTP 请求时使用的方式

Web 应用程序漏洞将给组织带来巨大风险，对于企业的业务系统而言尤其如此。太多的漏洞是缺乏数据验证的结果，坏的参与者可以利用它来滥用应用程序。制作一份清单并检查所有内容，最佳做法是外发的、内部的以及邮件中的链接都要检查。测试表单的默认值，并测试 cookie 以确保它们被正确删除。测试 HTML 和 CSS，确保没有语法错误，因此其他搜索引擎可以轻松抓取你的网站。测试内容和导航以及数据库的完整性和响应时间。

Web 应用程序渗透测试人员会告诉你这将是一个艰巨的过程，将遇到障碍。最后期限将是一个巨大的问题，因为现在需要一切。做好工作计划，了解流程的预期，并为你的组织创建最佳流程。

第12章

补丁和配置管理

本章内容：

- 补丁管理
- 配置管理
- Clonezilla Live

今年十月，我在南达科他州的 Wild West Hacking Fest(WWHF)玩得很开心。会议是结识志趣相投的人的一个好方式，当在同一个房间里看到所有的智慧和怪异时，也许是好现象。我参加过 BlackHat、DefCon 和 BSides，但到目前为止，WWHF 大会是我参加过的最好的一次。当参加某个会议时，如果发现自己与许多 Metasploit 漏洞利用的开发者 James Lee(又名 Egypt)，以及坐在桌子对面的 Johnny Long(Google Dork 最早的开发者)出现在同一个会议上，那么相信你明年还会来参加这个会议。Ed Skoudis 是主题发言人，向我们提供 WebExec 的背景故事，这是思科 WebEx 客户端软件中的漏洞。Ed 的 TeamHack 团队在 2018 年 7 月发现了这个漏洞，并与思科的 PSIRT(Product Security Incident Response Team，产品安全事件响应团队)一起进行了修复。他在 10 月 24 日的主题演讲当天讨论了这个问题。

关于 WWHF 最好的事情之一是所有对话都是在线的。如果不能去南达科他州，你仍然可以听取主题专家的所有讲话内容。Ed 的主题演讲是“成为 PenTester 的十大理由”。其中第 9 个理由是 Java 和 Adobe Flash 非常容易受到攻击，很多组织都没有可靠的补丁管理程序。事实上，Urbane Security 的高级助理 Magen Wu(我最喜欢的红衫怪客)在 DefCon 上表示，根据她在中小型企业方面的经验，只有一家企业有五个完整的补丁管理策略。这样可不妙。

补丁管理是系统管理的重要部分。随着安全模型的成熟，有必要制定管理补丁以及系统和软件升级的策略。大多数软件补丁都是修复软件初始发布后发现的问题所需的。其中很多都是以安全为重点的。其他补丁可能与软件功能的某些类型的特定添加或增强有关。如图 12.1 所示，补丁管理生命周期类似于第 4 章中讨论的漏洞管理生命周期。

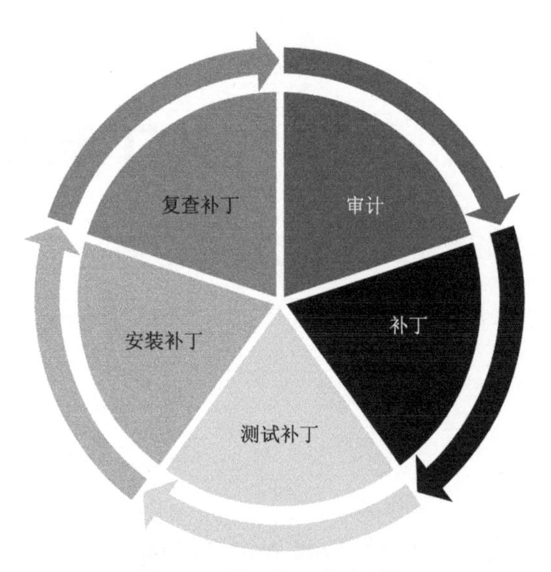

图 12.1　补丁管理生命周期

12.1　补丁管理

我相信在网络安全方面有两种致命的态度："我们一直都是这么做的"和"它永远不会发生在我身上。"2017 年 3 月 14 日，微软发布了 MS17-010 的重要安全公告。这个漏洞利用的绰号为 EternalBlue(永恒之蓝)，是由美国国家安全局(NSA)编写的，并在一个月之后被黑客组织泄露给公众。EternalBlue 利用 Microsoft SMB 漏洞，简而言之，NSA 警告微软为该漏洞准备补丁。太多人没有安装补丁，同年 5 月，WannaCry 勒索软件使用 EternalBlue(永恒之蓝)漏洞来感染这些易受攻击的系统。之后微软发布了更多紧急补丁。同样，许多人没有修复，并且在 6 月，NotPetya 恶意软件席卷全球。

你有没有看过一部恐怖电影并在心里想，"这是你的第一个错误……那是你的第二个……第三……"。如果组织在 3 月就一直关注，那么他们会没事的。如果他们在 4 月才开始关注，他们就会学到关于如何规避漏洞利用的教训。其实在 5 月，甚至在 6 月仍可以通过安装补丁来避免问题。该漏洞利用现在仍然是一个问题，已经演变成许多变种，例如针对加密货币行业，使用名为 WannaMine 的恶意软件。Cryptojacking 是我们用来定义恶意软件无声地感染受害者计算机然后使用该机器的资源来运行创建货币的非常复杂的解密例程。Monero 是一种加密货币，可以添加到数字钱包中并消费。这听起来相当合理，但回想起 CIA 三要素(Confidentiality、Integrity、Availability 的缩写)，恶意软件正在盗用你的 CPU 和内存资源，它可以传播到你的网络。如果想到它将在你的组织中消耗的处理能力和带宽量，你肯定不希望被这种恶意软件感染。

我们吸取的教训是，必须使系统保持最新状态。在补丁管理程序中，必须包含 Microsoft、Apple 和 Linux 的操作系统补丁和更新，以及 Chrome、Firefox、Java 和 Adobe Flash 等第三方应用程序的补丁和更新。你的网络上可能有其他软件或固件，如果系统包含软件，则必须具有安全策略，说明何时修复系统。如果冒不修复的风险，那么你会将系统置于本可以预防的攻击风险之下。补丁管理生命周期将从一个审计开始，在这个审计中，可以扫描环境中哪些系统需要补丁。知道需要哪些补丁之后，在向整个组织发布这些更新之前，请在非生产系统上测试这些补丁。如果不这样做，就冒着受到破坏的风险。如果能够在全球生产部署之前找到并确定问题，就不会影响运营。一旦你知道缺少哪些补丁以及哪些补丁是可行的，请在易受攻击的系统上安装这些补丁。大多数情况下，这是通过 Windows Update 完成的。大多数企业级组织将使用某种类型的补丁管理软件解决方案。

专注于运行 Windows 操作系统的最易受攻击的系统，以及 Adobe Flash、Adobe Reader 和 Java 等极易受攻击的第三方程序，是补丁管理的关键概念之一。从最危险但关键任务设备开始，可以分配时间和资源，最大限度地利用它们，并提供最大的风险缓解。

根据组织规模和网络安全团队的规模，可以投入补丁管理的时间以及需要保持最新的系统数量，你可能希望使用第三方补丁管理软件。对于 Microsoft 特定的修复，Microsoft 包含一个名为 Windows Server Update Services(WSUS)的工具，其中包含所有 Windows Server 操作系统。除非你使用其他第三方应用程序(如 Adobe Flash 或 Java)，否则 WSUS 可能就足够了。有几个开放源码的工具可用，但我已经使用并且喜欢使用 ManageEngine 部署 Desktop Central 的便利性。

ManageEngine 桌面中心是基于 Web 的桌面管理软件。它可以远程管理和调度本地网络和广域网络中 Windows、mac OS 和 Linux 的更新。除了补丁管理、软件安装和服务包管理外，还可以使用它来标准化桌面。通过应用相同的墙纸、快捷方式、打印机设置等，可以使用它来保持图像的最新和同步。

Desktop Central 对于小型企业是免费的，并且支持一名技术人员管理 25 个计算机和 25 个移动设备。其专业和企业版本使其可随业务增长而扩展。免费版仍然允许你访问该软件的所有基本功能，并且易于设置。

在实验 12.1 中，将通过 ManageEngine 安装 Desktop Central。

实验 12.1：安装 Desktop Central

(1) 在浏览器里访问 https://www.manageengine.com。在屏幕的右上角，单击放大镜图标打开搜索框。输入 Desktop Central。从搜索结果中选择相应的下载链接。

(2) 选择适当的架构，32 位或 64 位。该文件应自动下载到 Downloads 文件夹。在离开页面之前，如果需要注册免费技术支持，可在此处执行此操作。

(3) 导航到 Downloads 文件夹。找到 ManageEngine_DesktopCentral 可执行文件，然后双击它。

(4) 在安装过程中，将收到一条警告，以定义 C:\ManageEngine 目录的异常。防病毒软件可能会干扰数据库文件。检查以确保在安装过程中已关闭防病毒程序。

(5) Desktop Central 默认使用端口 8020 作为 Web 服务器端口。如果将端口 8020 用于其他服务或软件，则可在此过程中对其进行更改。保留其余的默认值并完成安装。这将需要几分钟时间。

(6) 安装完成后，双击桌面上的新图标以启动 Desktop Central。要打开 Desktop Central Client，请在浏览器里输入 http://localhost:8020。图 12.2 显示了登录页面。

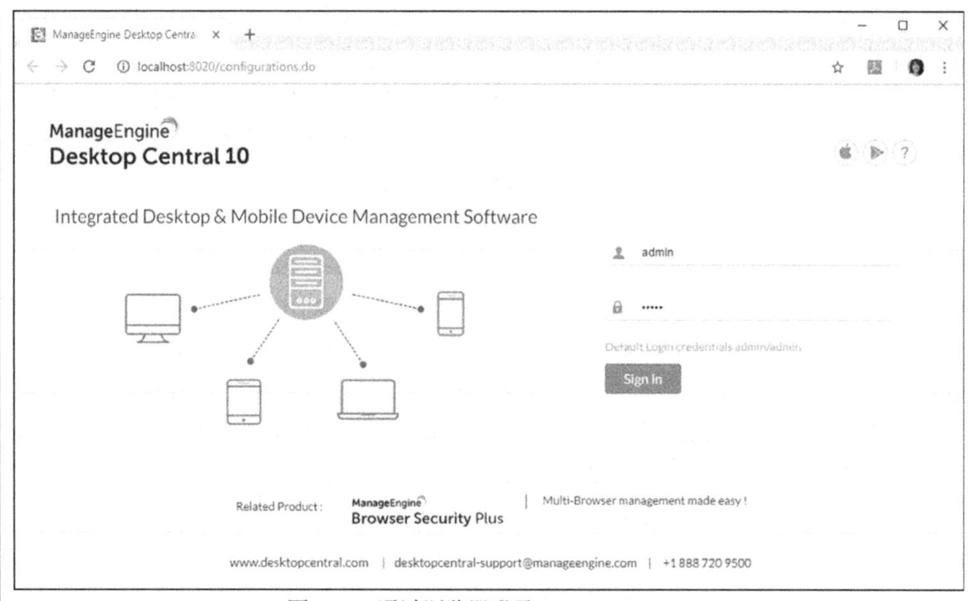

图 12.2 通过浏览器登录 Desktop Central

(7) 在登录页面上，使用默认用户名 admin 和密码 admin 登录。

补丁管理过程从安装代理开始。从 Scope of Management(SOM，管理范围)页面下载并安装代理后，将扫描其安装的系统，从而查看缺少的补丁。此时，可手动安装补丁，也可自动执行修复程序。如图 12.3 所示，这是直接从软件截取的截图，在这些过程中的任何一个之后，将能够运行目标报告和图表。

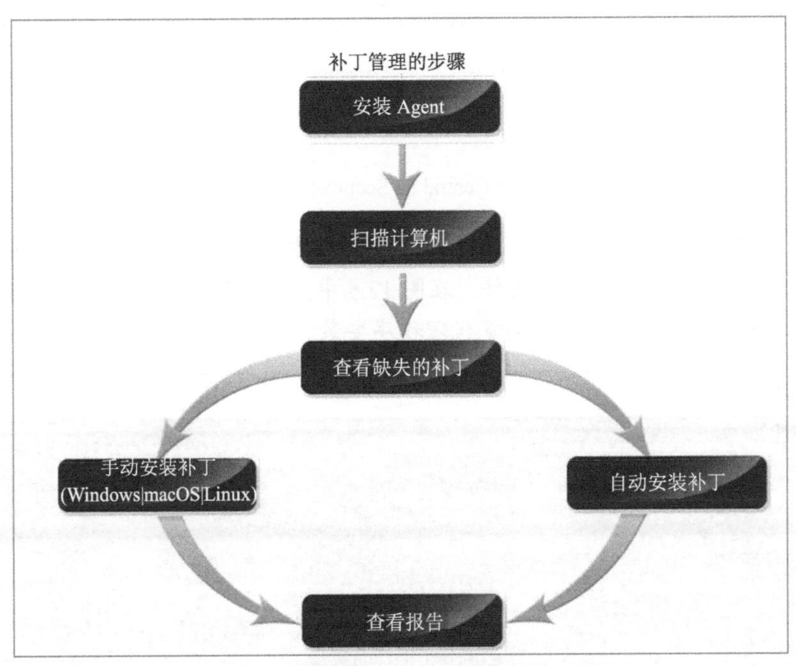

图 12.3　Desktop Central 中的补丁管理流程

在实验 12.2 中，将设置 SOM、安装代理以及自动执行关键修复程序。

实验 12.2：安装 Desktop Central 的代理

(1) 范围是指受管理的计算机列表，可以限制为一组计算机或整个域。Windows 网络通常基于 Active Directory(AD)。安装此软件时，它会自动发现所有 AD 域和工作组。对 AD 中的域和工作组进行清点，以便将这些与下一步中自动发现的内容相关联。

(2) 要查看已自动发现的域，请转到 Admin(管理)选项卡，转到 SOM Settings，单击 Scope of Management，然后打开 Computers 选项卡。从这里，可以协调将代理安装到这些机器。在图 12.4 中，可在 Scope of Management 页面添加想要管理的计算机。

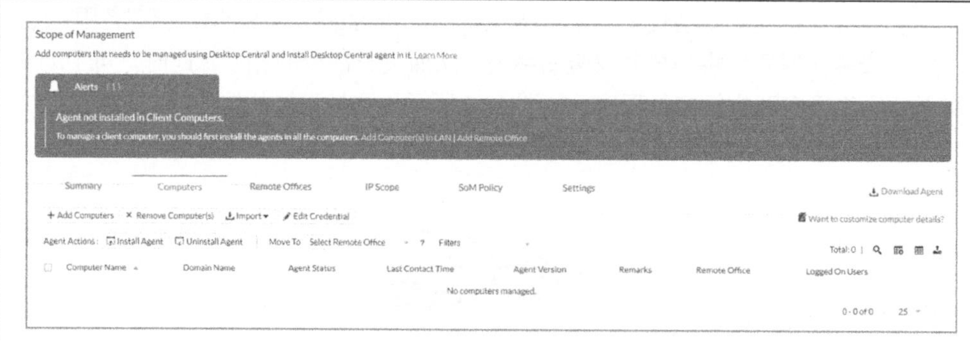

图 12.4 Desktop Central 的 Scope of Management 页面

(3) 要直接从控制台下载 LAN 代理，可使用右上角的下载代理下载 zip 文件。解压缩文件后，双击 setup.bat 文件。在图 12.5 中，你看到的选项是按 1 键安装，然后按 2 键停止。按 1 键以手动浏览代理程序安装。

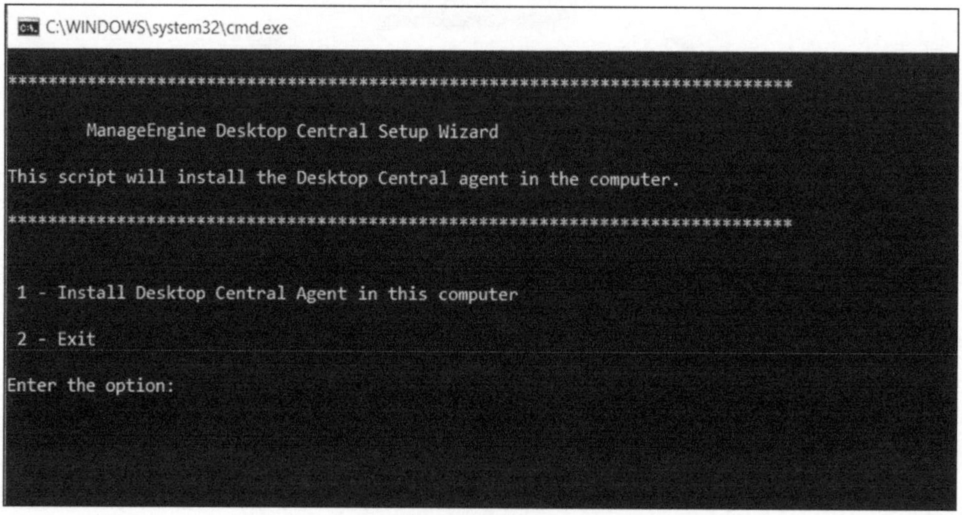

```
C:\WINDOWS\system32\cmd.exe
****************************************************************************

        ManageEngine Desktop Central Setup Wizard

This script will install the Desktop Central agent in the computer.

****************************************************************************


 1 - Install Desktop Central Agent in this computer

 2 - Exit

Enter the option:
```

图 12.5 手动将代理下载并安装到 Windows 系统

(4) 刷新 Computers 页面，将显示添加到代理的系统。导航到 Home 菜单，然后单击 Patch Mgmt。从这里，可以确切地看到安装了哪些补丁，缺少哪些补丁以及系统运行状况的图形和基于严重性的缺失补丁。图 12.6 显示了缺少 Java Runtime 补丁的 Windows 机器，这个漏洞恰好属于 Top 20 漏洞。

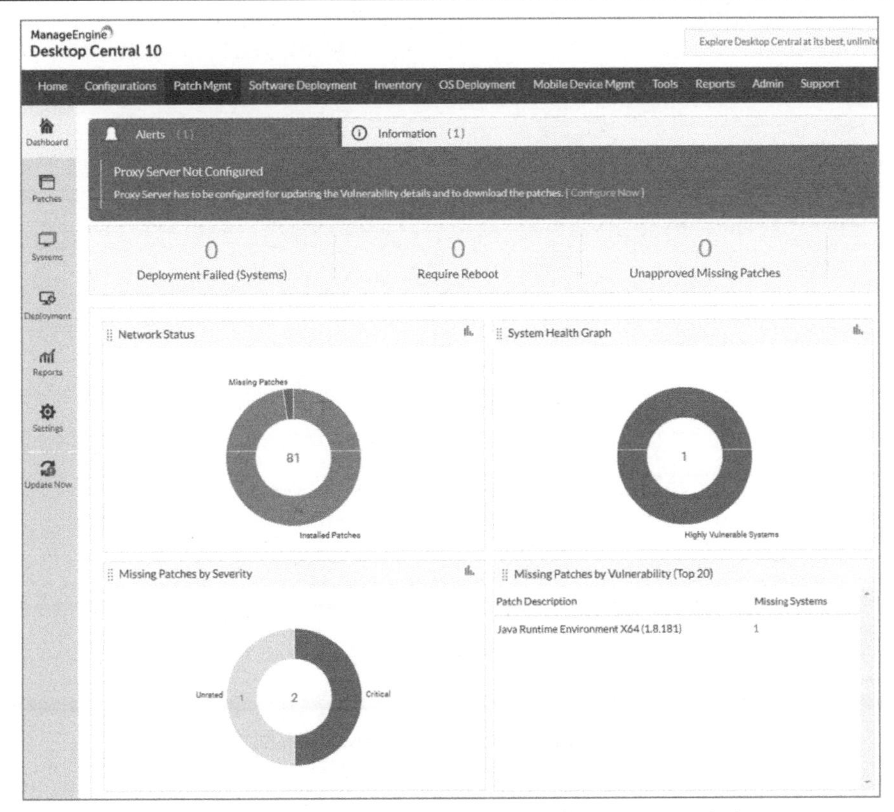

图 12.6　Desktop Central 中 Patch Mgmt 的 Dashboard 页面

(5) 在控制台的左侧，在 Dashboard 图标下，单击下方的 Patches 图标。将在右侧列出所需的补丁。可以安装、下载或拒绝修复程序，也可以查看与此补丁相关的详细信息，包括修复程序 ID 和公告 ID。可以单击链接以了解有关系统运行状况所需的特定补丁的详细信息。图 12.7 显示了 Java 漏洞信息以及缺少补丁和平台的系统。

(6) 单击要修复的漏洞的补丁 ID，然后选中 Install Patch 单选按钮。在图 12.7 中，将看到基于具有调度程序和部署设置的操作类型的 Install/Uninstall Windows Patch 页面。如果有任何关键的补丁漏洞，请检查它们并立即进行修复。还可以选择在特定天数后打补丁以确保其稳定。

目标计算机将收到一条弹出消息，指出 Desktop Central 管理员正在将程序包应用到你的计算机。控制台切换到 Deployment 页面，可在其中查看补丁从 Yet To Apply(尚待应用)到 In Progress (正在进行)，再到 Succeeded(成功)的当前状态。如图 12.8 所示，将获得补丁过程配置和执行状态的详细信息以及图表形式的摘要。

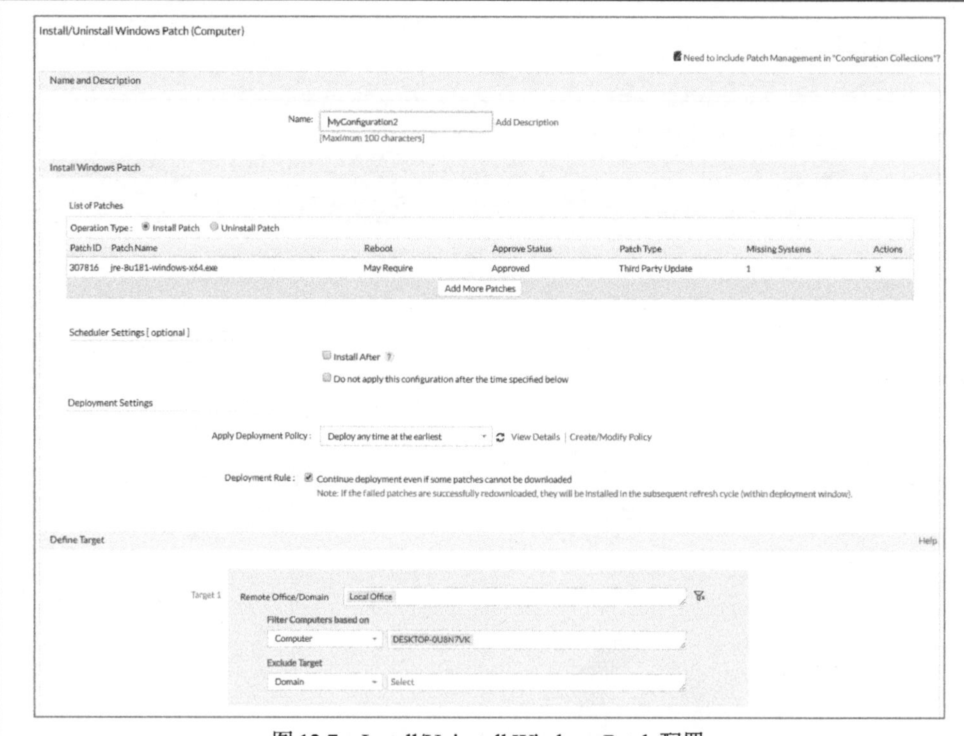

图 12.7 Install/Uninstall Windows Patch 配置

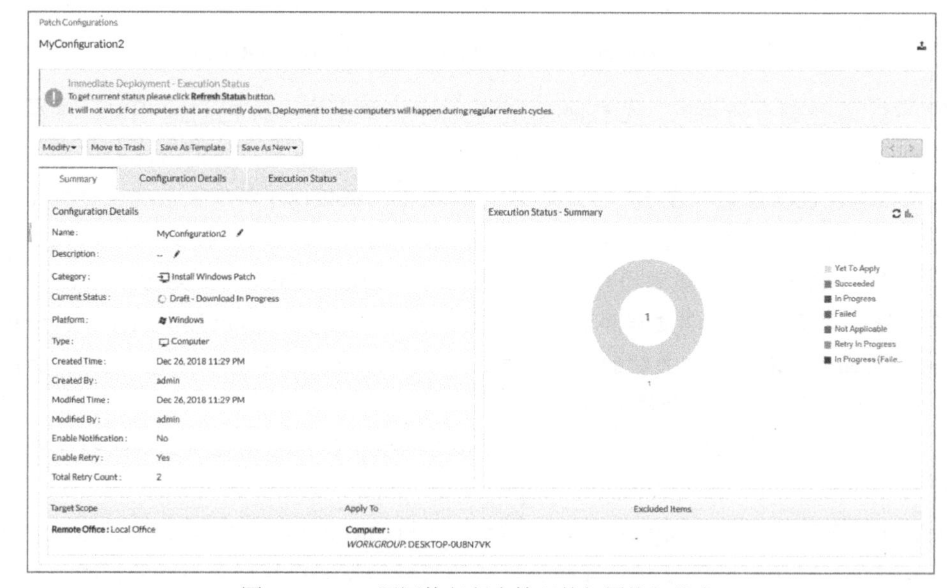

图 12.8 Java 漏洞修复程序管理的部署执行状态

在发现漏洞和 IT 管理员为保护环境不受该漏洞影响而应采取的措施之间的时间应尽可能短，尤其是对于具有关键任务的资产。这种理念可能导致快速补丁管理所引起的变更管理和质量保证测试出现问题。需要在评估未修复系统的风险，以及在修复系统的过程中可能破坏系统之间进行平衡。创建补丁管理程序时，对建立、记录和维护更改的策略进行文档化是一个开始。安全性成熟度模型的下一个级别应该是配置管理。必须具有坚固的基础。

12.2　配置管理

2010 年，我在美国国防部(DoD)任职，帮助新成立的空军全球打击司令部(Air Force Global Strike Command，AFGSC)部署技术资产，由 Klotz 将军指挥。AFGSC 的任务是管理由美国空军(USAF)管辖的一部分美国核武库。新组建一支 10 人的队伍，决定根据我们的优势来划分队伍，最后我和一个即将成为我最好朋友之一的人，刚退休的 Robert Bills 上士一起进了实验室。他是那种为了好玩而做这件事的人。

当我们走进实验室时，工作流程是使用 Windows XP、Windows Vista 或 Windows 7 的.iso 文件刻录成 DVD，并对每台机器进行镜像操作。在镜像、修复、加入域、安装适当的软件后，在系统上启用强制组策略，可能需要 7~10 天才能为最终用户准备好一台计算机。在接下来的两年里，我们使用一个主镜像系统、一个旧的 40 端口 Cisco 交换机，以及大量电缆开发了一个系统，以将部署过程缩短为每台机器大约 45 分钟，还特别为部门构建了一个专用的加固的黄金映像(Golden Image)。

一些管理员将黄金映像称为主镜像，可用于一致地克隆和部署其他设备。系统克隆是为组织建立基准配置的有效方法。需要付出努力和运用专业知识来创建和维护用于部署的镜像。但是，将经过测试的安全系统镜像推送到设备的能力可为每次技术更新节省无数个小时。实际上，我们的镜像非常好用，其他部门的技术人员会使用我们的镜像对有问题的机器进行镜像恢复操作而不是排除问题。对它们进行镜像恢复所需的时间要少于修复它们。

要在你的组织中采用这个流程，请使用我们已经探索过的一些工具，在你的环境中构建将要连接到网络的每个服务器、路由器、交换机、打印机、笔记本电脑、台式机和移动设备的清单。理想情况下，应动态自动收集资产清单。手动将资产清单输入电子表格是不可扩展的，并会造成人为错误。资产清单应包括位置、主机名、IP 地址、MAC 地址和操作系统。对于服务器，识别在这些系统上运行的功能和服务也很有帮助。拥有系统清单后，需要配置将来用于所有服务器和工作站的镜像。我曾与中小型企业合作过，他们为新用户配置笔记本电脑的想法是从购物网站上订购一台笔记本电脑，打开包装盒，将新员工交给机器，然后让员工进行设置。如果接受 Windows 计算机上的默认选项，将不会清楚存在多少漏洞。

安全就是平衡。基于 CIA 三元组考虑，在保护工作站时要谨慎小心。一些组织对他们的系统管理很严格，这使最终用户难以完成工作。有些组织没有做任何事情来预先配置系统，这样使自己容易受到攻击。可以使用几个免费工具将配置与预定模板进行比较。

Microsoft 提供免费的安全配置和分析工具。它是一个独立的管理单元工具，用户可以添加该工具以导入一个或多个已保存的配置。导入配置会构建一个存储综合配置的特定安全数据库。可以将此综合配置应用于计算机，并根据存储在数据库中的基准配置分析当前系统配置。这些配置保存为基于文本的.inf 文件。

在实验 12.3 中，将把安全配置和分析(SCA)工具添加到 Microsoft 管理控制台(MMC)。

实验 12.3：将 SCA 添加到 MMC

(1) 转到 Start 菜单并搜索 MMC，打开 Microsoft 管理控制台。

(2) 在 File 下，向下滚动到 Add/Remove Snap In。将有许多选择添加到这个可自定义的控制台。

(3) 向下导航到 Security Configuration And Analysis (安全配置和分析)，单击以选择此工具，然后单击屏幕中间的 Add 按钮(见图 12.9)。也可以添加安全模板加载项。

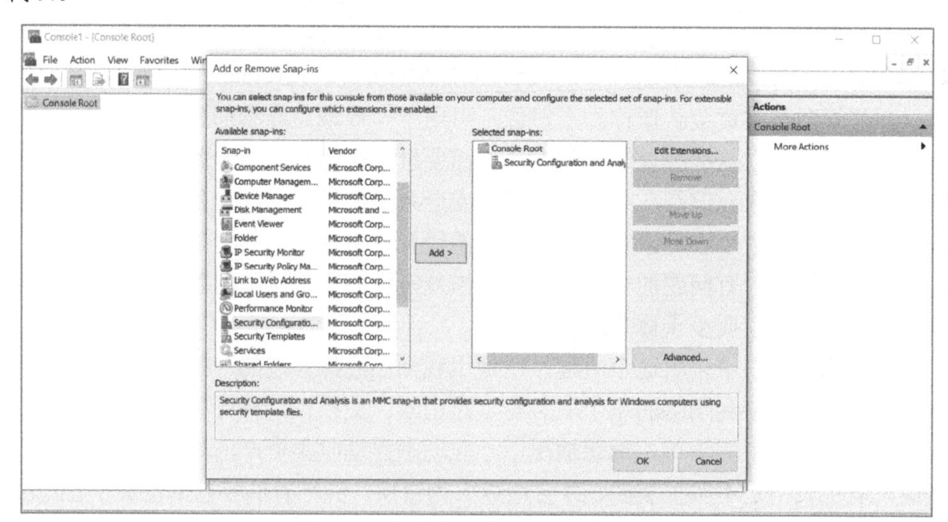

图 12.9 创建安全配置和分析 MMC

(4) 使用 Save As 按钮保存 MMC(如图 12.10 所示，我已将此自定义 MMC 保存为 SecurityConfig)。单击 OK 按钮。

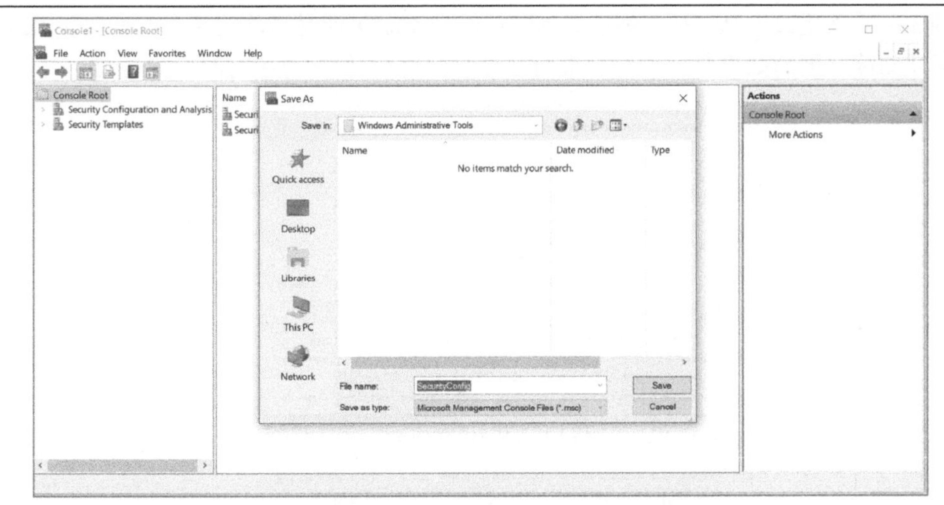

图 12.10　保存 SecurityConfig MMC 以便将来使用

(5) 在屏幕左侧，找到 Security Templates (安全模板)管理单元，然后使用箭头通过控制台树打开每个菜单。进入模板路径后，右击路径。从快捷菜单中选择 New Template (新建模板)命令。出现提示时，输入要创建的模板的名称。可在图 12.11 中看到新建模板的外观。深入了解每个策略，对你的环境进行适当的配置。

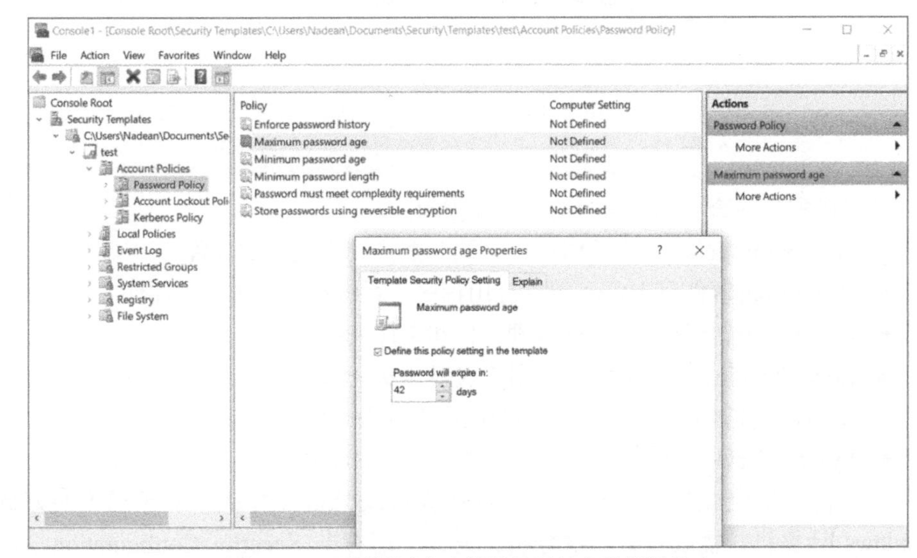

图 12.11　配置测试安全模板的最长密码期限策略

如果不确定应该如何进行设置，在配置窗口旁边有一个说明选项卡。它将详细介绍为什么这是一个可以更改的功能。如图 12.12 所示，可以解释为什么我们要每隔 30~90 天更改一次密码。你还看到默认值为 42。可能是微软的某个人有幽默感或喜欢阅读。因为如果曾经读过《银河系漫游指南》，你知道宇宙的答案是 42。

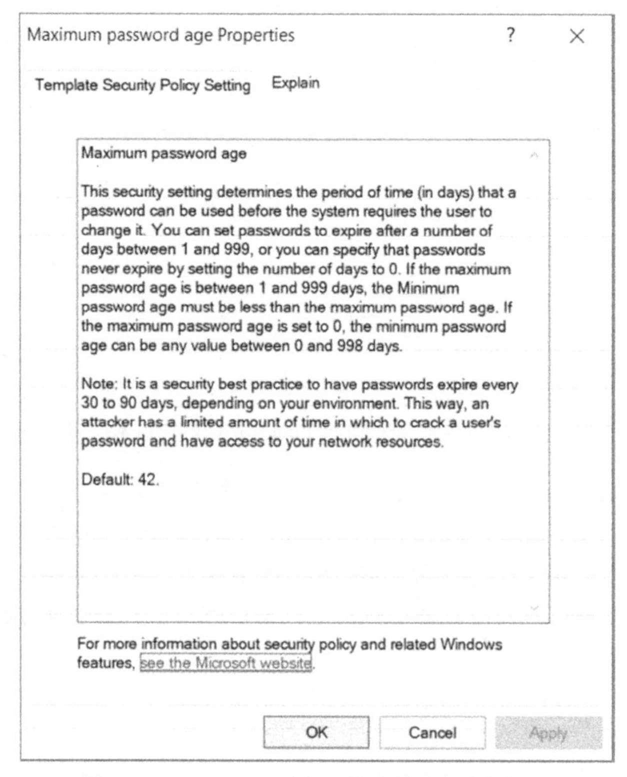

图 12.12　Microsoft 对密码策略最佳实践的解释

还可以配置并查看以下内容的解释和指南：

- Account Policies(账户策略)——密码和账户锁定策略的设置
- Event Log(事件日志)——管理应用程序、系统和安全事件的控件
- File System(文件系统)——管理文件和文件夹权限
- Local Policies(本地策略)——用户权限和安全选项
- Registry(注册表)——注册表项的注册表权限
- System Services(系统服务)——管理服务的启动和许可

可以使用安全配置和分析工具配置计算机或分析计算机。对于已安装好的 Windows 计算机，需要进行一次分析。为此，请右击 Security Configuration And Analysis(安全配置和分析)选项，然后从快捷菜单中选择 Analyze Computer Now (立即分析计算机)命令。出现提示时，输入所需的日志文件路径，然后单击 OK 按钮。

可以将模板设置与计算机设置进行比较。在分析比较时，请注意与策略设置关联的图标。绿色图标表示该设置在模板中定义，并且 PC 符合该设置。灰色图标表示模板中的设置未定义。红色图标表示该设置在模板中定义，但机器不符合要求。

如前所述，安全模板是一个带有.inf 扩展名的纯文本文件。这意味着只需要使用文本编辑器就可以复制、编辑和操作安全模板。最好使用现有模板文件。因此，始终通过打开现有模板开始处理安全模板；然后始终使用 Save As 命令以新名称保存它。如果使用 Save 命令，但发现在配置中犯了错误，则不需要恢复任何内容。根据经验，保存原始模板相比更改下一个模板以保持工作模板的工作状态并使默认模板保持可恢复状态要容易得多。

在实验 12.4 中，将分析具有.inf 文件的系统。

实验 12.4：补丁和配置管理

(1) 打开你在实验 12.3 创建的 Microsoft 管理控制台。

(2) 单击 Console Root 下的 Security Configuration And Analysis 选项。在中间工作区中，将看到打开现有数据库或如何创建新数据库的说明，如图 12.13 所示。

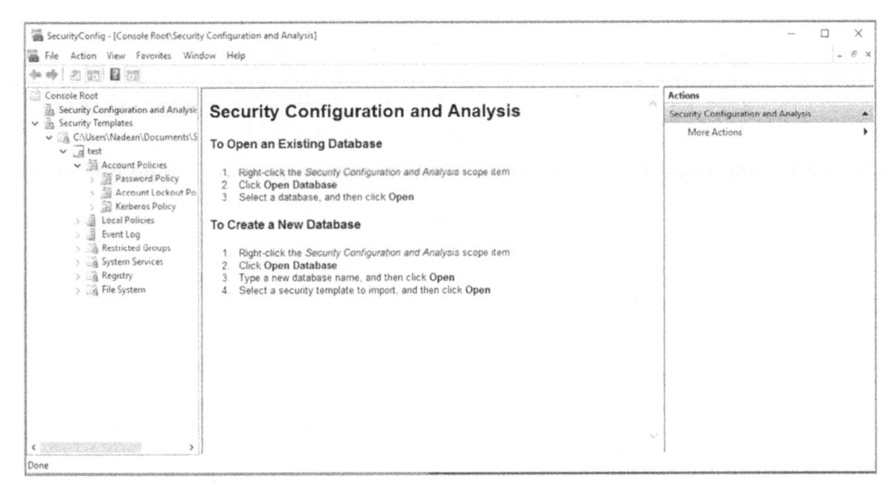

图 12.13　打开或创建一个新的数据库

(3) 右击右侧面板中的 Security Configuration And Analysis，然后选择 Open Database。

(4) 输入新数据库名称，然后在 Import Template 对话框中单击 Open 按钮。选择在实验 12.3 中修改的模板，然后单击 Open 按钮(见图 12.14)。

(5) 要分析系统并将新的.inf 文件与现有系统进行比较，请右击 Security Configuration And Analysis，然后在管理控制台中选择 Analyze System Now (立即分析系统)。还可以选择将系统配置为.inf 文件。日志文件应自动显示已成功重新配置的内容。

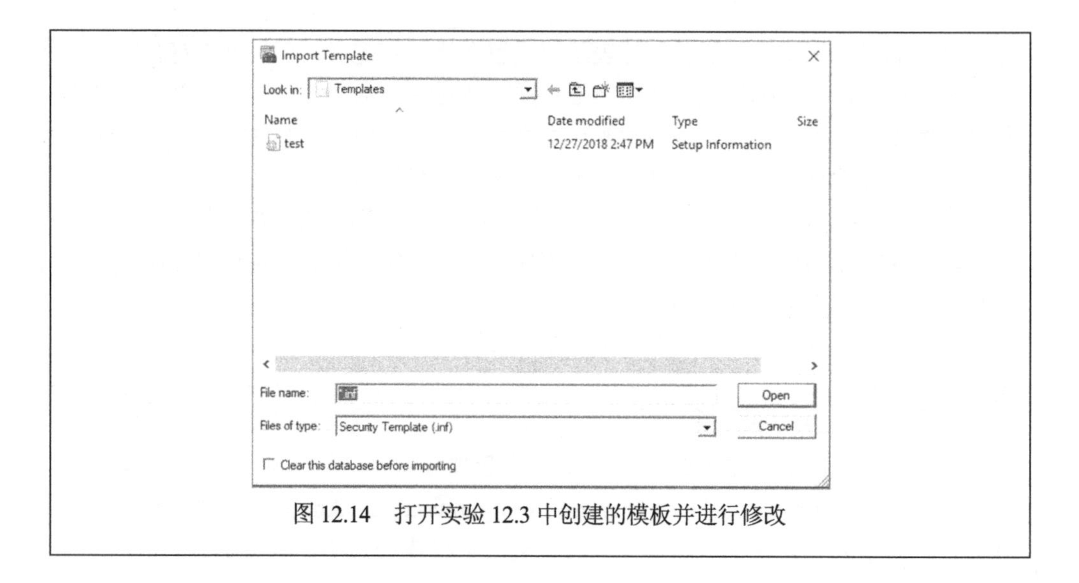

图 12.14　打开实验 12.3 中创建的模板并进行修改

Microsoft 还有一个安全配置工具包，发布于 2018 年末，它提供了将当前组策略与 Microsoft 推荐的组策略或其他基准进行比较的功能，以及编辑和存储组策略的功能。如图 12.15 所示，该工具包可供下载。当前支持的操作系统包括 Windows 10、Windows 8.1、Windows 7、Windows Server 2008、Windows Server 2008 R2、Windows Server 2012、Windows Server 2012 R2、Windows Server 2016 和 Windows Server 2019。

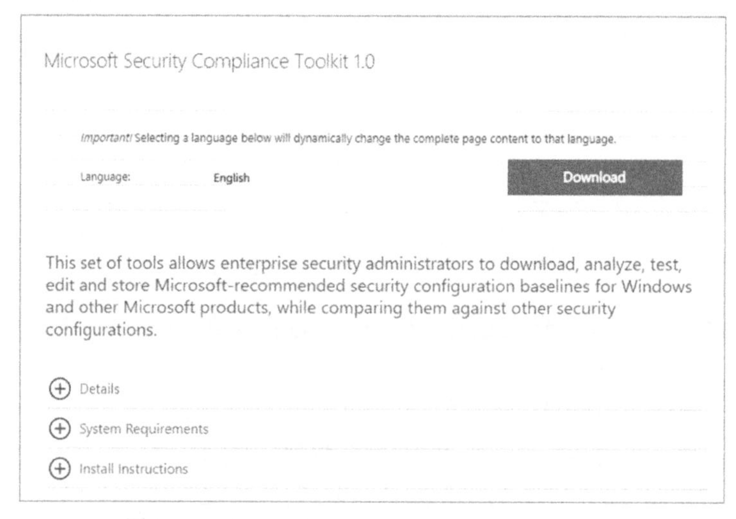

图 12.15　Microsoft Security Compliance Toolkit 1.0

既然已经对资产进行了适当的策略配置并进行了修复，那么现在是时候准备克隆了。

12.3 Clonezilla Live

使用任何免费的镜像解决方案(例如 Clonezilla)是创建完全配置和修复的系统镜像并在网络上进行分发的有效方法。Clonezilla 可从服务器或可引导设备进行镜像，并根据用户的需要为用户提供各种选项。此解决方案的一个更灵活选项是可以使用便携式驱动器部署。此驱动器可以包含用于现场部署的预设镜像。有时会遇到这样的情况：机器无法引导到网络，或者移动有问题的资产违反了法规，使用便携式驱动器是理想的选择。

如果有一个现场技术人员实验室，可以使用一台服务器、技术人员的一台或多台机器和一个网络交换机创建一个有效的克隆系统，以方便一次部署到多个系统。在许多环境中，这种设备都闲置在架子上。在实践中，这个简单的设置已经被证明能在一周内镜像部署 100 多个系统。

与原始介质安装相比，决定克隆系统时要考虑的一些最佳做法包括：

- 使用已建立的检查表进行镜像前和镜像后操作，以确保正确的系统部署。
- 根据你的安全策略，将技术人员的计算机更新到最新。
- 以可管理的时间表更新镜像。这可以确保系统镜像需要较少的部署后修复。
- 为镜像支持的各种系统提供重要的驱动程序。
- 使用 sysprep 工具在镜像之前删除系统标识符。
- 使用一个安全的存储库来保存系统映像；通常有一个独立的克隆系统可以很好地工作。
- 有一种方法可以确保存储镜像的完整性。哈希是一种廉价但有效的方法。

在实验 12.5 中，将创建一个 Clonezilla Live USB。

实验 12.5：创建一个 Clonezilla Live USB

(1) 访问 www.clonezilla.org。有两种类型的 Clonezilla 可供选择：Clonezilla Live 和 Clonezilla SE。单击 Clonezilla Live 的链接(Clonezilla SE 适用于企业，Clonezilla Live 用于单个备份和恢复。我个人同时拥有多个这样的 USB)。

(2) 对于 USB 闪存驱动器或 USB 硬盘驱动器安装，请查找此类引导介质的文档链接。

(3) 有几种方法可以格式化 USB 驱动器，使其可以启动。我使用过 Rufus USB 创建器，发现它非常小巧、快速且用户友好。按照说明下载并安装 Rufus。运行 Rufus.exe 并下载适合你自己 CPU 架构的 Clonezilla Live.iso 文件。

(4) 插入 USB 闪存盘或 USB 硬盘。Rufus 将自动检测设备。在引导选择下，确保选中.iso，然后选择 Select。

(5) 导航到你下载的 Clonezilla.iso 文件的位置，然后选择该文件并双击打开它。

(6) 查看选项、卷标和群集大小。如图 12.16 所示，我通常会保留默认值。

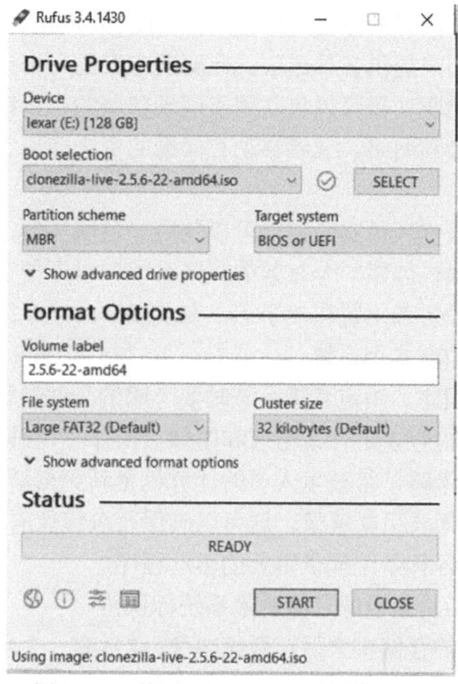

图 12.16　使用 Clonezilla .iso 配置 Rufus

(7) 单击Start，将收到警告，表明驱动器上的所有数据都将被删除。单击OK按钮，状态栏将通知你该驱动器上当前正在发生的情况。你可能认为没有发生任何事情，但只要右下角的计时器正在运行，USB就会被格式化、分区，并会加载.iso。状态栏将变为绿色并在完成后显示Ready。

一旦构建好 Clonezilla Live USB，就可以使用它启动目标计算机。你可能需要修改机器的 BIOS 配置才能启动 USB。修改 BIOS 配置时，将 USB 设置为第一优先级。使用 Clonezilla Live，可以保存镜像并恢复该镜像。在 Clonezilla Live 中，有两个账户可供使用。第一个账户是具有 sudo 权限的用户，密码是 live。一个 sudo 账户将允许用户使用超级用户的安全权限运行程序。sudo 意味着“超级用户操作”。第二个账户是管理账户 root，没有密码。你无法以 root 用户身份登录。如果需要 root 权限，则可以用户身份登录并运行 sudo -i 以切换成 root 用户。

在实验 12.6 中，将创建一个 Clonezilla Live 镜像。

实验 12.6：创建一个 Clonezilla live 镜像

(1) 使用 Clonezilla Live USB 启动机器。

(2) USB 闪存/硬盘是基于软件的主机。将看到 Clonezilla Live 的启动菜单。图 12.17 显示了可以从中选择的选项。使用默认设置 VGA 800 × 600 的 Clonezilla Live 默认选项是最佳选择。按 Enter 键，将看到 Debian Linux 启动过程。

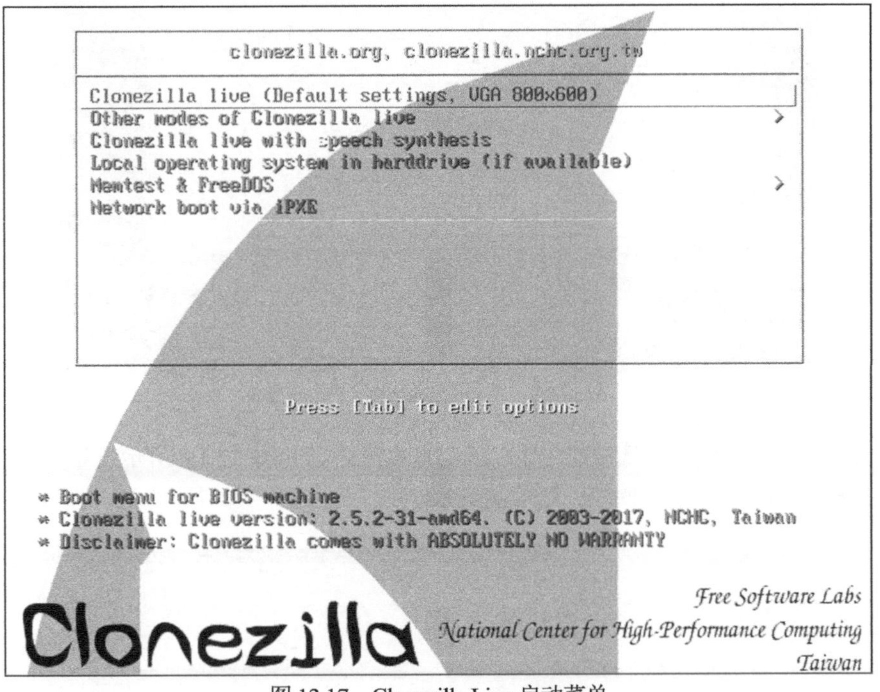

图 12.17　Clonezilla Live 启动菜单

(3) 在下一个配置页面中，可以使用向上和向下箭头选择正确的选项来选择语言和键盘(如图 12.18 所示，我选择 Don’t touch keymap (不要触摸键盘)来保持 QWERTY 键盘的布局)。此处保留默认设置，然后按 Enter 键，然后按启动 Clonezilla。

(4) 从下一步中选择设备镜像选项。这将允许你通过创建镜像来处理磁盘或分区。

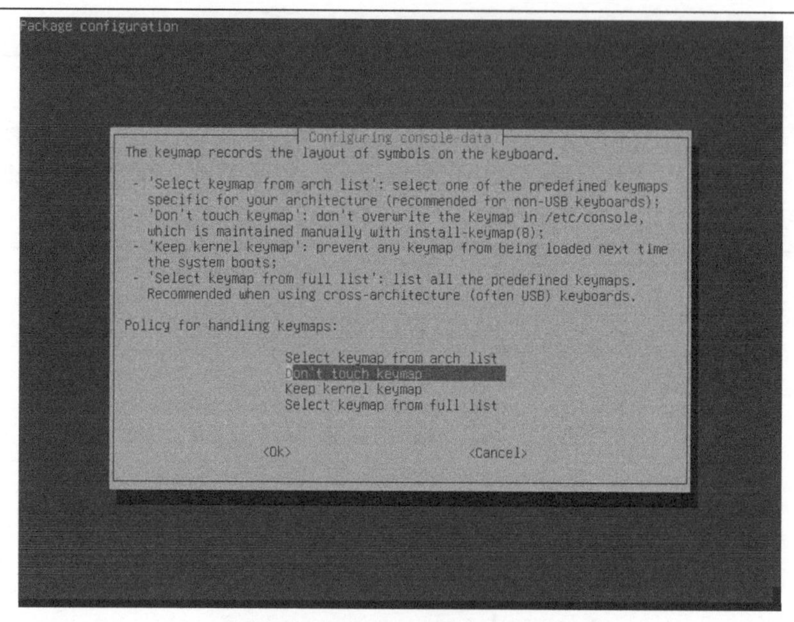

图 12.18　准备 Clonezilla Live 环境

(5) 选择 local_dev 选项将 sdb1 指定为主镜像，如图 12.19 所示。等待指示将 USB 插入机器，等待 5 秒钟，然后按 Enter 键。

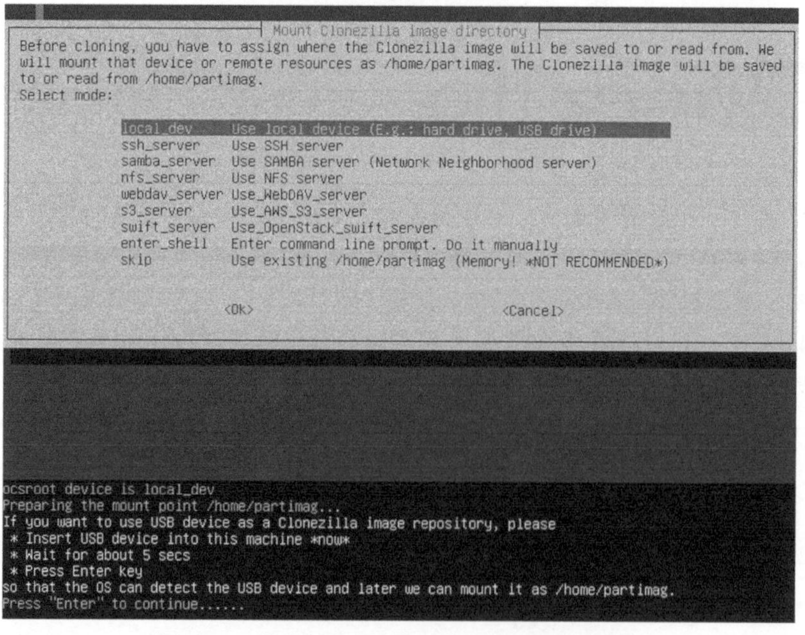

图 12.19　指定保存或读取 Clonezilla 镜像的位置

(6) 选择 sdb1 作为镜像存储库，保持 Beginner 模式，然后选择 savedisk 选项将本地磁盘保存为镜像，如图 12.20 所示。

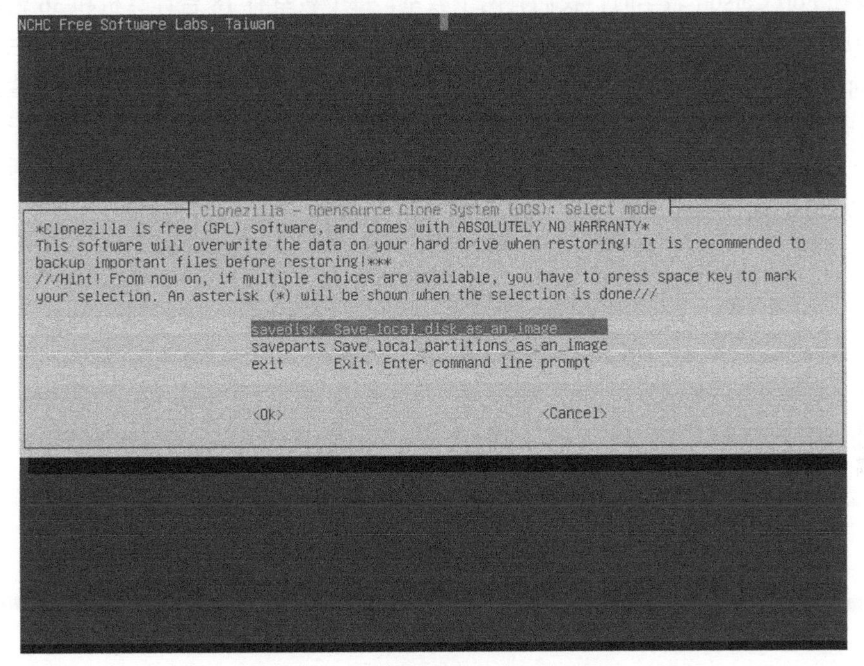

图 12.20 把当前硬盘保存到一个镜像

(7) Clonezilla 将根据日期和时间自动命名此镜像。如有必要，可以使用更多信息(例如操作系统)编辑此镜像的名称，然后按 Enter 键。选择源磁盘，即你要克隆的资产上的磁盘。按 Enter 键。

(8) 在克隆之前，你还有两个选项。可以选择检查克隆文件是否有错误，并且可以选择加密此克隆磁盘。默认情况下将检查磁盘是否有错误但不加密。如果忘记密码，是没有后门可以用来恢复的。现在，Clonezilla 准备好在你做出这些选择后保存磁盘镜像。按 Enter 键。

如果不确定如何进行配置，请保留默认值，但克隆配置结束时除外。当一切完成后，选择 -p poweroff 作为最终选择，这个选项表示完成后将关闭机器。如果在此克隆过程结束时没有特别注意，它可能会重启整个过程，因为你使用 USB 启动，并且最终会在配置克隆的第 1 步结束(是的，这种情况多次发生在我身上)。相信你不会忘记需要正确弹出 USB 来避免意外损坏它。

要恢复镜像，请按照实验 12.6 中的步骤 1~5 进行操作。在此过程中，应该选择 restoredisk 而不是 savedisk。选择刚克隆的镜像名称，然后选择要部署镜像的目标磁盘。

我曾经在一个团队中使用 Clonezilla SE，每周对 100 多台新机器进行镜像操作。当我在 Fort Carson 教学时，我们有两个教室，每个教室有 18 台计算机和 36 台笔记本电脑，我们每月都循环进行镜像。我会对操作系统进行加固，然后加载学生学习 CompTIA、ISC2、Microsoft 和 Cisco 课程需要的所有文件。我们的认证训练营为期 5 天或 10 天，CISSP 课程为期 15 天。课程于周五下午 5 点结束，下一节课于周一上午 8 点开始。我们需要尽可能快速且高效。请记住，我的工作是让你的生活更轻松，这些都是有用的工具。

第13章

安全加固OSI的第8层

本章内容：

- 人性
- 社会工程学攻击
- 教育
- 社会工程学工具集

“精神错乱的定义是一遍又一遍地做同样的事情并期待不同的结果。”

——阿尔伯特·爱因斯坦

“有三种人：一种人是通过阅读学习，还有少数人通过观察学习。其余的人不得不通过动手实践学习。”

——威尔·罗杰斯

大多数人认为网络攻击者将使用高科技或非常先进的技术入侵他们的账户并感染他们的系统。简单的事实是，攻击一个系统最简单的方法是通过对人进行“攻击”或利用社会工程学进行攻击。世界知名社会工程师凯文·米特尼克说：“公司花费数百万美元用于购买防火墙并对访问设备进行安全加固，这是浪费金钱，因为这些措施都没有解决安全链中最薄弱的环节：使用、管理和操作计算机系统的人。”只需要一个人单击一个链接并下载一个恶意漏洞利用程序。

13.1 人性

我们人类是有趣的生物。我们把人送上了月球，并且几乎消灭了地球上的小儿麻痹症，但是当面对电梯的速度不是我们想要的那么快时，我们一遍又一遍地按下按钮，认为这样速度会快一些。如果我和你一起等电梯，我已经对你和你想要尽快去的地方做了几个假设。第一印象在社会工程学中非常重要。你有大约 8 秒钟的时间让人们对你是谁有一个坚实的印象，而且很难改变第一印象。

每一个人每天都在进行社会工程学实践。如果曾经接受过面试，你会努力想让面试官把这份工作给你。如果有过第一次约会，你会试图让对方喜欢你，这样才会有第二次约会。社会工程学是指甲试图操纵乙做甲想要乙做的事。它不一定是恶意或邪恶的。它可能只是一个营销公司试图向你推销一辆你并不真正需要的汽车。它可能是一个争取你投票的政治候选人或一个告诉应该穿什么的杂志。社会工程学是你通过任何必要的影响力来获得自己想要的东西。它可以是投票、销售业绩、假期或管理员密码。

在网络安全中，这可以通过任何类型的社交互动来完成，无论是会面、通过电话还是通过互联网。最好的防守绝对是培训和教育，如果能够意识到有人试图影响你，就会对这种尝试产生高度警觉。如果看一下 DefCon 社会工程学比赛(CTF)的结果，就会发现获奖者很明显是采用了 Robert Caildini 教授提出的“6 劝说原则”。在他的研究中，他认为让人们说“是”背后的科学是指导人类行为的六个基本原则：

- 互惠(Reciprocity)
- 稀缺(Scarcity)
- 权威(Authority)
- 一致性(Consistency)
- 喜欢(Liking)
- 共识(Consensus)

互惠被定义为互惠互利。你可能在拉丁语中听说过这个 quid pro quo。在 IT 社会工程学中，我看到的是这样，“请单击此链接并填写此调查，将获得 5 美元的礼品卡。” 作为针对组织的渗透测试活动，除非你的最终用户意识到这些攻击，否则它的效果会非常好。如果是发起攻击的人，请首先提出建议并确保其有意义。

二手车销售很多是社会工程学的缩影。“一个小时前有人来过这里，他们真的很想要这辆车。”稀缺使人产生一种紧迫感。人们想要更多他们没有拥有的东西。对于任何类型的社会工程，时机都是关键，尤其是与稀缺性相关的时机。我在密码重设电子邮件中看到过这样的情景。如果他们没有按照你的要求去做，他们会失去什么？他们可能无法访问文件，可能无法完成工作；可能无法支付租金，而且可能无家可归。有点极端，但确实会让人产生紧迫感。

几年前，当我是一名兼职讲师时，我在护士学校讲授计算机课程。即使我们没有讲授医学课，校长也要求所有老师都穿医生穿的那种白大褂。当时，我觉得这有点奇怪，直到我去为我的女儿开处方。即使是药剂师也认为我处于权威地位，优先给我开处方。学生们已经习惯于认出医生的白大褂是权威。如果有人穿制服，人们自然会跟随那个人。重要的是向别人发出信号，在你试图影响他们之前，是什么使你成为一个可信的、知识渊博的权威。

Carbon Black 公司的高级研究员 Greg Foss 曾告诉我，他做过一次主题是一致性的渗透测试实验。他创建了一个谷歌电话号码，创建了一个语音信箱信息，并在他知道目标不在的时候给目标打了电话。他留了一条信息让那个人给他回电话，因为他需要帮助那个人解决他遇到的问题。他们通了几次电话后，就建立了信任和一致性基础。

喜欢的原则有三个主要组成部分。我们喜欢像我们一样的人，我们自然会吸引他们。我们喜欢向我们致意的人，我们也喜欢和我们目标相同的人。如果他们愿意帮助我们实现目标，我们会更加喜欢他们。与社会工程学有关的有趣的事情之一就是让某人形成他或她自己意愿的目标，而这正是我们安排好的。在求职面试中应该做的第一件事就是与面试官有一些共性，而在你的心态中，面试官是朋友，而不是对手。现在，那个人的目标是吸引你到组织，你现在正在面试那个人。

社会工程学中最好的工具之一就是微笑。微笑已被证明是利他主义的心理信号。利他主义就是你想要帮助他人，因为他们关心的是幸福，而不是你自己。微笑甚至让你看起来更年轻，给你一个小小的整容，因为它能抬起你的脸颊、下巴和脖子。每次你微笑时，多巴胺、内啡肽和血清素都会在你的大脑中引发一个小小的聚会。对于大多数人来说，微笑具有感染性，所以他们以自己的微笑回应微笑，自己的大脑里时常都好像在开小型聚会，让自己显得可爱和又能干。下次当必须与一个难缠的人打交道时，请试着进行目光接触并微笑。

至于共识，营销和政客们一直这样做，比如 90%的牙医推荐这种牙膏。如果是一个像我们这样善良聪明的人，你会以这种方式投票。当个人没有强烈的意见时，他们可以轻易地摇摆并跟随他人。在网络安全中，人们信任而不是核实可能是危险的。

“信任，但仍需要验证”是一句古老的俄罗斯谚语。这句话在 20 世纪 80 年代后期开始流行。我相信这是网络安全专业人士的心态。当结果比关系更重要时，必须信任，但仍要核实。在 IT 行业，安全和保证对于结果至关重要。如果一段关系比一个结果更重要，这种哲学就不那么重要了。

- 大多数人都是想帮忙的。
- 人类需要即时满足。
- 切勿使用“显然”和“但是”这两个词。

- 大脑想要放松和秩序，不喜欢改变。
- 大多数人，包括我的学生，注意力广度有限。
- 人类对美和情感的反应。

在过去20年里，男性人数一直在我的网络安全课程中占主导地位。在我讲授的技术课上，男女比例是20:1。男性在软件开发人员、系统管理员、研究人员和黑客中占绝大多数。Social-Engineer.org的Chris Hadnagy是我最喜欢的作者之一，他说："遗憾的是，有一种沙文主义的共识，女性不会得到安全保障。事实上，作为社会工程学工程师，女性做得更好。我们已经看到像Anonymous和LulzSec这样的黑客行为主义者将女性作为攻击的一部分"。

TrustedSec和Derbycon的创始人David Kennedy说，由于我们文化中的这种态度，女性不被认为是技术性的或虚假的。他还说有南方口音很有帮助。南方口音是温暖和热情好客的代名词，而纽约口音则是快速而刺耳的。有一天，我的目的是参加拉斯维加斯的社会工程学CTF比赛。作为在路易斯安那州出生和长大的技术上称职的女性，我觉得我有一点优势，特别是当我寻求帮助时。在一个有进入限制的地方有人帮我开了门，因为我用双手抱着好多书，帮忙开门的人并没有检查我的RFID徽章。

人类想要即时满足。我们生来就想得到我们想要的东西，不想要任何延迟或拒绝。这是进化的结果，当人们跳过更大的奖励而接受较小的奖励时，人类才能生存。如果有孩子，可以尝试这样的实验：他们现在可以得到一个棉花糖，但如果他们可以等待5分钟，他们可以得到两个。我永远不会等待两个。

我大约一年前在亚特兰大EC委员会黑客行动会议上发表主题演讲时遇到了Deidre Diamond。在她的主题演讲中，提到我们必须小心选择用词。有一个你不应该使用的单词列表，"显然"和"但是"这两个单词深深地刻在我的脑海里。如果正在尝试扮演一个傲慢或盛气凌人的角色，那么"显然"这个词无论如何都可能适合你。她还建议使用"并且(和，and)"而不是"但是"。没有人会注意"但是"之后的部分。"我喜欢这个想法，但是可以这样做吗？"这句话听起来与"我喜欢这个想法，并且你如何看待这个？"有许多不同之处。"但是"会开始争论或停止对话。"并且"会让人参与进来。

大脑需要放松和秩序，不喜欢改变。我认为随着年龄的增长，这种情况会变得更明显。如果正在尝试一个社会工程学活动，必须围绕一些可信的，而非与众不同的东西来构建它。

包括我的学生在内的大多数人的注意力都是有限的。当我在学习CompTIA认证技术培训师课程时，我们的老师告诉全班同学，在他们开始考虑晚饭吃什么或这个周末要去看什么电影之前，我们有20分钟的时间让他们参加一个讲座。如果需要别人的注意力超过20分钟，将不得不改变讲座的方式。在培训中，可以展示视频或进行动手练习。在渗透测试中，你通常不想进行长时间的努力，你只想尽快拿下目标，做需要做的事，然后全身而退。

我相信人类对美丽和情感的反应是不言自明的。人们被他们发现的美丽所吸引，也会留意令他们感动的事。电影 *Oceans 8* 中，当 Rhianna 使用一个被攻破的关于 Wheaten 狗的网站对视频安全工程师进行社会工程学攻击时，我禁不住笑了。我不确定是否可像电影中那样快速植入一个 Meterpreter shell 并开启网络摄像头，但这种实现方式是完全正确的。利用你的目标觉得美丽的东西，吸引他们产生兴趣，这就是一个社会工程学活动的完美开端。

13.2　社会工程学攻击

在我谈论不同类型的社会工程学攻击之前，我想引用 Chris Hadnagy 的书《人类黑客科学》中的文字。他说，“一个专业的社会工程学工程师的目标是教育和协助而不是丧失尊严去赢。” 本章旨在让你了解大多数人做出决策的方式以及如何帮助组织教育最终用户识别是否有人试图利用他们获取利益。教育和培训是可以做的最重要事情之一，以确保你的组织是安全的，但遗憾的是，这方面的预算往往是第一个被削减的。

如果正在进行任何社会工程学方面的活动，就像任何渗透测试一样，必须将其记录在案，并且必须获得许可。你还必须小心任何类型的模仿。有一个学生参加我的 Metasploit 课程，因为他决定在内部网络对他的组织进行钓鱼测试并冒充一个三个字母的机构(译者注：这里的三个字母的机构指 CIA、FBI 之类的)。这场钓鱼活动之所以被发现，是因为他工作的公司的审计人员嫁给了这家三个字母机构的一个侦探。她打电话问这名侦探该机构是否确实正在被审计。

网络钓鱼是获取组织访问权限的最常用方式之一。通过开源情报(OSINT)，可知道谁为组织工作以及他们所处的职位。你从不同的新闻稿中了解公司会对什么感到兴奋。有时，渗透测试人员会使用网络钓鱼获取信息，有时也会获取收益。我们能利用网络钓鱼取得的凭据来破坏系统，因为我们成功地从最终用户那里获取到信息，可像坏人一样尝试将这些权限提升到管理员级别。这种类型的网络钓鱼测试的目的是利用可以找到的内容来发现可以找到的其他内容。网络钓鱼通常会利用组织内发生的事情或其他流行的时事或灾难。

Vishing(语音网络钓鱼)现在仍然很流行，这令我感到惊讶。事实上，如果打算给我打电话，大多数人都会给我发短信。攻击者使用电话获取个人或财务信息。我最近在新闻中看到的一个目标是针对有孙子/孙女正在读大学的老年人。有足够的开源情报(OSINT)，犯罪分子足以冒充孙子并打电话给祖父母，因为遇到麻烦并要求他们汇款。如果孙子上学，很可能父母不会经常联系。Smishing(社交媒体网络钓鱼)向移动电话发送文本消息，以尝试获取个人信息，其意图与网络钓鱼或电话语音钓鱼相同。

13.3 教育

犯罪分子熟悉人性。他们会使用他们武器库中的任何东西来攻击你的组织和与你合作的人。没有人与他人互动是免疫的。对最终用户进行以下几方面的教育非常重要：

- 对不是他们主动发起的任何电话、拜访或电子邮件要持非常怀疑的态度。如果收到有关其他员工的信息请求，请尝试验证请求者的身份。如果是合法的，他们会提供凭据。如果他们有恶意，通常会放弃并试图找到更容易的猎物。
- 不要在电子邮件中透露个人或财务信息，也不要回复要求提供此类信息的电子邮件，这包括单击电子邮件中的链接。银行绝不会要求你提供个人密码，美国国税局永远不会打电话给你。
- 密切关注电子邮件或短信中链接的 URL。恶意网站可能看起来与合法网站非常相似。如果知道他们希望你访问的网站的网址，请自行输入。不要单击链接。
- 如果不确定电子邮件请求是否合法，请将其转发给你的 IT 事件和响应团队。请勿使用与请求相关的网站上提供的联系信息。
- 安装和维护防病毒软件、防火墙和电子邮件过滤器。
- 尽可能阻止广告和弹出窗口。单击广告后，你可能会受到许多攻击，例如下载恶意软件或单击劫持。

我最喜欢的另一个资源是 SANS 的安全意识主管 Lance Spitzner。他说，“如今，人们不是最薄弱的环节，但他们是最常见的攻击媒介。”SANS 为每个人提供的最大收获之一就是它的“OUCH!简报”。如果还没有订阅，那么我强烈建议你先把这本书放下，上网搜索 SANS OUCH!。OUCH! 是一个免费的安全意识简报，专为每个人(而不仅是 IT 专业人士)而设计。这些简报每月以多种语言发布，并由其他 SANS

教师严格审核。可以追溯几年前的简报或搜索特定类别的简报。

几年前，我的任务是为我任职的软件安全公司提供一些安全意识培训。我打印出 SANS OUCH！简报并将它们放在休息室的咖啡壶上方、卫生间洗手池之间的镜子上或复印机上方。我把打印出来的 OUCH!简报放在人比较聚集的地方。每隔一个月，我会举行一场比赛，其中涉及这些简报中的一些信息，奖励可能是一天的休假或某种类型的表彰。然后人们就开始关注。当 IT 部门定期对我们的内部员工进行网络钓鱼时，他们会认出这些迹象，并能够将该网络钓鱼邮件发送给公司的相关部门。

如果认为自己是社会工程学活动的受害者并且已经泄露了敏感信息，请向合适的人员(包括网络管理员)报告。他们有工具，任何可疑行为都会给他们发送警告。如果认为自己的财务账户已遭到入侵，请立即与该组织联系。关闭账户并注意任何无法解释的事情。查看你未授权的任何账户的信用报告。我把自己的信用卡和我孩子的信用卡账户都锁定了。遗憾的是，几年前我在美国人事管理办公室的黑客攻击事件中成了受害者，在我的清关文件中所有的个人身份信息都是关于我家人的。

最后，密码卫生(password hygiene)是 IT 行业一个备受争议的主题。如果认为自己遭到入侵，请立即更改你可能泄露的任何密码。如果在不同账户的多个站点上使用相同的密码，也请更改这些密码，并且不要再次使用该密码。某些站点要求密码为特定长度，包含大写、小写和特殊字符。有些人发誓使用 LastPass、Keeper 和 Dashlane 等密码管理器。密码管理器是一种工具，可以创建和记住账户的所有密码。对我来说，这听起来不错，但是存在潜在的单点故障。

为了使账户更安全，应该确保密码符合以下几个原则：

- 密码长度要够长并且要复杂。理想情况下，你的密码应该完全随机化为大写和小写字母，这使得记忆非常困难。尝试用你最喜欢的书之一创建一个长密码，例如 Wh0i$J0hnG@1t！
- 不要把密码写在记事本之类的地方，也不要使用生日作为密码。
- 始终使用多因素身份验证。
- 不要在社交媒体上过于活跃。近 9000 万 Facebook 用户使用第三方测试应用程序分享他们的个人信息。在社交媒体上，没有什么是真正的隐私。

最后，如果选择自己创建密码，那么你还有一个选择。我的一个朋友，Wantegrity 的 Michael Hawkins，有一个专门为客户建立的网站，而且已经提供给任何想浏览这个网站的人。如果访问 https://www.wantegrity.com/passwords/passwords.php，可以使用常规长度的普通密码作为主密钥，并将你使用这个密码的账户用作站点密钥。如图 13.1 所示，输入密码和账户，并为该凭据对生成唯一的复杂密码。如果担心密码被获取，请右击并查看代码。页面上输入的内容保留在页面上。

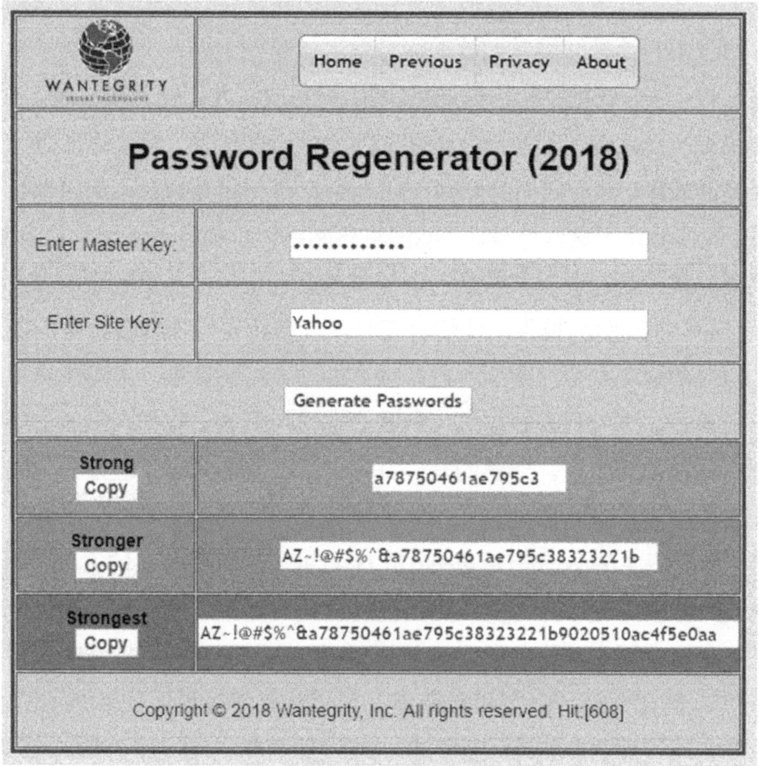

图 13.1　为 Web 账户创建唯一凭据

13.4　社会工程学工具集

根据 gs.statcounter.com 提供的全球统计数据(见图 13.2)，70.22%的全球桌面用户使用 Windows，这其中超过 50%的用户使用 Windows 10，有趣的是，2.22%的用户仍然在使用 Windows XP。根据这个图表，从统计学的角度看，Windows XP 的全球用户数量超过了 Linux。我尽量向你展示 Windows 上的主要工具，但也会涉及只能在 Linux 和 macOS 上运行的工具。

Windows 10 有一个名为 Windows Subsystem for Linux(WSL)的有趣工具。它是一个兼容层，用于运行 Linux 兼容的内核接口，然后可以在其上运行 GNU。GNU 实际上不是一个缩写——这是一个以羚羊命名的项目。GNU 是一个完全由 Ubuntu、openSUSE、Debian 或 Kali Linux 等自由软件组成的操作系统。这种类型的用户空间允许使用 Bash shell、Ruby 或 Python 等编程语言。

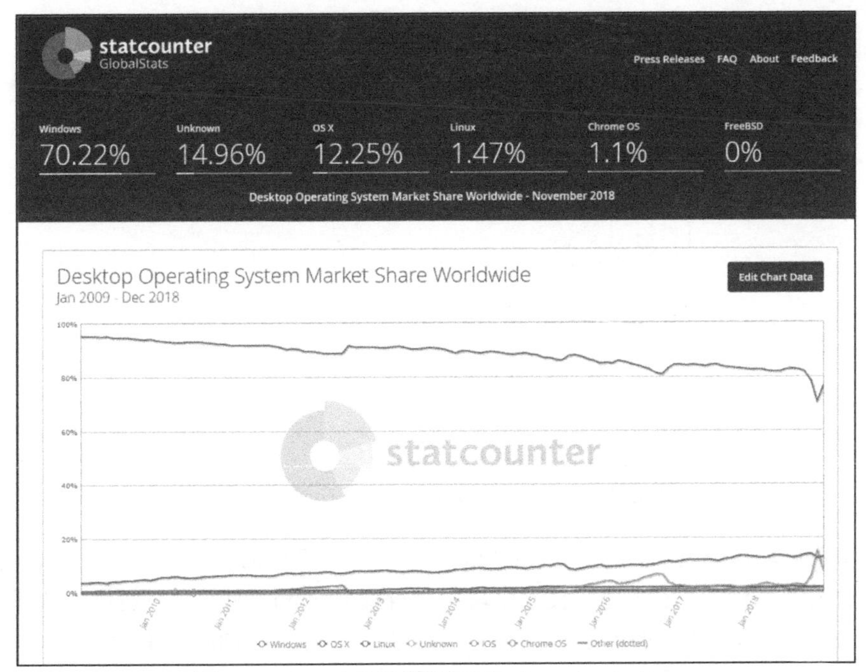

图 13.2　70.22%的计算机运行 Microsoft Windows

一切都有利有弊，工具也有使用的时机和场景，WSL 既有优点也有缺点。WSL 支持各种 Linux 发行版，已经为 Linux 开发了许多免费的优秀工具。WSL 易于安装，大约需要 5 分钟(不包括重启)。在 WSL 运行时，可从子系统访问本地计算机文件系统。另外，WSL 几乎就像 Linux Lite。它不是为重型生产负载而设计的，运行全面的虚拟机可能更高效、更快捷。WSL 只是命令行，没有 GUI，因此对某些人来说可能是一个缺点。作为我的朋友，Rapid7 的安全顾问 Josh Franz 认为“它可能只是个开始”，他是对的。早期的迭代对网络命令的工作有限制。与我们使用的任何安全工具一样，WSL 将继续发展。

社会工程学工具包由 David Kennedy 编写，并且在安全社区的大力帮助下已经发展成一种专门用于对抗人性弱点的工具。此工具包中内置的攻击让人联想到 Metasploit；但它不是专注于网络或应用程序攻击，而是帮助渗透测试人员针对某个人或组织。

在安装 Social Engineer Toolkit(SET)之前，必须在 Windows 10 中打开 WSL 并重新启动计算机。转到 Control Panel，打开 Programs And Features，然后找到 Turn Windows features on or off 选项。向下滚动，直到找到 Windows Subsystem For Linux；然后选中该框并单击 OK，如图 13.3 所示。系统应提示你重新启动计算机，以便可以使用此功能。

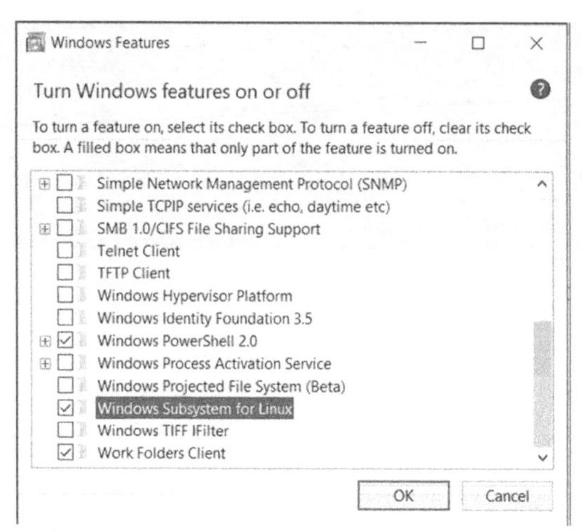

图 13.3　开启 Windows Subsystem For Linux 功能

重新启动计算机后，转到“开始(Start)”菜单，打开 Microsoft Store 并查找右上角的放大镜图标。在右上角的搜索字段中，查找 Ubuntu。有几种风格供你选择。打开 Ubuntu 18.04 LTS。如图 13.4 所示，Windows 上的这个 Ubuntu 18.04 将允许你运行 Ubuntu 终端并运行 Ubuntu 命令行实用程序，包括 bash、ssh、apt 等。

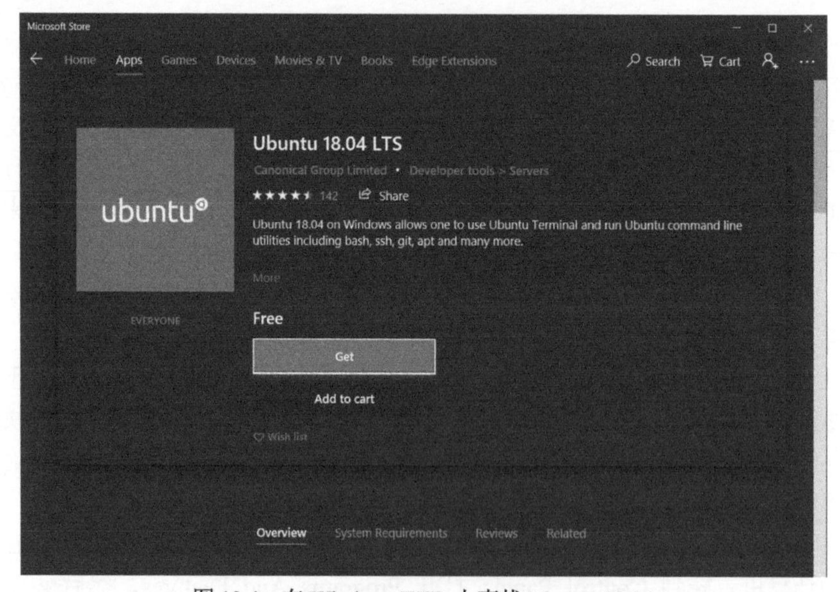

图 13.4　在 Windows WSL 上查找 Ubuntu 18.04

如果单击 Free 一词上方的 More 超链接，则会提醒你通过命令提示符使用此工具，因此需要启用该功能。如图 13.5 所示，它还包含指向 Windows 帮助文档的链接，www.ubuntu.com 上也有帮助文档。

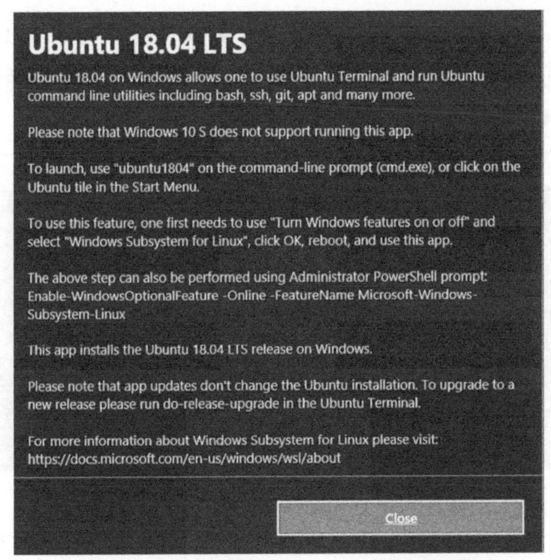

图 13.5　Ubuntu 18.04 LTS 的详细信息

在实验 13.1 中，将在 Windows 计算机上安装 Ubuntu 18.04。

实验 13.1：在 Windows 计算机上安装 Ubuntu 18.04

(1) 在 Windows 计算机上，使用 Windows 功能的搜索工具。如前所述，在图 13.3 中，选中 Windows Subsystem for Linux 的复选框。重新启动系统。现在打开 Start 菜单，启动 Microsoft Store，然后搜索 Ubuntu。

(2) 打开 Ubuntu 18.04 LTS 对话框，然后单击 Get 按钮。这将下载完成此安装所需的文件。安装按钮将显示在右上角。如果系统要求你登录 Microsoft 账户，请单击 Not Now。

(3) 下一步将由安装接管，然后将看到窗口右上角的 Launch 按钮，如图 13.6 所示。单击 Launch 按钮。

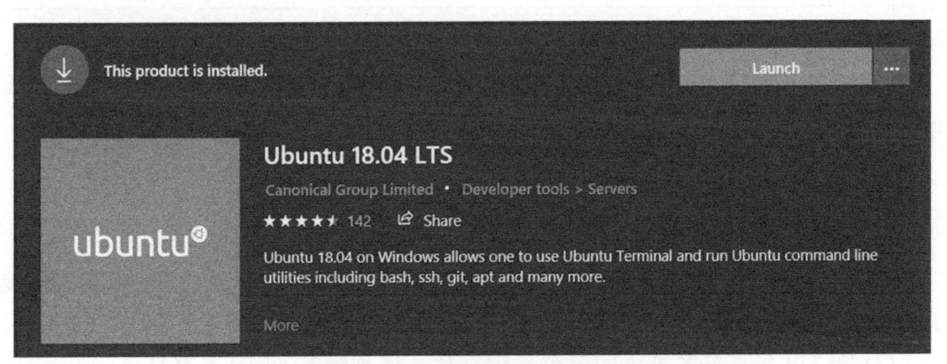

图 13.6　成功安装 Ubuntu 18.04

(4) 第一次启动 Ubuntu 安装过程时，需要做一些工作。如图 13.7 所示，必须等待几分钟才能完成安装，然后将需要创建 UNIX 用户名和密码。成功完成安装后，启动新的 Ubuntu 命令提示符界面。

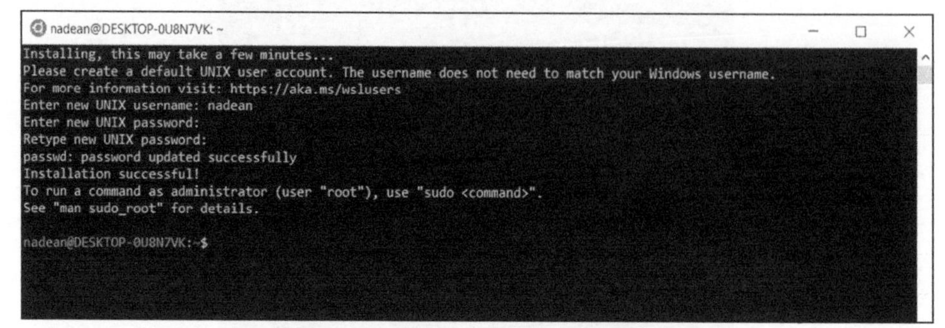

图 13.7　在 Ubuntu 18.04 上创建凭据

我们都有自己心目中的英雄。Linus Torvalds 是我崇拜的英雄之一。他的理念是"智能是不动手工作却能完成工作的能力。" 10 岁时，他对 MS-DOS 不满意，并决定创建自己的基于 UNIX 的操作系统。1991 年，他发布了一条消息，表示他已准备好分享将成为 Linux 的东西。原始代码和 Linux 内核版本 1.0 于 1994 年发布，它一直是各种极客选择的操作系统。除了免费，它很少崩溃，任何人都可以修改。Torvalds 不仅是 Linux 之父，他还创建了 Git。

Git 就是我们所说的分布式版本控制系统。这对开发人员意味着，如果克隆一个 Git 项目，就拥有整个项目历史。可以在本地计算机上开发需要的所有内容，而不必与服务器交互。GitHub 还存储了项目的副本。你指定项目的中心库或存储库，开发人员可以推送和调出他们想要的所有内容。Git 是系统，GitHub 是服务。

在实验 13.2 中，将在 WSL 中安装 Social Engineer Toolkit(SET)。

实验 13.2：在 WSL 上安装 SET

(1) 在刚从 Microsoft 商店安装的 Ubuntu 18.04 的命令行提示符处，输入 sudo apt-get install git。

(2) 接下来，通过输入以下命令 git SET 将其放入 set 文件夹：

```
git clone https://github.com/trustedsec/social-engineer-toolkit/set/
```

如图 13.8 所示，这将开始将工具包克隆到你的机器上。你要确保所有对象、增量和文件都达到 100%。

(3) 当 Git 完成安装并返回命令提示符后，通过输入 cd set 更改目录。

```
nadean@DESKTOP-0U8N7VK:~$ git clone https://github.com/trustedsec/social-engineer-toolkit/ set/
Cloning into 'set'...
remote: Enumerating objects: 4, done.
remote: Counting objects: 100% (4/4), done.
remote: Compressing objects: 100% (4/4), done.
remote: Total 109645 (delta 0), reused 2 (delta 0), pack-reused 109641
Receiving objects: 100% (109645/109645), 175.01 MiB | 8.90 MiB/s, done.
Resolving deltas: 100% (67959/67959), done.
Checking out files: 100% (332/332), done.
nadean@DESKTOP-0U8N7VK:~$
```

图 13.8　将 SET 克隆到 set 文件夹

(4) 你的命令提示符将更改,你现在位于 set 目录下。输入以下命令以使用 Python 创建和安装所有模块:

```
python setup.py install
```

(5) 安装完成后，可输入 sudo setoolkit 并查看类似于图 13.9 的内容。这是 SET 的欢迎页面。

注意，与 Metasploit Framework 一样，HD 和 David 都具有古怪的幽默感，每次登录时欢迎页面都会发生变化。

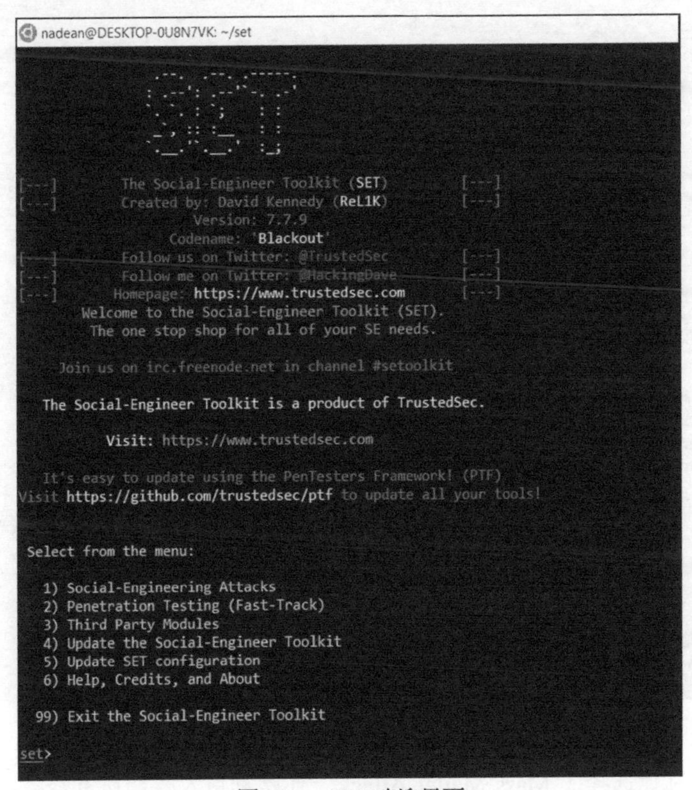

图 13.9　SET 欢迎界面

(6) 从底部的菜单中，如图 13.10 所示，选择“1)Social-Engineering Attacks”，然后按Enter键。从 Social-Engineering Attacks 菜单中，选择“5)Mass Mailer Attack”。

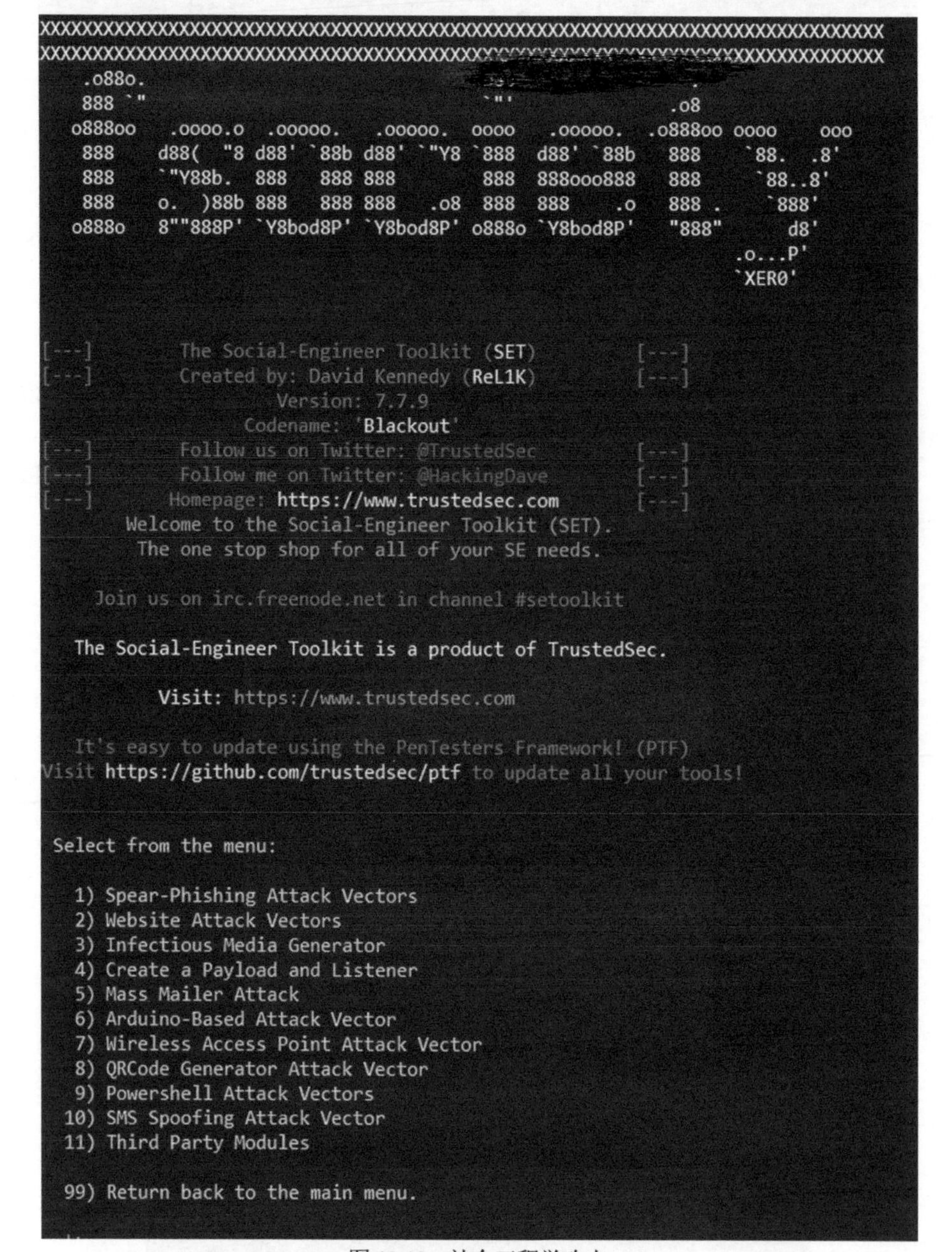

图 13.10　社会工程学攻击

(7) 一旦你选择了 Mass Mailer Attack，可以利用人性的所有怪癖，结合说服的艺术来开发网络钓鱼活动的内容。如图 13.11 所示，可以选择对一个人使用鱼叉式网络攻击或通过在 Social Engineer Toolkit Mass E-Mailer 中导入电子邮件地址列表来扩大攻击范围。选择选项“1.E-mail Attack Single Email Address”，SET 将指导你完成网络钓鱼活动的创建和交付。享受网络钓鱼吧！

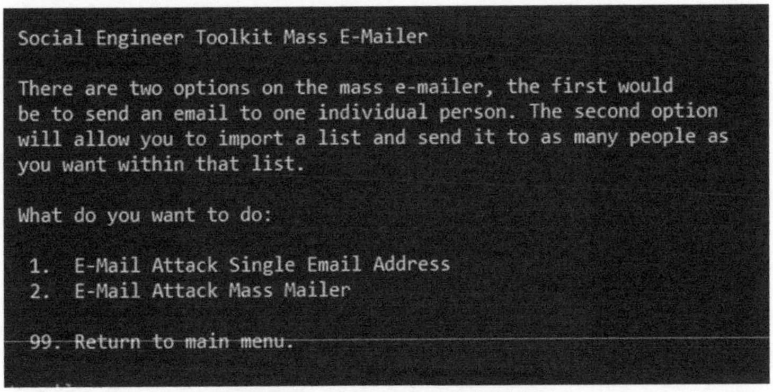

```
Social Engineer Toolkit Mass E-Mailer

There are two options on the mass e-mailer, the first would
be to send an email to one individual person. The second option
will allow you to import a list and send it to as many people as
you want within that list.

What do you want to do:

 1.  E-Mail Attack Single Email Address
 2.  E-Mail Attack Mass Mailer

 99. Return to main menu.
```

图 13.11　使用 SET 进行钓鱼

第14章 Kali Linux

本章内容：

- 虚拟化
- 优化 Kali Linux
- 使用 Kali Linux 工具

我所讲授的大部分内容都是通过电话会议形式与客户进行的。虚拟培训最困难的事情就是吸引学生。他们看不到我，我也看不到他们。我没有阅读肢体语言的能力。当他们感到困惑时，我看不到他们的表情。我也看不到他们什么时候起身去续杯咖啡或者查看电子邮件和接听电话，所以学生参与度是关键。我们在 Nexpose 漏洞管理课程中有一个对话是围绕以攻击者的身份查看你和你的生态系统的信息安全理念。我问一个问题，"新的渗透测试者或黑客下载什么作为他们选择的操作系统？"我很惊讶有好多蓝队人员从未听说过 Kali Linux。在 Kali 被称为 BackTrack 时我就已经在使用这个系统了。

Kali Linux 于 2013 年首次亮相，完全重写了名为 BackTrack 的免费 Linux 发行版。BackTrack 基于 Knoppix Linux 操作系统，而现在 Kali Linux 基于 Debian Linux 操作系统，由 Offensive Security 资助和维护。Kali Linux 仍然是免费的，包括 600 多种渗透工具，广泛支持无线设备。BackTrack 开始是为了给 Mati Aharoni 提供工具来进行现场服务；除了笔记本电脑外 Mati 无法携带任何硬件，并将在服务结束后从他那里拿走笔记本电脑。Mati 是 Kali Linux 的创始人和核心开发人员，也是 Offensive Security 的首席技术官。

我们在本书中已经研究了很多工具，现在我们讲到了我最爱的工具之一。Kali Linux 中的一些工具已在前面介绍过，如 Metasploit Framework、Nmap、Wireshark

和 Burp。掌握任何技能或工具的最佳方法是动手练习。可以采取的一种方法是在计算机上加载这些工具并使用它们来检查你的个人系统。这是一个很好的入门方法，但它不能很好地扩展。我们大多数人在自己的专用网络中没有那么多系统，可能无法完全使用这些工具的全部功能。可以使用这些工具来检查 Google 或 Yahoo! 或者网络上的其他一些生产系统，但这样做的主要问题是你没有授权。这可能会让你陷入很多法律纠纷。另一种选择，也是我最常用的选择，是使用虚拟化。

14.1 虚拟化

虚拟化是系统管理员多年来一直在我们的数据中心中使用的技术，它是云计算基础架构的核心，是一种允许虚拟机(VM)共享计算机(CPU、RAM、硬盘、图形卡等)的物理资源的技术。想想以前，当一个物理硬件平台的服务器专用于一个服务器应用程序时，这台服务器就像一个专用的 Web 服务器一样。事实证明，一个典型的 Web 服务器应用程序并没有充分利用服务器的底层硬件资源。出于本讨论的目的，我们假设在一台物理服务器上运行的 Web 应用程序使用了 30%的硬件资源。这意味着 70%的物理资源未被使用；因此，服务器未得到充分利用。

通过虚拟化，我们现在可以使用 VM 来安装三个 Web 服务器，每个 VM 使用服务器的 30%物理硬件资源。现在我们使用服务器 90%的物理硬件资源，这对我们在服务器上的投资来说是一个更好的回报。我们将使用这项技术来帮助你掌握本章中讨论的工具。通过在计算机上安装虚拟化软件，可以创建用于处理所讨论工具的 VM。本章的其余部分也是这样做的。

我们先来定义一些词汇。

Hypervisor(虚拟机管理程序)是安装在支持虚拟化的计算机上的软件。它可以作为固件实现，固件是专门的硬件，其中有开发好的永久性软件。它也可以是安装了软件的硬件。虚拟机将在虚拟机 Hypervisor 内创建。Hypervisor 将底层硬件资源分配给 VM。例如 VMware 的 Workstation 和 Oracle 的 VM VirtualBox 就是 Hypervisor。可以下载和使用这些 Hypervisor 的免费版本，就像我们在第 10 章的实验 10.4 中所做的那样。

有两种类型的 Hypervisor。Type 1 Hypervisor 直接在系统的裸机上运行。Type 2 Hypervisor 在提供虚拟化服务的主机操作系统上运行。我们将在本章的第一个实验中设置 Type 2 Hypervisor。

虚拟机是在 Hypervisor 上创建的计算机。它拥有自己的操作系统并分配物理硬件资源，如 CPU、RAM、硬盘等。还可为每个 VM 分配各种网络资源。

主机操作系统是安装 Hypervisor 的计算机的操作系统。

最新的操作系统是驻留在 Hypervisor 中的 VM 的操作系统。

例如，我有一台带有 Intel i7 处理器的塔式计算机，32GB 的内存，以及运行 Windows 10 Pro 作为主机操作系统的多 TB 硬盘空间。我还有 VMware Workstation Pro 作为我的 Hypervisor，其中加载了多个虚拟机，如 Kali Linux 和 Metasploitable2。Linux 是这两个实例的客户机操作系统。

在开始此过程之前，需要确保计划用于虚拟化的计算机可以支持要在其上加载的 VM 及其主机操作系统。表 14.1 列出了 Windows 10、Ubuntu Linux 和 Kali Linux 的要求。

表 14.1 Windows 10、Ubuntu 和 Kali Linux 的资源要求

资源	Windows 10	Ubuntu Linux	Kali Linux
处理器	1GHz 以上	2GHz 双核处理器	AMD64、i386、armel、armhf 或 arm64 架构
内存	32 位系统——1GB 63 位系统——2GB	2GB	2GB
硬盘空间	32 位系统——16GB 63 位系统——32GB	25GB	20GB
显卡	使用 WDDM 1.0 驱动程序的 Direct 9 或更高版本		
显示器	800×600	1024×768	

```
https://www.microsoft.com/en-US/windows/windows-10-specifications
https://help.ubuntu.com/community/Installation/SystemRequirements
https://kali.training/topic/minimum-installation-requirements/
```

就像任何环境一样，都会有利有弊。在 VM 中运行 Kali 的一些优点是，可以一次运行多个操作系统；可以随时轻松安装、重新安装或备份；可以管理资源的分配。缺点是性能可能不像裸机那样强大，USB 驱动器可能会出现问题，我们中的一些人宁愿进行回滚操作也不实际解决问题。我也犯过这个错，因为我当时的时间很紧张。

出于演示的目的，在实验 14.1 中，我将指导你在 Windows 计算机上安装 VMware Workstation Player，然后导入 Kali Linux VM。

实验 14.1：安装 VMware Workstation Player

(1) 下载适用于 Windows 计算机的 VMware Workstation Player。在撰写本书时，Workstation Player 的链接是 https://my.vmware.com/en/web/vmware/ free#desktop_end_use _computing/vmware_workstation_player/15_0，如图 14.1 所示。

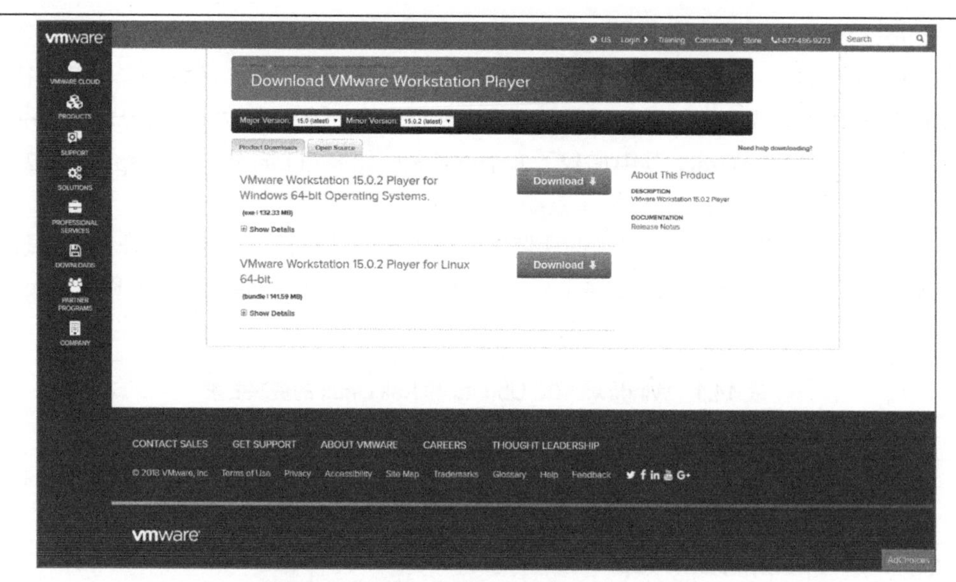

图 14.1　下载 VM Workstation Player 的页面

(2) 下载后，打开安装文件并双击。将显示一个用户账户控制(UAC)窗口，需要单击以允许该程序，如图 14.2 所示。

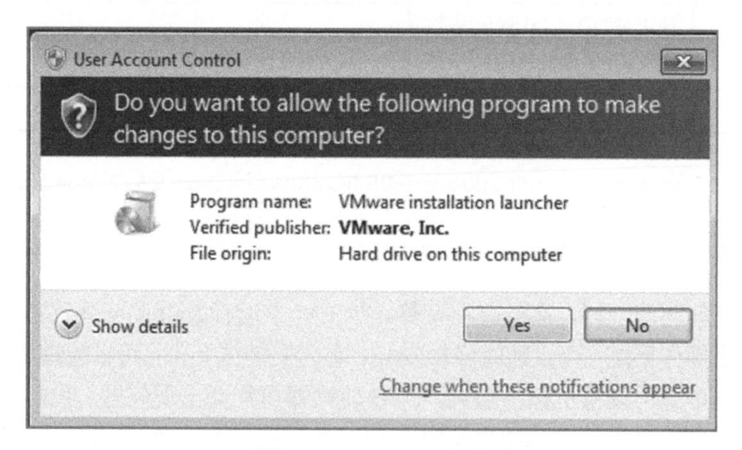

图 14.2　VMware UAC

(3) 单击 Next 按钮以进入 Setup Wizard。可以单击 Next 按钮五次以接受 EULA，在默认位置安装，接受 User Experience Settings，添加快捷方式，最后单击 Install。你看到的下一个窗口显示正在开始安装，如图 14.3 所示。

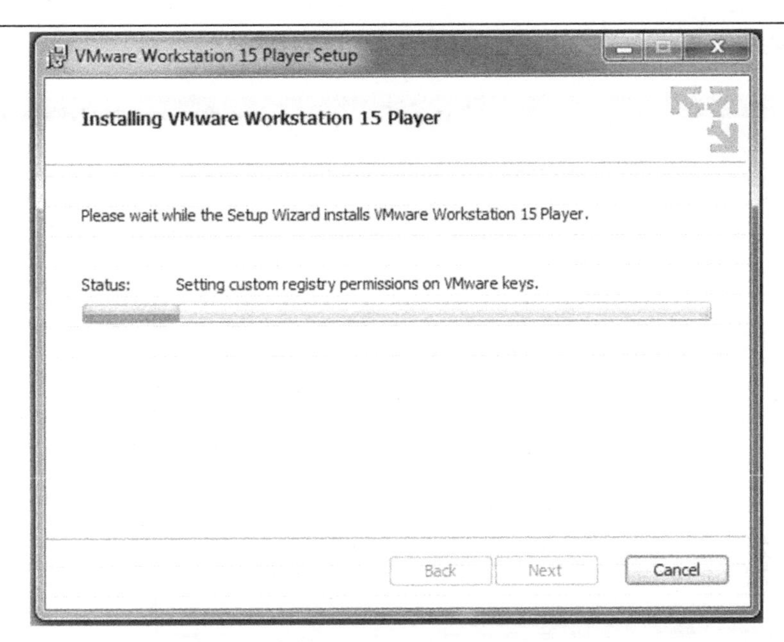

图 14.3　安装 VMware Workstation 15 Player

(4) VMware Workstation Player 图标将显示在桌面上。双击该图标以访问 Welcome 页面。此时，你有两种选择。如果这是非商业用途，如图 14.4 所示，保留默认值并单击 Continue 按钮，然后在下一个页面上完成。

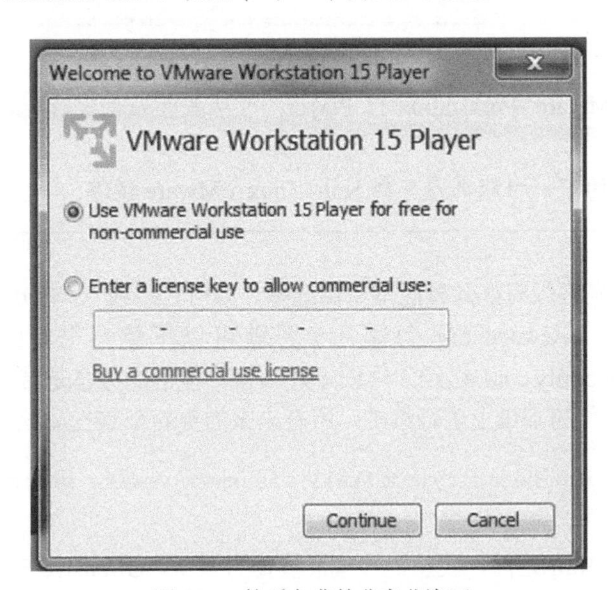

图 14.4　接受免费的非商业许可

(5) 当打开 Player 时，如果有任何更新，它会提示。如图 14.5 所示，将做出明智的决定来下载更新。

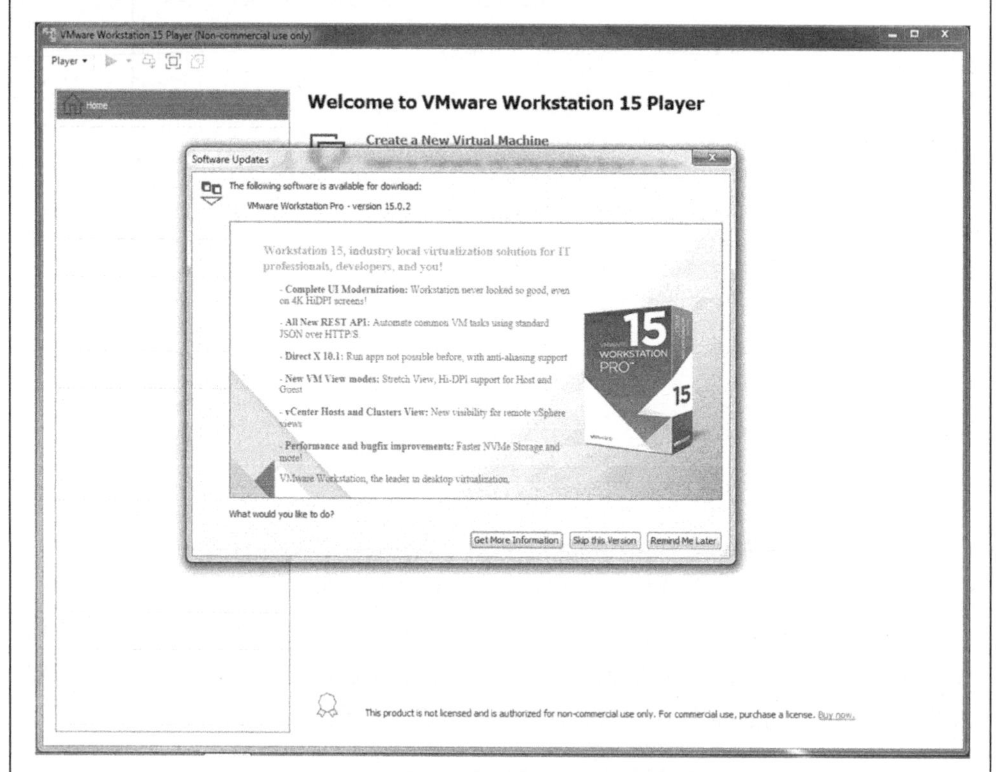

图 14.5　VMware Workstation Player 软件更新

(6) 使用 VMware Workstation 15 Player，可从头开始创建新 VM 或打开已存在的 VM。

(7) 此过程的下一个级别是下载 Kali Linux VMware 镜像。

Kali Linux 发行版有好几种版本可供选择。如可直接拉入 Windows 操作系统的 WSL 版本。从 www.kali.org 每隔几个月就可以下载一个新的 Kali 镜像。www.offensive-security.com 已经为你创建好 VM。他们的分享是带有免责声明的，是在“尽力而为”的基础上进行维护，所有未来的更新都将在此处列出：

```
www.offensive-security.com/kali-linux-vm-vmware-virtualbox-imagedownload/19/
```

在我们使用 Kali 之前，我想提一些很重要的事项。Offensive Security 不为 Kali 镜像提供技术支持，但可在 Kali Linux 社区页面上找到支持。因为如果你有疑问或问题，其他人也可能在此前遇到过同样的问题。向下滚动页面，直到你看到适用于你机器架构的 Kali Linux VM。如图 14.6 所示，一个版本对应一个哈希值。

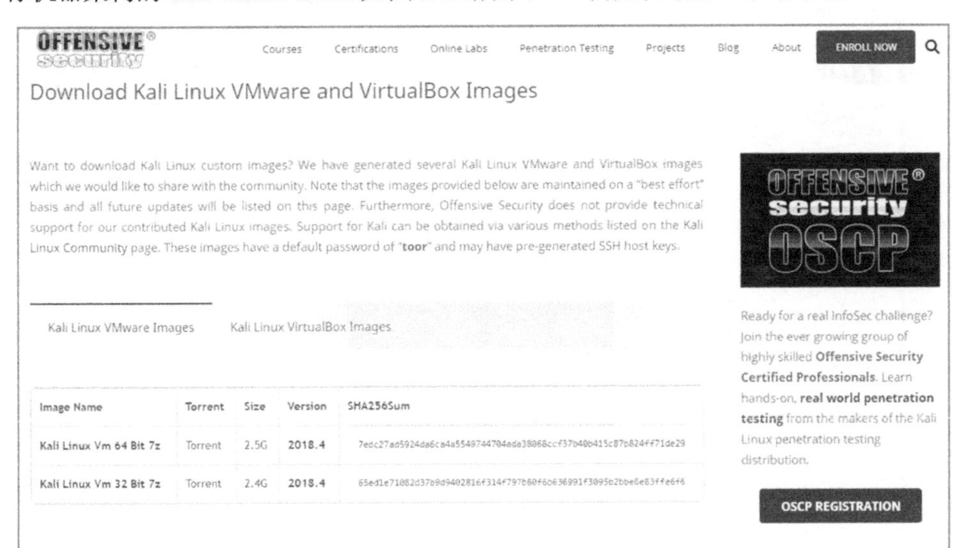

图 14.6　下载 Kali Linux

注意：

如果有兴趣，也可使用 Android 发行版进行渗透测试，我就在平板电脑上安装了 Kali NetHunter。在飞机上可以使用，有时会很好玩，但请记住不要有破坏行为。我曾经在从丹佛飞往洛杉矶的航班上有过一次有趣的对话，坐在我旁边的一个医生在使用航空公司提供的无线网络。他显然正在阅读我能看到的机密病人信息，因为他的笔记本电脑上没有隐私屏保。我通过他电脑屏幕上的任务栏可以知道他的电脑正在采取的防护措施。我在我的 Android 平板电脑上调出了 NetHunter，问他是否想要看到好玩的东西。我不确定是否应该受宠若惊，因为他说我看起来像一个图书管理员，而不是黑客。

下载相应的 VMware 镜像，在实验 14.2 中，将解压缩并用 Player 打开它。

实验 14.2：安装 7-Zip 并在 VMware Workstation Player 中使用 Kali Linux

(1) 你刚下载的文件以扩展名.7z 结尾。7-Zip 是开源和免费软件，是一个使用高压缩比的文件存档程序。要下载适用于 Windows 的 7-Zip 软件，请访问 www.7-zip.org。如图 14.7 所示，可以选择 32 位和 64 位架构。这是一个非常小的文件，所以下载只需要几秒钟即可完成。双击 7-Zip 图标并安装软件。

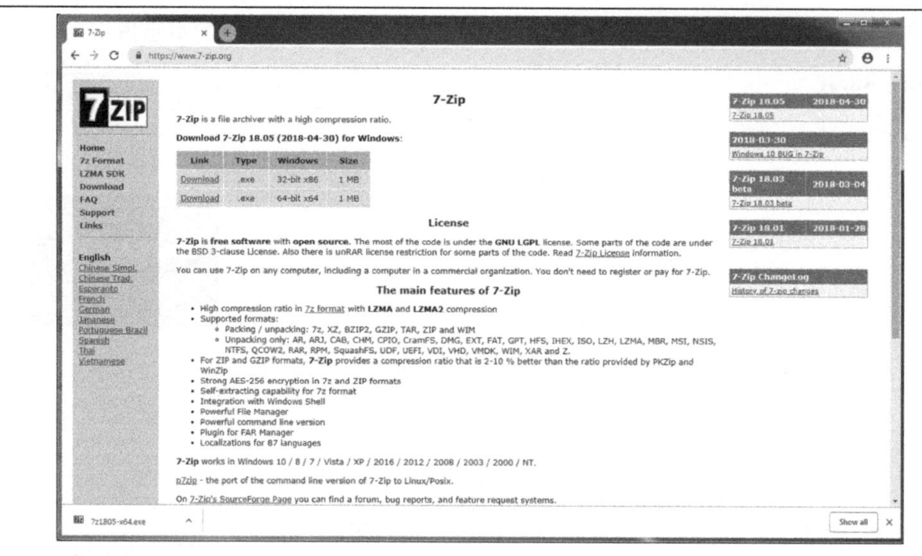

图 14.7　下载并安装 7-Zip

(2) 现在你已经安装了 7-Zip，找到已下载好的 Kali Linux 文件包。右击该文件，然后选择 7-Zip And Extract Here。这将解压缩包含 VM 的压缩文件创建文件夹。

(3) 打开 VMware Workstation Player 并选择 Open A VM 选项。打开 Open 对话框后，导航到正确的文件夹，如图 14.8 所示，Kali Linux VM 将是一个选项。选择文件夹，然后单击 Open 按钮。

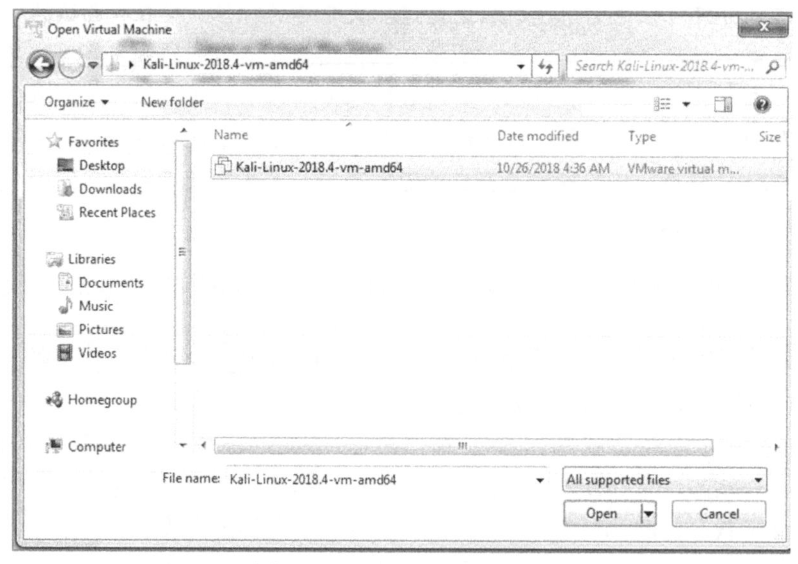

图 14.8　打开 Kali Linux VM

(4) 一旦打开 Kali Linux VM，将有几个选项。如图 14.9 所示，可启动 VM 或编辑设置。如果单击 Edit VM Settings 链接，则可在单击 Play 按钮之前为虚拟环境分配更多资源。

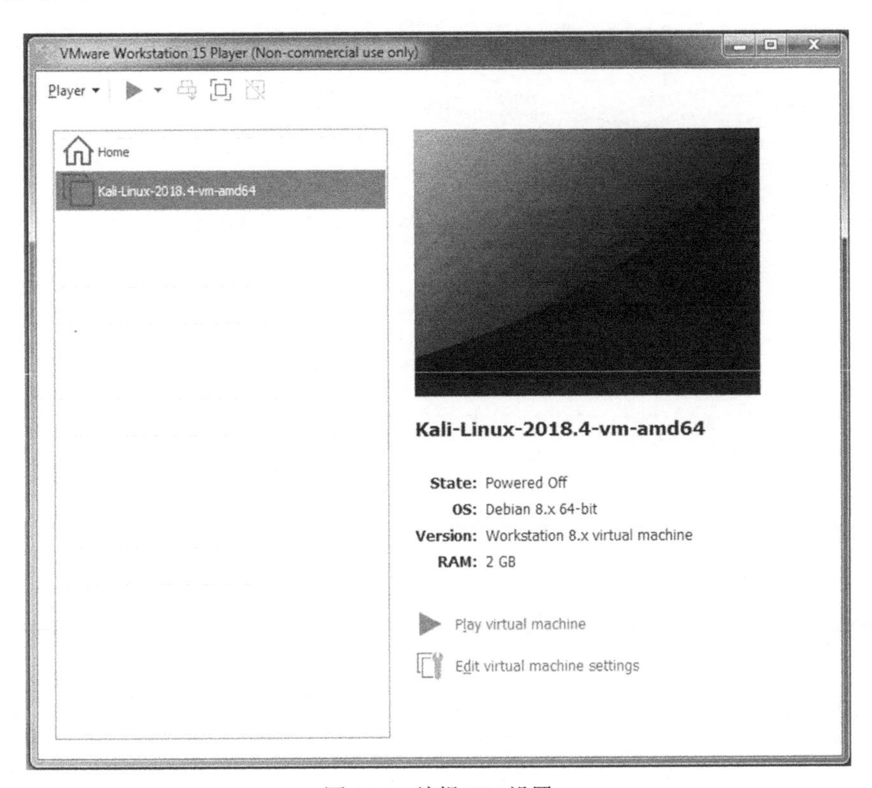

图 14.9　编辑 VM 设置

(5) 在图 14.10 中，将看到 Hardware 选项卡。默认配置为 2GB 内存、四个处理器、一个 80GB 硬盘驱动器、一个 NAT 网络适配器，系统会自动检测主机上是否有 CD/DVD 驱动器。对于大多数工作负载而言，CPU 虚拟化仅增加了少量开销，这意味着它将非常接近在裸机上安装的状态。当内存不足时，主机操作系统的性能不会很好，所以要小心别分配太多内存。如果主机操作系统没有足够的内存，则可能导致内存抖动(Thrashing)，导致不断地在内存和磁盘上的页面文件之间交换数据。如果希望此 VM 使用主机网络连接到 Internet，则 NAT 通常是最简单的方法。除非你进行更改，否则声卡和显卡将自动检测。记下当前显示的默认值，以便将来进行性能调整。

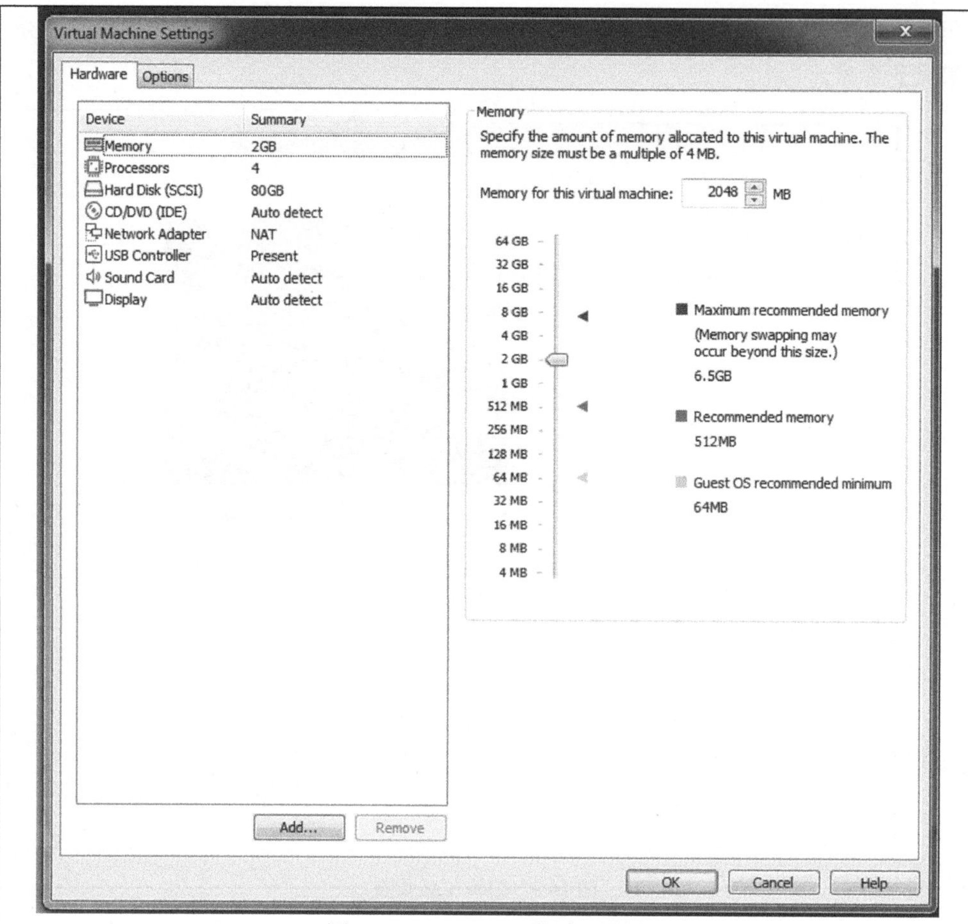

图 14.10　Kali Linux 的默认设置

(6) Hardware 右侧的下一个选项卡是 Options。Kali Linux VM 的选项包括为 VM 提供新名称，还包括 Power 选项(例如在 VM 准备开启时进入全屏模式)以及启用或禁用文件夹的选项。Shared Folders 将主机文件公开给 VM 中的程序。在图 14.11 中，可看到禁用 Shared Folders 的选项；如果信任可以在主机上存储数据的 VM，则启用该选项。通过选择左侧的框并单击 OK 按钮，编辑电源选项以在打开电源后进入全屏模式。

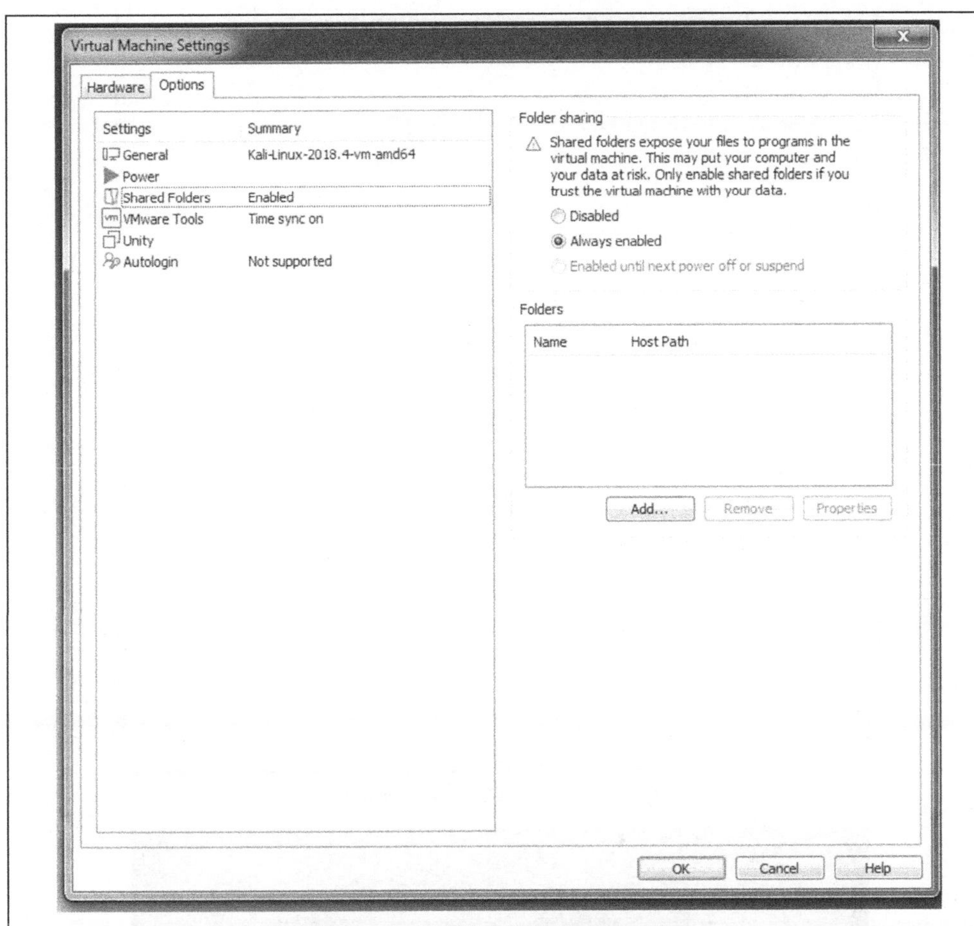

图 14.11　可启用或禁用 Shared Folders

(7) 唯一可行的选择是 Unity。VMware 中的 Unity 可以直接在主机桌面上显示应用程序。VM 控制台已隐藏，可以最小化 VMware Workstation Player 窗口。如果愿意，可更改桌面上以 Unity 模式运行的应用程序周围的边框颜色，如图 14.12 所示。

(8) 对 VM 进行修改后，单击 OK 或 Cancel 按钮，然后从主页单击 Play Virtual Machine 绿色三角形。将看到 Kali Linux 机器开始启动。第一次启动此 VM 时，它可能会询问你是移动它还是复制它。选择 I Copied It 选项。It 是你创建或下载的 VM。

(9) 当 Kali Linux VM 准备就绪时，将看到如图 14.13 所示的登录界面。默认用户名为 root，密码为 toor。

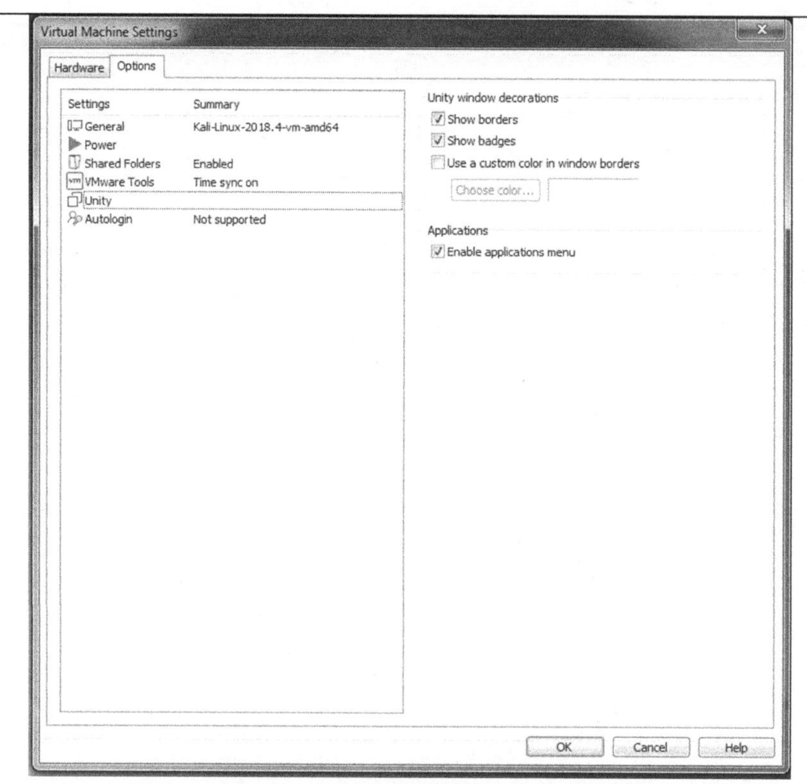

图 14.12　在 Unity 模式下运行 Kali Linux

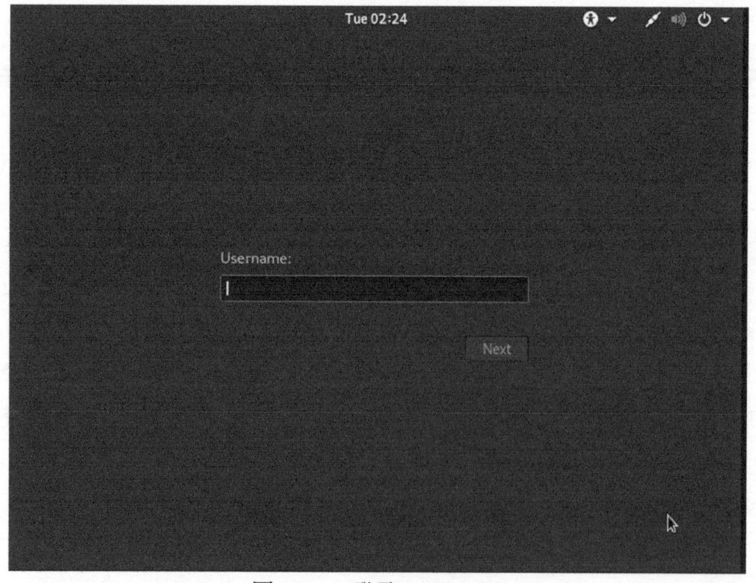

图 14.13　登录 Kali Linux

(10) 如果在你阅读或其他情况下弹出屏幕保护程序，只需要按键盘上的 Esc 即可。我喜欢在辅助屏幕上全屏显示我的虚拟机，一台显示器专用于 Windows，一台显示器专用于 Kali Linux，如图 14.14 所示。

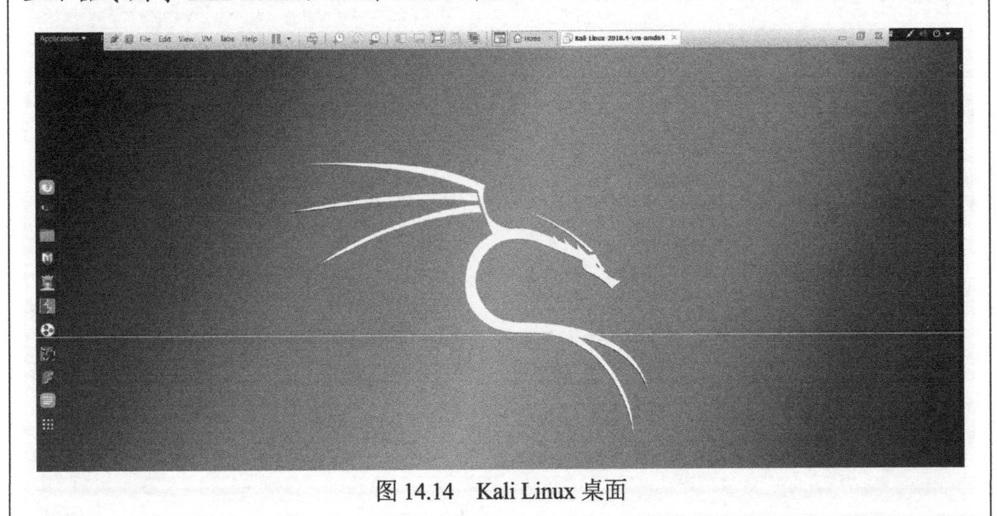

图 14.14　Kali Linux 桌面

14.2　优化 Kali Linux

作为一种习惯，我做的第一件事就是每次打开 Kali Linux 时都会先进行更新。Offensive Security 每天四次从 Debian 中获取更新，这确保了补丁和更新每天都会被整合到 Kali Linux 中。让你的系统保持最新状态，并使其成为你日常工作的一部分。操作系统加载后，立即打开终端，然后运行 apt-get update，如图 14.15 所示。当该过程完成并返回命令提示符后，运行 apt-get dis-upgrade(见图 14.15)。

接下来，考虑用于登录此 Kali Linux 虚拟机的凭据，因为默认的用户是 root。本书提醒你尽量使用最小特权。将非 root 用户添加到 Kali Linux 非常简单。你仍然可以根据需要使用 root/toor 凭据。如图 14.16 所示，添加用户和密码的命令分别是 useradd -m nt –G sudo -s /bin/bash 和 passwd nt。

你可能会想用你的姓名缩写，而不是我的。要意识到，使用的任何信息或凭据都可能被其他人恶意使用。

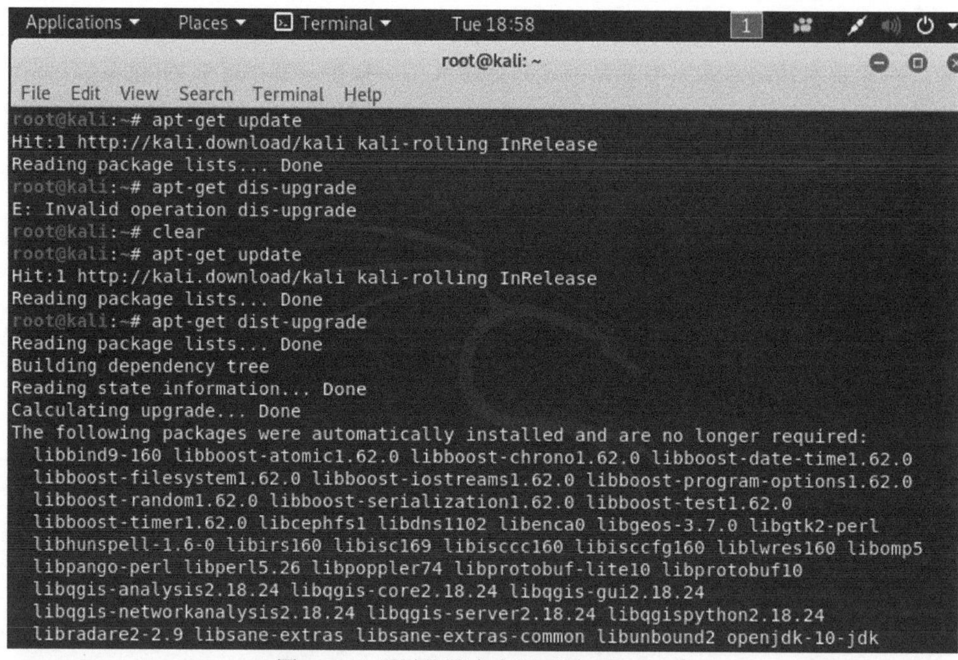

图 14.15 通过终端命令行更新 Kali Linux

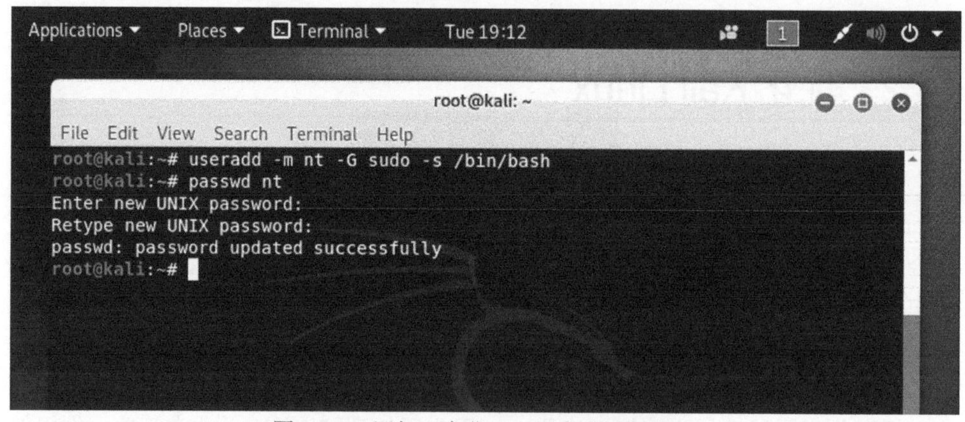

图 14.16 添加一个非 root 用户并设置密码

还可以考虑禁用屏幕锁定功能。禁用屏幕锁定功能的最简单、最快捷的方法是将左侧菜单导航到最底部，有一个九个点的图标，这是 Show Applications 图标。窗口的顶部是搜索栏，输入 Settings，导航到页面底部，然后选择 Power。如图 14.17 所示，选择 Never 作为 Blank screen 选项。

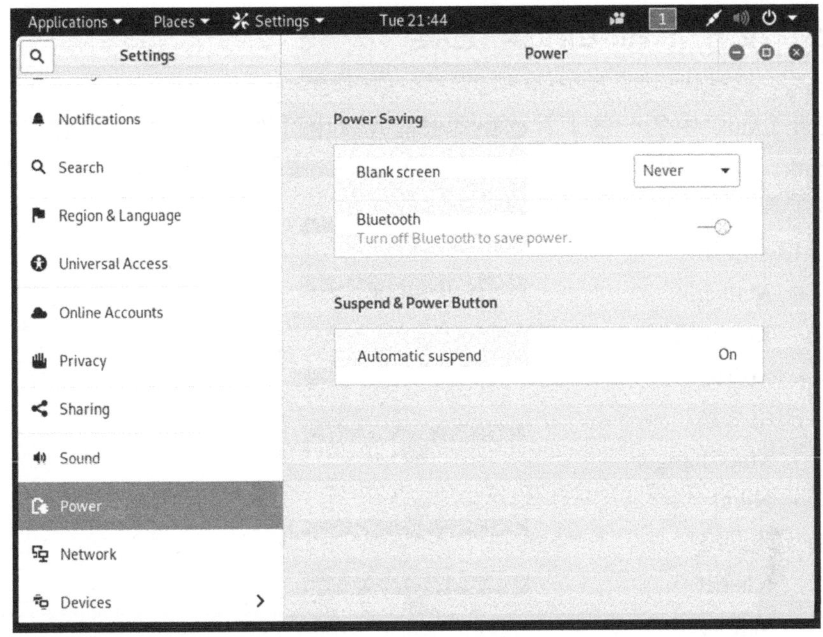

图 14.17　关闭屏幕保护

你可能要禁用的下一个功能是 Automatic Screen Lock(自动屏幕锁定)。可在 Settings 菜单中的 Privacy 下找到它，如图 14.18 所示。

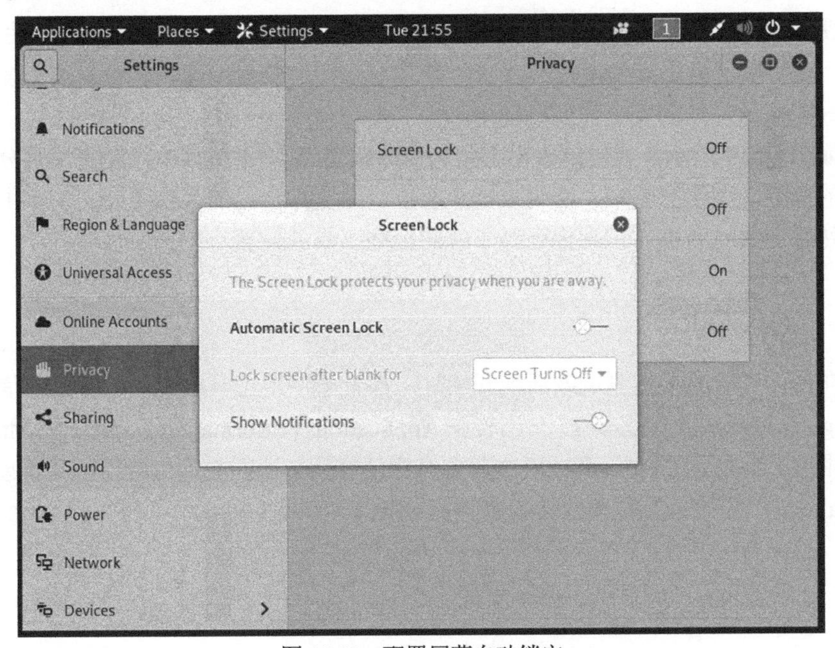

图 14.18　配置屏幕自动锁定

14.3 使用 Kali Linux 工具

Kali Linux 中的一些工具已在本书前几章中讨论过，包括 NMAP、Burp、Wireshark、社会工程工具包和 Metasploit Framework 等。以下是我喜欢的一些非常专业的工具，可以归入以下类别：

- 信息收集
  - Maltego
  - Recon-ng
  - Sparta
- 实用工具
  - MacChanger
  - Nikto
- 无线网络
  - Kismet
  - WiFite
- 暴力破解
  - John the Ripper
  - Hashcat

使用这些工具，可以使用与攻击者相同的技术来测试计算机系统的安全性。Kali Linux 专门用于满足安全审计的要求，并且专门针对安全专家。它不是通用操作系统，只能在满足你的安全需要时使用。

如图 14.19 所示，通过单击左上角的 Applications，下拉菜单已经将工具分解为不同的类型，如信息收集、密码攻击和取证。浏览你自己的 Kali Linux 实例中的菜单，熟悉工具的名称并识别你已经了解的那些工具的位置。

14.3.1 Maltego

在任何类型的渗透测试或活动开始时，都希望使用工具收集尽可能多的信息，Maltego 是最好的收集工具之一。当转到 Applications | Information Gathering | Maltego 时(如图 14.20 所示)，对于商业版本需要有激活密钥；社区版是免费的，可以通过单击 Maltego CE(Free)下的 Run 按钮来访问该版本。

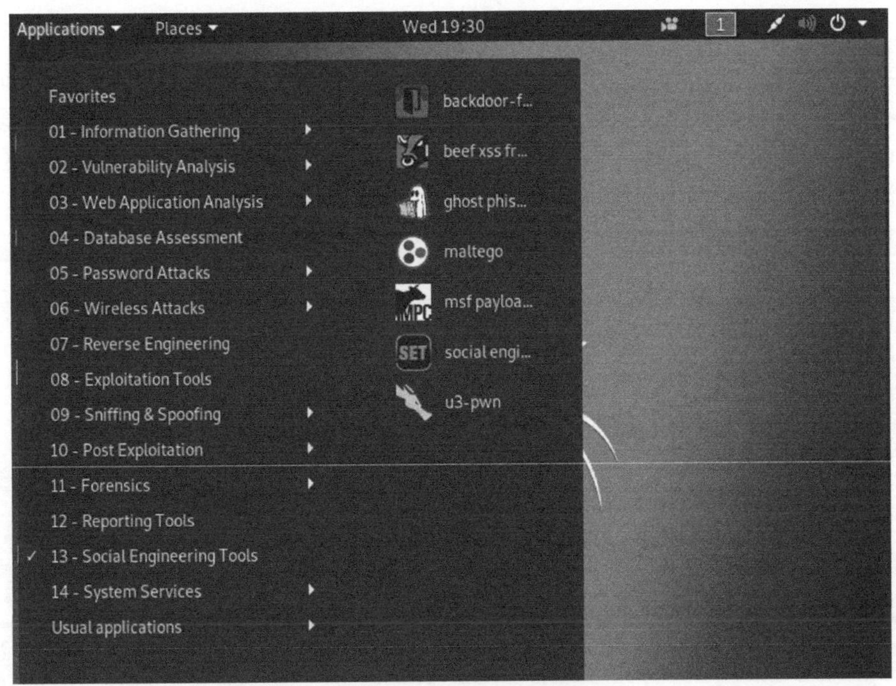

图 14.19　Kali Linux 菜单

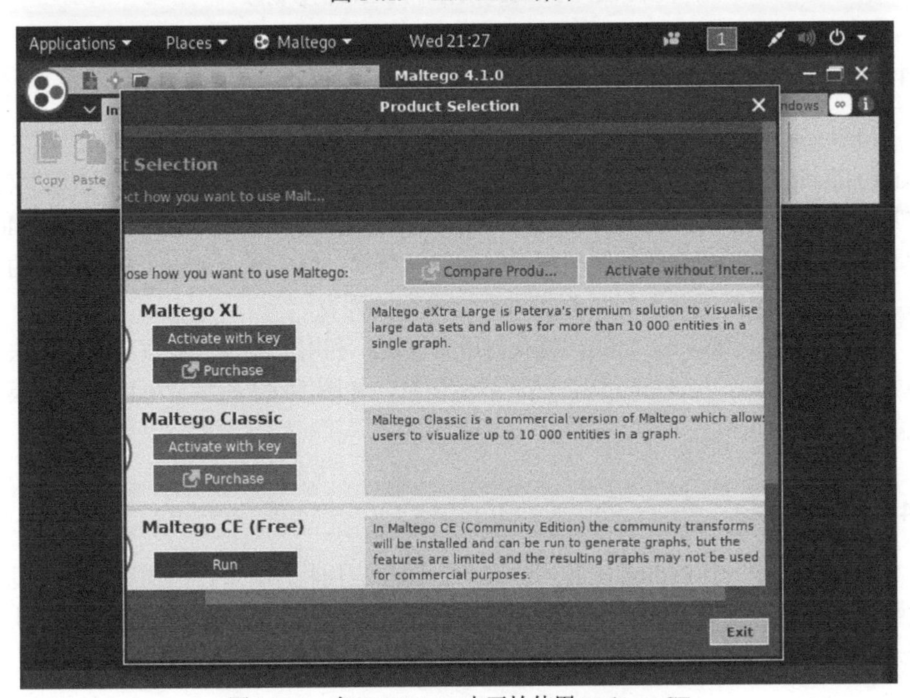

图 14.20　在 Kali Linux 中开始使用 Maltego CE

创建用户并登录后，将能够充分利用 Maltego 的各种功能。如图 14.21 所示，登录后，可以选择构建新的图形界面或先使用示例来熟悉一下，这是数据挖掘的默认示例。Maltego 根据互联网上散布的各种数据之间的关系呈现各种链接的图形。Maltego 使用可视节点展示来帮助你找到可能用来危害你的 IT 环境的信息。社区版中没有图形导出，但你仍然可以很方便地获得这些数据。

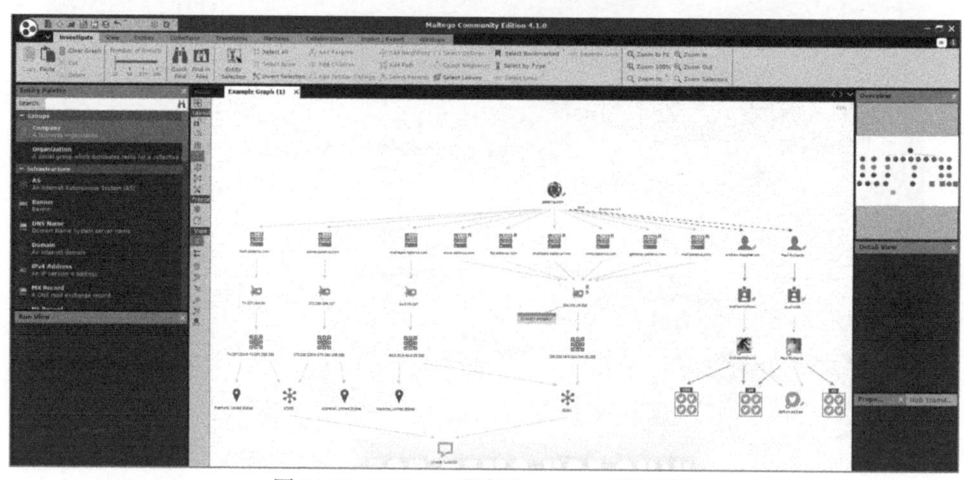

图 14.21　Maltego 所有者 Paterva 的数据源

14.3.2　Recon-ng

Maltego 是我最喜欢的数据呈现工具之一，Recon-ng 是我最喜欢的组织之一 Black Hills InfoSec 编写的工具。Recon-ng 是一个使用 Python 编写的 Web 侦察框架。它具有模块、数据库交互和内置函数，可帮助你收集信息。它看起来像 Metasploit 和 SET，以减少学习曲线的陡峭度。它看似很简单，但实际上是一个相当复杂的工具。在默认提示符下输入 help 以获取所有命令的列表。

接下来输入 show modules。将获得所有发现、利用、导入、侦察和报告模块的列表。再输入 user hackertarget，然后显示信息，如图 14.22 所示。可以使用此模块枚举主机名等。

14.3.3　Sparta

Sparta 是另一个 Python 工具，它是一个 GUI 应用程序，可在扫描和枚举阶段提供帮助。当针对要调查的网络进行参数设置时，会有点感觉像 Zenmap，如图 14.23 所示。

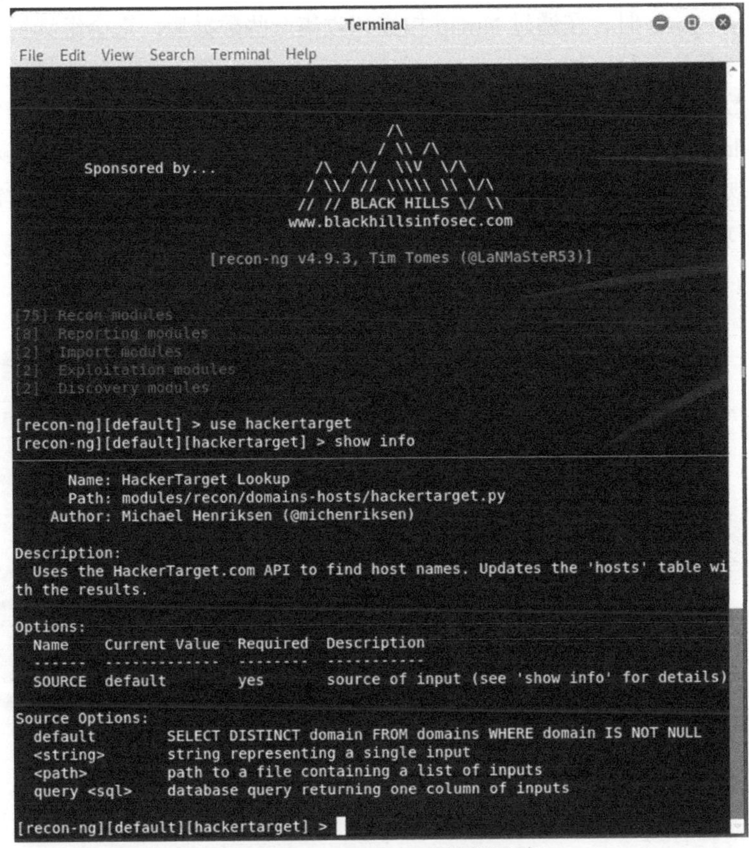

图 14.22　Recon-ng 欢迎提示符

图 14.23　在 Sparta 中定义参数

当启动 Sparta 时，在通过 Nmap 扫描和收集一些数据后，它会继续针对已发现的服务运行其他工具，如 nikto、smbenum、snmpcheck 等。图 14.24 显示了可以提取的一些数据的示例，例如 192.168.1.117 上 ASUS 路由器的登录界面。需要登录的服务(如 telnet 或 SSH)可发送到下一个选项卡上的暴力破解工具，以尝试破解密码。右击已发现的任何服务，然后选择 Send To Brute。Sparta 会尝试自动执行你通常单独手动执行的多个任务。

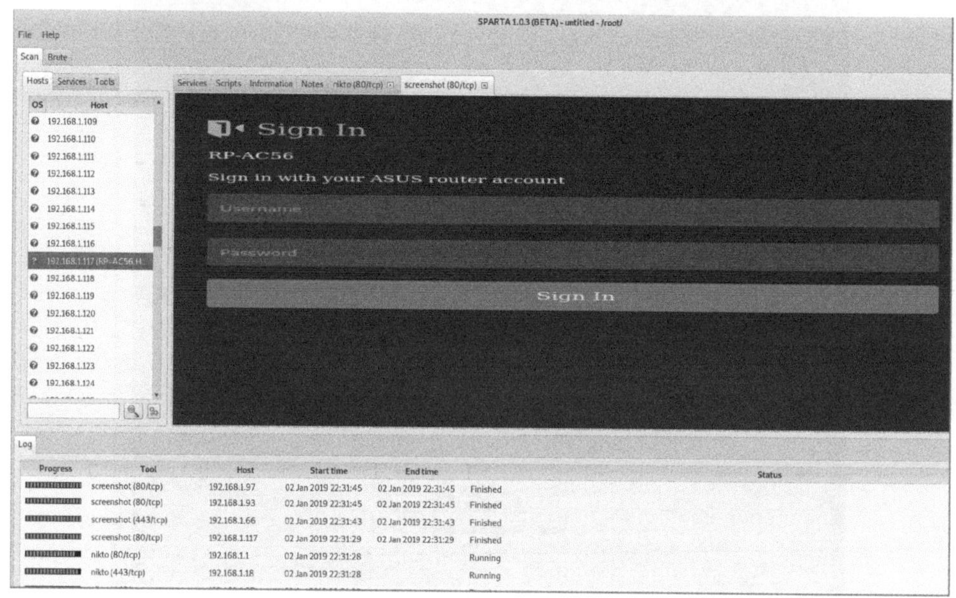

图 14.24 Sparta 运行扫描时收集的数据

14.3.4 MacChanger

获得前三个工具的所有信息后，如果试图伪装任何漏洞利用尝试，则可能需要更改或伪造你的 MAC 地址。首先，通过在终端窗口中输入 macchanger -l 来列出所有 MAC 供应商。如果想模拟某个特定的硬件厂商，可以在获得的所有硬件厂商列表中查找。

接下来在终端窗口中输入 ifconfig eth0 down，以便可将新的 MAC 地址重新分配给 eth0，如图 14.25 所示。然后输入 macchanger -s eth0 以确定当前的 MAC 是什么。将-s 更改为-r 以将随机 MAC 重新分配给 eth0。要重新启动 eth0，请输入 ifconfig eth0 up。如果确实碰巧有要使用的特定 MAC 地址，则你要输入的命令是 macchanger -m 00:00:00:00:00:00 eth0。MAC 地址是十六进制的，因此可使用 0~9 之间的任何数字以及从 A~F 的任何字母。

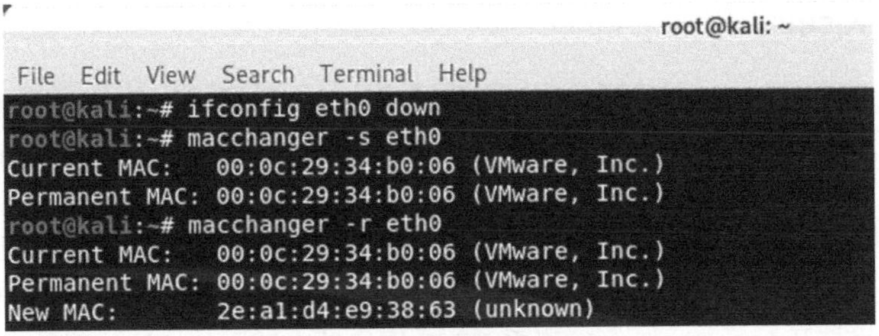

```
root@kali: ~
File Edit View Search Terminal Help
root@kali:~# ifconfig eth0 down
root@kali:~# macchanger -s eth0
Current MAC:   00:0c:29:34:b0:06 (VMware, Inc.)
Permanent MAC: 00:0c:29:34:b0:06 (VMware, Inc.)
root@kali:~# macchanger -r eth0
Current MAC:   00:0c:29:34:b0:06 (VMware, Inc.)
Permanent MAC: 00:0c:29:34:b0:06 (VMware, Inc.)
New MAC:       2e:a1:d4:e9:38:63 (unknown)
```

图 14.25 伪装你的 MAC 地址

14.3.5 Nikto

现在，可使用伪装的 MAC 地址隐身，可以使用基于 Perl 的 Nikto 等工具来查找 Web 服务器中的漏洞。请注意，Nikto 不是很隐秘。实际上，几乎任何 IDS 或安全措施都会检测到它。我们使用它来测试安全性——它从未设计为隐藏自己。有趣的是我发现 Nikto 图标与我的 Alienware(外星人电脑) Start 按钮一样。

转到 Start 菜单底部由九个点组成网格阵列，以显示 Show Applications 窗口。在页面顶部搜索 nikto。希望你还有在第 10 章中使用的 Metasploitable2 VM。启动它，然后找到其 IP 地址，打开终端窗口后，输入 nikto -host，然后添加要扫描漏洞的 Web 服务器的 IP 地址。-host 选项用于指定要扫描的目标主机。它可以是主机的 IP 地址、主机名或文本文件。试试图 14.26 中的例子；在你的 Kali Linux 终端中，输入 nikto -host http://webscantest.com。

```
root@kali: ~
File Edit View Search Terminal Help
Option host requires an argument

       -config+            Use this config file
       -Display+           Turn on/off display outputs
       -dbcheck            check database and other key files for syntax errors
       -Format+            save file (-o) format
       -Help               Extended help information
       -host+              target host
       -id+                Host authentication to use, format is id:pass or id:pass:realm
       -list-plugins       List all available plugins
       -output+            Write output to this file
       -nossl              Disables using SSL
       -no404              Disables 404 checks
       -Plugins+           List of plugins to run (default: ALL)
       -port+              Port to use (default 80)
       -root+              Prepend root value to all requests, format is /directory
       -ssl                Force ssl mode on port
       -Tuning+            Scan tuning
       -timeout+           Timeout for requests (default 10 seconds)
       -update             Update databases and plugins from CIRT.net
       -Version            Print plugin and database versions
       -vhost+             Virtual host (for Host header)
                + requires a value

        Note: This is the short help output. Use -H for full help text.

root@kali:~# nikto -host http://webscantest.com
- Nikto v2.1.6
```

图 14.26 使用 Nikto 对 http://webscantest.com 进行漏洞扫描

14.3.6 Kismet

对于无线，Kismet 是查看你周围发生的事情的一种很好的方式。Kismet 在监控模式下使用无线网卡静默扫描 Wi-Fi 信道。通过捕获所有这些数据，Kismet 可以可视化你周围的无线网络以及任何设备的活动。数据的有用性取决于你是谁以及你想要做什么。Kismet 可以检测无线摄像头、智能手机和笔记本电脑。通过使用 Kismet，可以轻松地在你的邻居里寻找 Wi-Fi 信号并将其与 GPS 数据相结合以构建地图。可在浏览器里打开 https://wigle.net 查看 Wi-Fi 网络的全球图片。这些紫色点是根据你的地理位置绘制的 Wi-Fi 网络图。猜猜是什么帮助构建了这张地图？是 Kismet。输入你的地址并放大，你能否认出这些网络？ 我能认出在我 Wi-Fi 列表中的名字。现在我知道他们在哪里。这些 MAC 地址中有你的吗？ 如果有，可以考虑在不使用时关闭 Wi-Fi。

启动 Kismet 非常方便，只需要输入 kismet -c *YourCardName* 即可。如图 14.27 所示，可对配置文件进行永久性更改，并设置日志选项以及 GPS 位置。

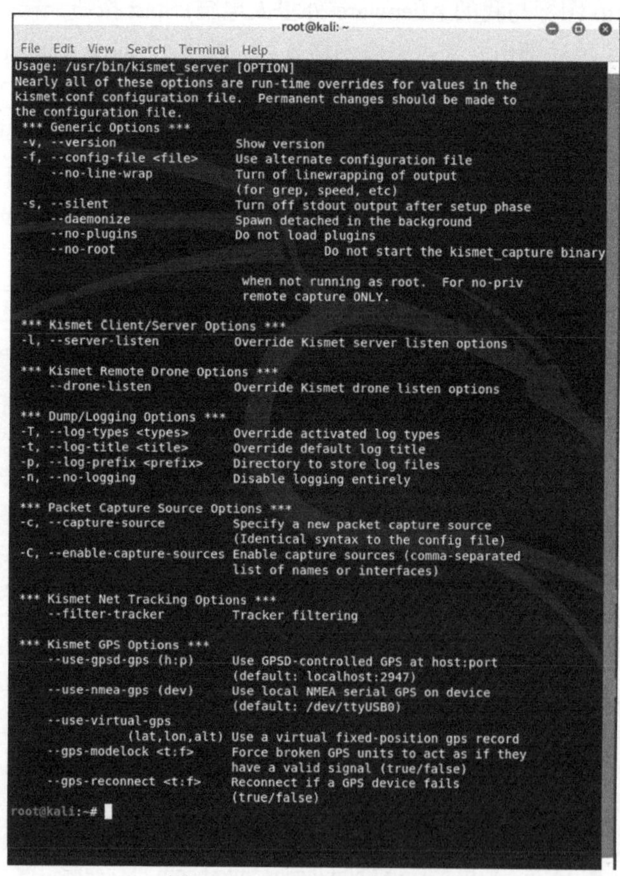

图 14.27 Kismet 服务器选项

14.3.7 WiFite

Kismet 是用于 Wi-Fi 网络检测和嗅探的工具，如果需要更进一步的操作，可考虑使用 Aircrack-ng 或 WiFite。一旦捕获到足够的数据包，这些工具就可用于审计或破解以恢复 WEP/WPA/WPS 密钥。WiFite 被称为“设置并忘记它(set it and forget it)”的 Wi-Fi 破解工具。如图 14.28 所示，可使用 WiFite 进行设置，也可通过命令 wifite -pow 40 –wps，利用 WPS 攻击自动捕获使用超过 40dB 电源的接入点。

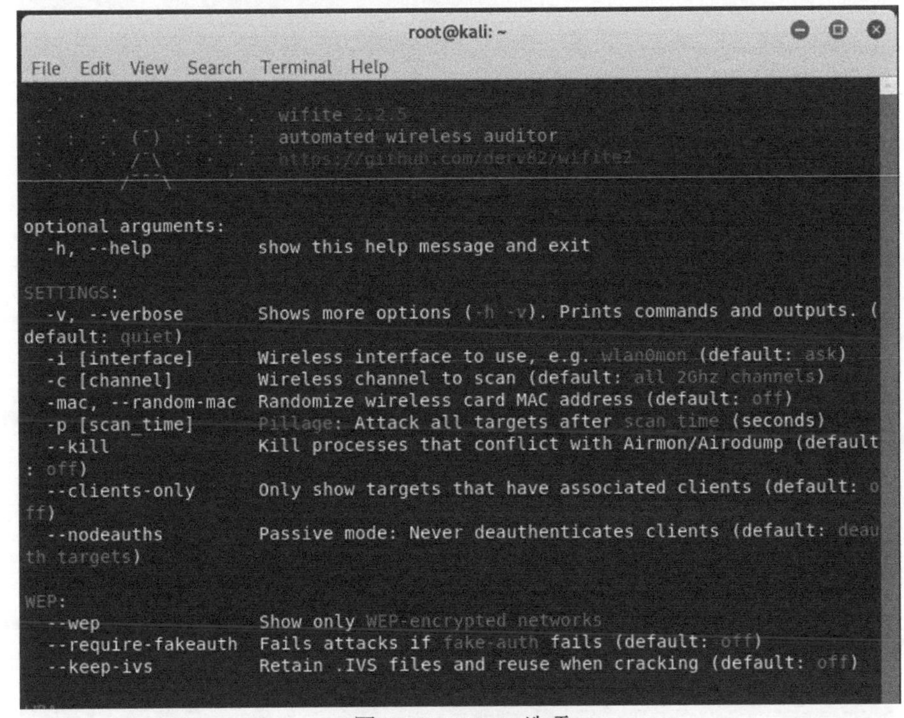

图 14.28 WiFite 选项

14.3.8 John the Ripper 工具

社区最喜欢的两个密码工具是 Hashcat 和 John the Ripper。这两个我都喜欢。如果一个没有成功，我会尝试另一个。我通常先尝试 John the Ripper。

John the Ripper 最初设计用于破解 UNIX 密码。现在它几乎可以运行在任何地方，破解任何密码。原始版本由 Openwall 维护。Kali Linux 中的版本称为 Jumbo 版本，因为它具有更多的哈希类型和新的攻击模式。John the Ripper 将破解的密码存储在 john.pot 文件中，其主要配置文件是 john.conf。配置文件中有许多命令行选项和其他更多选项，如图 14.29 所示。

在最简单的层面上，可将 John the Ripper 指向一个 pwdump 文件，告诉它希望破解什么类型的哈希(NTLM)，然后让它自己运行。这是 Rapid7 的 Metasploit Pro 用于逆向哈希的工具。我的水平已经到了能够识别空白密码和非空白密码的 MD5 哈希值的地步。

```
root@kali: ~
File  Edit  View  Search  Terminal  Help
Created directory: /root/.john
John the Ripper password cracker, version 1.8.0.6-jumbo-1-bleeding [linux-x86-64-avx]
Copyright (c) 1996-2015 by Solar Designer and others
Homepage: http://www.openwall.com/john/

Usage: john [OPTIONS] [PASSWORD-FILES]
--single[=SECTION]         "single crack" mode
--wordlist[=FILE] --stdin  wordlist mode, read words from FILE or stdin
                  --pipe   like --stdin, but bulk reads, and allows rules
--loopback[=FILE]          like --wordlist, but fetch words from a .pot file
--dupe-suppression         suppress all dupes in wordlist (and force preload)
--prince[=FILE]            PRINCE mode, read words from FILE
--encoding=NAME            input encoding (eg. UTF-8, ISO-8859-1). See also
                           doc/ENCODING and --list=hidden-options.
--rules[=SECTION]          enable word mangling rules for wordlist modes
--incremental[=MODE]       "incremental" mode [using section MODE]
--mask=MASK                mask mode using MASK
--markov[=OPTIONS]         "Markov" mode (see doc/MARKOV)
--external=MODE            external mode or word filter
--stdout[=LENGTH]          just output candidate passwords [cut at LENGTH]
--restore[=NAME]           restore an interrupted session [called NAME]
--session=NAME             give a new session the NAME
--status[=NAME]            print status of a session [called NAME]
--make-charset=FILE        make a charset file. It will be overwritten
--show[=LEFT]              show cracked passwords [if =LEFT, then uncracked]
--test[=TIME]              run tests and benchmarks for TIME seconds each
--users=[-]LOGIN|UID[,..]  [do not] load this (these) user(s) only
--groups=[-]GID[,..]       load users [not] of this (these) group(s) only
--shells=[-]SHELL[,..]     load users with[out] this (these) shell(s) only
--salts=[-]COUNT[:MAX]     load salts with[out] COUNT [to MAX] hashes
--save-memory=LEVEL        enable memory saving, at LEVEL 1..3
--node=MIN[-MAX]/TOTAL     this node's number range out of TOTAL count
--fork=N                   fork N processes
--pot=NAME                 pot file to use
--list=WHAT                list capabilities, see --list=help or doc/OPTIONS
--format=NAME              force hash of type NAME. The supported formats can
                           be seen with --list=formats and --list=subformats

root@kali:~#
```

图 14.29　使用 John the Ripper 破解密码

14.3.9　Hashcat

Hashcat 提供了与 John the Ripper 相同的功能。它们都是开源的，并且具有相同的功能。Hashcat 是使用 GPU 而不是像 John the Ripper 使用 CPU 进行破解。CPU 是中央处理单元，通常称为 PC 的大脑。GPU 是图形处理单元，是负责将图像呈现到显示器的芯片。如果 CPU 是大脑，那么 GPU 就是肌肉。GPU 更擅长将所有计算能力集中在特定任务上。如果希望在具有 GPU 的系统上进行密码破解，请使用 Hashcat。对于许多复杂的密码，它会更好、更快。

请记住，密码不应以明文形式存储。它们存储在称为哈希的单向加密中。获取这些哈希有几种不同的方法，但是一旦你抓到它们，下一步就是对哈希进行反向操作，除非你想在 Metasploit 中传递哈希。互联网上有一些词汇列表(wordlist)可供使用，而且 Kali Linux 已经内置了一些词汇列表。词汇列表是一个文本文件，其中包含要在字典攻击中使用的词汇集合。

你要做的第一件事是打开终端窗口并输入 locate wordlist。如图 14.30 所示，有许多词汇列表可供使用(我碰巧知道为 sqlmap 构建的词汇表中有超过一百万个词汇)。

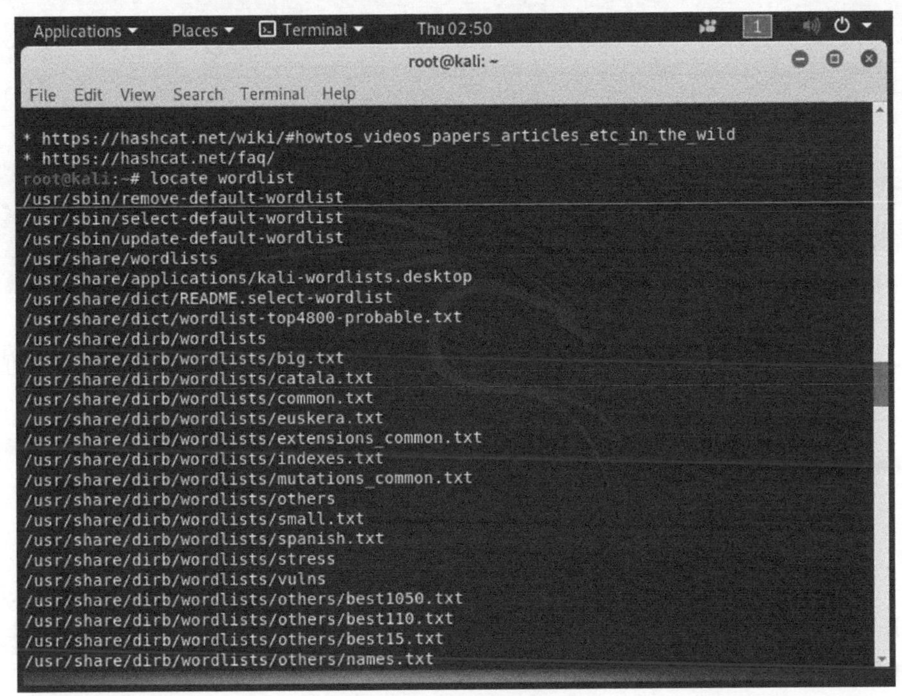

图 14.30 Hashcat 词汇表

选择词汇表后，就可以抓取哈希了。在 Kali Linux 中，它们存储在/etc/shadow 文件中，所以如果输入 tail /etc/shadow，应该会看到如图 14.31 所示的内容(我故意截断了我的哈希——你永远不知道是否有人会花时间对哈希进行逆向)。

```
root@kali:~# tail /etc/shadow
saned:*:17820:0:99999:7:::
avahi:*:17820:0:99999:7:::
pulse:*:17820:0:99999:7:::
dradis:*:17820:0:99999:7:::
king-phisher:*:17820:0:99999:7:::
beef-xss:*:17820:0:99999:7:::
Debian-gdm:*:17820:0:99999:7:::
systemd-coredump:!!:17830::::::
nadean:$6$rR35MVQD$D8ouZRf1RSsRSHceVtodJI6xc.Vk8mvtkXpyZjmcQiiMuL7iQWxV5VPsBmaYDDAR
nt:$6$u3VuhsyC$97mWrGIYhOxlj/MYcPxIGWOIIe.Db0T2mwU.85vEboMkMKq9HaUINWHwZ421gJh1MWDA
```

图 14.31 在 Kali Linux 上收集的哈希

现在我们需要确定使用什么哈希算法。要打开该文件，请输入 more /etc/login.defs。

more 命令允许你逐行向下翻阅此文件。一旦你向下翻阅到 80%~85%，就会看到如图 14.32 所示的内容。

```
# If set to MD5 , MD5-based algorithm will be used for encrypting password
# If set to SHA256, SHA256-based algorithm will be used for encrypting password
# If set to SHA512, SHA512-based algorithm will be used for encrypting password
# If set to DES, DES-based algorithm will be used for encrypting password (default)
# Overrides the MD5_CRYPT_ENAB option
#
# Note: It is recommended to use a value consistent with
# the PAM modules configuration.
#
ENCRYPT_METHOD SHA512

#
# Only used if ENCRYPT_METHOD is set to SHA256 or SHA512.
#
--More--(86%)
```

图 14.32　Kali Linux 使用 SHA512 进行加密

现在可将所有拼图拼凑起来了。使用以下 cp 命令在单独的文件中复制哈希值：

```
cp /etc/shadow hash.lst
```

要确保它有效，请输入以下内容：

```
More hash.lst
```

要准备此文件进行破解，除哈希外的所有内容都需要删除。使用 gedit 或 vim 打开 hash.lst 文件，并删除所有用户名和冒号，也删除结尾的冒号。现在该文件只包含原始哈希本身。

为破解这些哈希，我使用了以下命令：

```
hashcat -m 1800 -a 0 -o success.txt -remove hash.lst
/usr/share/sqlmap/txt/wordlist.txt
```

- -m 1800 表示我正在破解的哈希类型
- -a 0 表示字典攻击
- -o success.txt 是输出文件
- -remove 表示删除破解后的哈希
- hash.lst 是输入文件
- /usr/share/sqlmap/txt/wordlist.txt 是 wordlist 的路径

打开 success.txt 文件。我花了 10 多分钟才得到破解的密码。如果遇到问题，请尝试在最后使用--force 再次运行该命令。如果这不起作用，你可能必须给 Kali Linux 提供更多资源。

我告诉我的学员，如果一开始你没有成功，请再试一次。因为你在试图强制机器以违背初衷的方式运行。我们正在尝试像攻击者一样使用这些机器和漏洞，使用这种思维模式对于保护环境至关重要。即使在非常恶劣的环境中 Kali 也能工作，Kali 的座右铭是“你变得越安静，就越能听到(The quieter you become, the more you are able to hear)”，Kali 旨在尽可能安静，以便可以隐藏其在网络上的存在。本章旨在介绍渗透测试，你所学到的是一个很好的基础。你现在已经可以准备了解更多内容，以充分利用最佳渗透测试框架 Kali Linux 的强大功能。

第15章

CISv7 控制和最佳实践

本章内容：

- CIS 最重要的六个基本控制页

作为一名教育者，我坚信人类必须要知道接受变革的“原因”。我们大多数人都是有好奇心的习惯性生物，除非有足够的动力，否则不会改变。我们大多数人的动机不是出于对某件事的爱就是对它的恐惧。在我们的网络社会中，人们需要知道为什么某些控制是重要的，而且必须从个人层面上理解为什么重要。知道事物和理解它是有很大区别的。作为一名网络安全培训师，我个人的使命是教育公众并以个人的方式理解网络威胁。我相信我们必须把事情往最好的方面想，但要做好应对最坏情况的准备。

在对系统环境和管理流程进行评估和审计时，应确定你所遵循的选项是不是最佳实践，这包括 IT 资产清单、使用的计算机策略以及与使用这些系统的人员的沟通。你还必须评估管理人员是否具有评估这些事项的实践和专业知识，并且可以为用户提供支持和培训。

互联网安全中心(CIS)是一个自我描述的具有前瞻性思维的非营利性实体，致力于保护私人和公共社会免受网络威胁。他们发布的控件是全球标准，是公认的安全最佳实践。随着网络危险不断变化，这些最佳实践也在不断发展。作为一名网络安全专业人士，我经常将这些 CIS 排名前 20 的控制项作为提醒，以尽我所能保护世界。

CIS 排名前 20 的控制项分为三个部分。前六个控制是基本控制项。这六项控制对任何网络防御组织都至关重要。其余控制项分为基础控制项和组织控制项，侧重于技术最佳实践和流程。

15.1 CIS 最重要的六个基本控制项

我建议你去 SANS 网站 www.sans.org 查一下你附近举行的会议。他们经常在晚上向公众免费提供小型会议，通常大约一个小时，由经过认证的 SANS 教员讲授有趣的安全主题。有时，如果运气好，他们会有一个组合，一个晚上最多三到四个。在我参加过的几十场会议中，最引人注目的是几年前 Eric Conrad 在佛罗里达州奥兰多举行的一个会议。谈到六大 CIS 控制时，他说，在他为另一个国家的组织提供咨询时，实施前六大控制措施解决了大约 80%的问题，从而提高了安全性，减少了遭到破坏的可能性。

排名前六的 CISv7 基本控制如下：

- 硬件资产的管理和控制
- 软件资产清单和控制
- 持续漏洞管理
- 特权账户使用控制
- 移动设备、笔记本电脑、工作站和服务器的软硬件安全配置
- 维护、监控、审计日志分析

如果你对过去五年发现的主要漏洞比较了解，并且如果所在的单位订阅并执行了这六个控件，那么大部分漏洞可能带来的问题都可以避免。CISv7 控制具有交叉兼容性，或可能直接映射到其他网络合规性和安全标准，如 NIST 800-53、PCI DSS 和 HIPAA。其他组织可以采用这些建议作为规则，使行为合规。NIST 网络安全框架是企事业单位用于组织和加强其安全状况的另一个工具，它使用 CIS 顶级控制作为其几个最佳实践的基线。让我们更详细地进行分析。

15.1.1 硬件资产管理和控制

我在课堂上最喜欢的一句话是“你不能保护你不知道自己拥有的东西。”这种控制特别提出了需要知道在你的网络环境里都有些什么。必须制定有关维护准确资产清单的策略和流程。它可能相当繁杂，却很关键。如果处理得当，它可以降低损失风险。必须知道网络上都有什么以及这些系统属于谁，并使用该数据来防止任何未

经授权的人访问网络。

创建资产清单是系统和网络管理员的常见任务。开源安全审计工具 Nmap 或 Zenmap 具有运行临时或自动资产清单流程需要的所有必要功能。通过使用操作系统标识(-o)命令开关和详细输出(-v)命令开关简单地扫描网络，可以获得系统及其使用的协议列表。所创建的资产清单提供了对系统、应用程序和协议管理至关重要的信息。清单将不包括诸如系统具有多少内存或有多少处理器之类的信息。此类硬件清单需要通过系统上的 SNMP 代理或系统上运行的脚本来确定。

所有与网络连接的设备有什么共同之处？它们使用称为 IP 地址的逻辑地址相互通信。谁管理 IP 地址？动态主机配置协议(DHCP)管理 IP 地址，DHCP 还会生成日志。对于支持 DHCP 的网络，部署机制专注于将系统清单与配置管理和网络访问控制相结合是双赢的。资产清单管理部分通常基于某种类型的终端管理软件，如 System Center Configuration Manager(SCCM)。SCCM 是一种 Microsoft 系统管理软件产品，用于管理从服务器到工作站到移动设备的大型计算机组。当梳理硬件资产清单的管理策略时，请不要忘记 IoT 设备。

如果是具有 Microsoft 企业协议的 Microsoft 客户，则可能已拥有 SCCM 许可证。SCCM 提供软件分发、操作系统部署和网络访问以及 CIS 控制硬件清单功能。在 SCCM 实施时有几种选择。SCCM 分为数据中心版本和标准版本。两个版本都包含以下工具：

- Configuration Manager——用于管理企业网络中的应用程序和设备的部署。
- Data Protection Manager——用于执行业务连续性和灾难恢复的备份和恢复。
- Endpoint Protection——用于管理反恶意软件和防火墙安全性。
- Operations Manager——用于监视操作系统和虚拟机管理程序的运行状况和性能。
- Orchestrator——用于标准化和自动化流程以提高运营效率。
- Service Manager——用于变更控制和资产生命周期管理。
- Virtual Machine Manager——配置和管理用于创建虚拟机的资源。

15.1.2 软件资产清单和控制

对资产上安装的软件进行清点和控制可将第一个控制项提升到一个新水平。应该能够看到系统上的软件、安装者以及功能。需要此信息是因为需要防止未授权的软件安装在终端上。有些组织认为这是一个非常复杂、高度管理的过程，但有几种方法可以有效地自动完成这个过程。

有许多方法用于实现授权和未授权软件资产管理，这些方法还将改进与网络访问、资产配置和系统管理相关的其他控制的实现。不应为每个用户授予管理员访问权限和安装权限。我曾经工作过的一个组织，其所有员工(包括仓库人员和接待员)都在其计算机上拥有管理权限并且可以下载他们想要的任何应用程序而没有流程保护网络。需要限制谁可以安装软件，也需要限制谁可以安装看似无害的应用程序或包含恶意软件、广告软件和其他无用代码的游戏。

一旦安装权限受到限制，下一步就是创建未授权和授权的应用程序列表，即创建黑名单和白名单。绝不允许在网络上使用在黑名单里的软件，白名单里的软件是组织完成工作所需的软件。这可以首先作为授权软件策略推出，然后进行扫描、删除操作，最后是中心资产清单控制。资产清单管理部分通常基于软件资产管理工具或终端管理服务(如 SCCM)或基于 GPO 和 Windows 上的本地策略控制。

AppLocker 本身就在 Windows 10 和 Server 中，帮助你控制用户可以在其系统上运行的应用程序和文件。AppLocker 可以根据文件属性定义规则，为组或用户分配规则，以及为规则创建例外。它还有助于减少看似复杂的问题，例如对已批准的软件配置进行标准化操作，从而禁止未经许可的软件或某些应用程序运行。

除了AppLocker外，Microsoft还允许基于组策略的白名单用于受支持的Windows版本。除非是Windows的Home版本，否则可以使用secpol.msc在本地编辑这些内容。如果你的组织具有域控制器或组策略对象，则可以通过访问软件限制策略(SRP)来使用相同的过程。对于更多通用工作站，有许多基于客户端的解决方案，包括限制中心控制台软件的防病毒和终端保护套件，如Carbon Blacks Consolidated Endpoint Security。

你可以通过软件资产清单管理收集有关客户端设备上的文件信息。它可以是特定文件、具有特定扩展名的文件或计算机上的所有文件。通过软件清单管理还可以从客户端设备收集文件并将其存储在服务器上。SCCM 是这种成熟过程的一种解决方案，尤其适用于进行硬件资产管理。SCCM 环境中的所有计算机都将安装 SCCM 客户端代理。这使计算机能与 SCCM 服务器通信以接收属于其各自的包(package)。这些包中有可执行文件和要安装的应用程序的命令行代码。然后在分发点上复制这些包，分发点是用于存储特定区域的包内容的服务器。远程计算机可以从分发点本地下载应用程序，而不必一直连接到 SCCM 主服务器。

SCCM 管理员创建已批准部署的软件，通过在最终用户机器上安装的 SCCM 客户端代理，它不断检查新的策略或部署。启用软件资产清单管理后，客户端将进行软件资产清单周期管理。客户端将信息发送到客户端站点中的管理点。然后，管理点将清单信息转发到 SCCM 站点服务器。此信息存储在站点数据库中。在客户端设备上进行软件清单管理时，第一个报告是完整的软件清单。在下一个周期中，报告仅包含更新的软件资产清单信息，为你提供有关该系统内容的最新信息。

15.1.3 持续漏洞管理

今天的组织在不断变化的新型安全信息流中运作：软件更新、补丁和安全咨询。很容易被每天轰炸我们收件箱的大量网络安全威胁通知淹没。能够理解和管理漏洞是一项持续的活动，需要大量的时间和精力来做好这项工作。

评估和修复的很大一部分漏洞与扫描和查找 CIS 控制 1 和 2 中的硬件和软件漏洞有关。如果不主动去扫描漏洞并解决发现的缺陷，组织的计算机系统受到损害的可能性会很高。定期检测和修复漏洞对于一个强大的全面信息安全计划也是至关重要的。根据组织的成熟程度，可以每月或每周扫描一次。我工作过的一些国家级机构每天都会扫描漏洞并进行修复。必须围绕修复创建流程，并确保首先修复存在高危漏洞的关键任务资产。

我推荐的一个 RSS 源是 www.us-cert.gov/ncas/current-activity。美国计算机应急响应小组的这个页面定期更新，包括最频繁和最具影响力的安全事件。另一个网站是 https://nvd.nist.gov/vuln/search。可在这个网站搜索漏洞数据库以查找产品、厂商或特定 CVE。最后，https://cve.mitre.org/是一个非常有价值的资源，它提供了一个条目列表，其中每个条目都包含一个标识号、一个描述以及每个公开的网络安全漏洞的参考。我通常每周去一次这些网站查看有没有新内容。

15.1.4 特权账户使用控制

你是否注意到关键控制是遵循一定的逻辑发展的？随着组织的安全状况逐渐改善，它们会相互叠加。既然已经知道自己拥有什么以及这些机器上有什么，包括漏洞，那么需要控制谁有权访问这些机器。

我最喜欢的渗透测试人员的故事之一是针对一个特定部门发起一场针对性的网络钓鱼活动，其中六个人单击了电子邮件中的链接，这六个人中的两个单击并使用他们的管理员账户进行了登录，然后在 22 秒内泄露了他们账户密码。几小时后，渗透测试人员控制了整个网络。必须控制具有管理权限的用户，甚至是那些管理员如何使用其凭据。当以管理员身份登录时，不应在任何情况下打开你的电子邮件， 那是你的普通用户账户的用途。

两种非常常见的攻击依赖于特权来执行，这也是 CVSS 要实际衡量特权是否是可利用的一个重要原因。第一种类型的攻击类似于我之前描述的那种具有提升账户权限的用户打开恶意附件；另一种是破解管理员密码的特权提升。如果密码策略较弱或未强制执行，则风险会呈指数级增长。

需要和管理层进行充分沟通并得到他们的帮助来创建一个健壮的安全态势。限制管理员权限，让你的 IT 管理员列出他们每天执行的任务，并检查需要管理凭据的任务。为所有用户都可以执行的正常任务创建一个账户，并仅在必要时使用管理员账户。如果有高管坚持要求获得管理员权限，请提醒他们，他们将是黑客的攻击目标。

Microsoft 提供了有关实现最低权限的指导。对于 Linux，每个系统管理员都应该有一个单独的账户，并通过禁用 su 来强制使用 sudo。还应该更改环境中所有资产的所有默认密码，并确保每个密码尽可能健壮。如果管理员输错了密码，请使用多重身份验证并配置系统以发出警告。

我个人使用的最安全管理员密码是在军事网络中。我的密码至少是 16 个字符，包含大写、小写、特殊字符，并且在 Meriam Webster 的字典中无法查到相同内容。我还有一个错误输入密码的锁定策略。我每天多次登录 40~80 台机器。如果我把自己锁在外边无法登录，那么剩下的时间我基本上会陷入困境，因为我不得不给 IT 管理员打电话让他们重置密码，这可能需要几个小时。对于一般组织来说，这可能有点极端，但基本原理是相同的。通过使用可靠的密码、有限的权限账户和锁定策略，攻击者更难破坏你的账户或窃取重要数据。

15.1.5 移动设备、笔记本电脑、工作站和服务器的软硬件安全配置

如果曾经打开过一台新的笔记本电脑，它的操作系统是全新的，那么必须知道你正在使用的默认配置是非常脆弱的。开放的端口、正在运行的服务和为方便使用和部署而预先安装的默认账户，这些都是可被利用的。对于预安装 Windows 的机器，开箱加电后应立即执行一些操作。

在实验 15.1 中，将对一台 Windows 机器进行安全加固。

实验 15.1：加固和配置 Windows 工作站

(1) 启用系统保护并创建还原点。当系统一切正常和干净时，需要一个系统还原点，这样如果意外安装了一个不需要的软件，可以快速地进行恢复。如图 15.1 所示，搜索 restore。

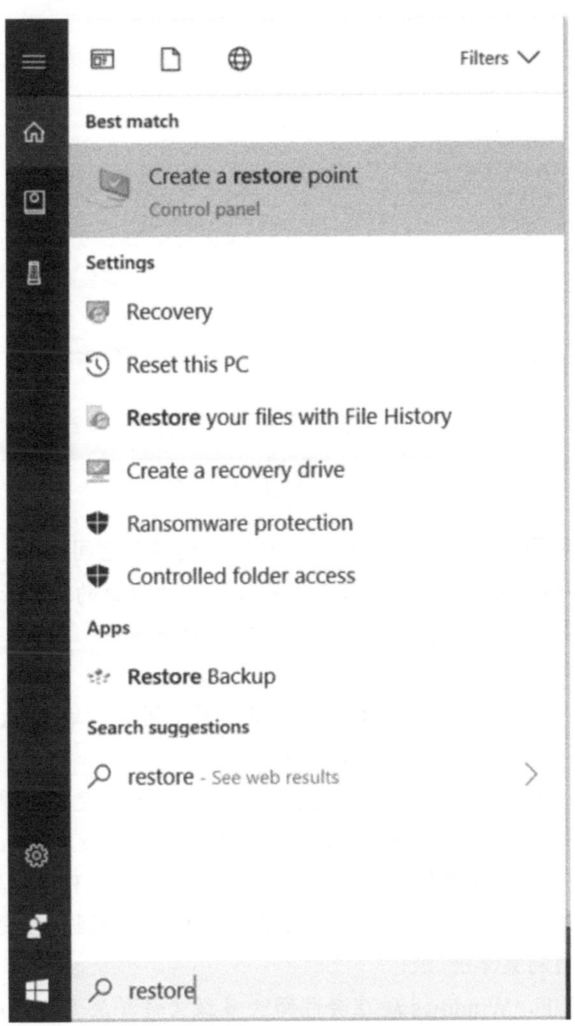

图 15.1　在 Windows 上创建一个还原点

(2) 打开 Create A Restore point 菜单项。将打开 System Properties 对话框，显示系统保护的所有选项，如图 15.2 所示。单击右下角的 Configure 按钮。

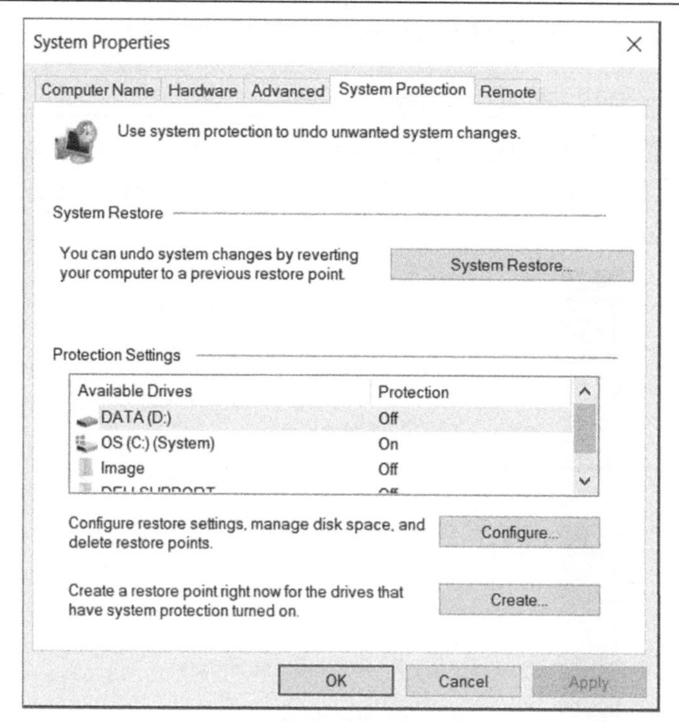

图 15.2 配置系统保护

(3) 打开系统保护并调整用于系统保护的最大磁盘空间。该文件是 FIFO(先进先出)。当空间用完时，旧的还原点将被删除，以便为新的还原点腾出空间。

如果曾经有受感染的硬盘，应删除已被破坏的还原点；否则，可能最终会重新感染你的系统。

(4) 为磁盘空间还原点分配大约 3%的驱动器空间后，单击 Apply 按钮。返回 System Properties 页面时，单击 Create 按钮。

(5) 为还原点命名，然后单击 Create 按钮。如果事情变得严重并且需要从其中一个点还原，则可单击 System Protection 选项卡上的 System Restore 按钮。如果无法启动到 Windows 菜单，则可在启动期间按 F1、F8 或 Shift + F8 键以进入在大多数计算机上适用的紧急菜单。如果 F8 不能正常工作，可在互联网上搜索笔记本电脑的品牌和型号来查找启动菜单选项。

(6) 默认情况下，Windows 现在会隐藏大多数文件扩展名，因此当浏览文件时，无法轻松查看它们的文件类型。例如，你的简历将显示为 myresume 而非 myresume.docx。默认情况下，Microsoft 在过去几个版本的操作系统中禁用了扩展，这是为了简化用户的文件系统。

为了保护你自己，Microsoft 默认还会隐藏某些操作系统文件。但是，如果需要查找这些文件或编辑它们以排除故障，该怎么办？可导航到 Control Panel。

(7) 打开 Control Panel 后，在 View by 旁边的右上角选择 Large icons。可看到 File Explorer Options，如图 15.3 所示。

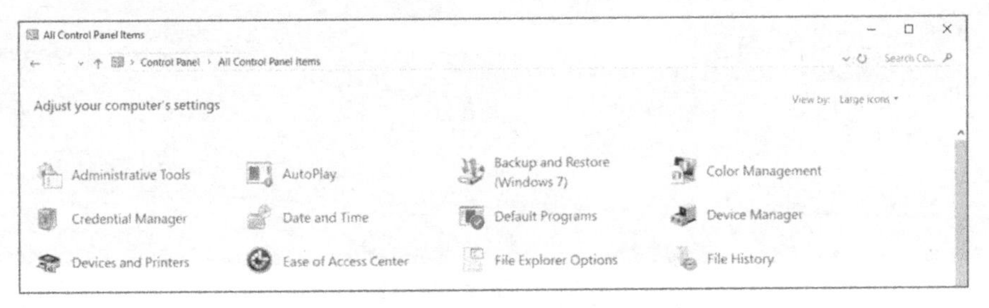

图 15.3　配置文件资源管理器选项

(8) 在 General 选项卡上进行更改以适合你的工作流程。打开 View 选项卡并查看设置。如果看一下图 15.4，你会注意到我对机器进行了一些更改。我喜欢看到文件结构的完整路径，也喜欢显示隐藏的文件和文件夹以及取消隐藏空驱动器和扩展。应该做出有关取消隐藏受保护的操作系统文件的决定。建议使用完毕后隐藏它们。

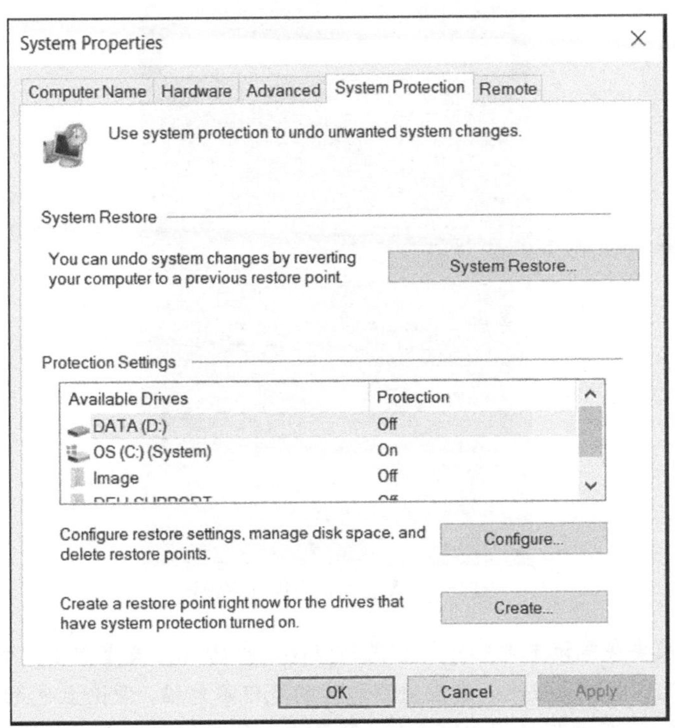

图 15.4　配置文件属性

(9) 按照所需方式显示文件后，打开设置。在 Start 菜单中输入 settings，打开系统设置，如图 15.5 所示。

图 15.5　配置系统属性

(10) 可通过多种方式自定义系统属性。搜索 default，如图 15.6 所示，以显示自定义应用程序设置的选项，例如你希望哪个邮件客户端或浏览器成为默认设置,也可以更改默认情况下文档的保存位置。

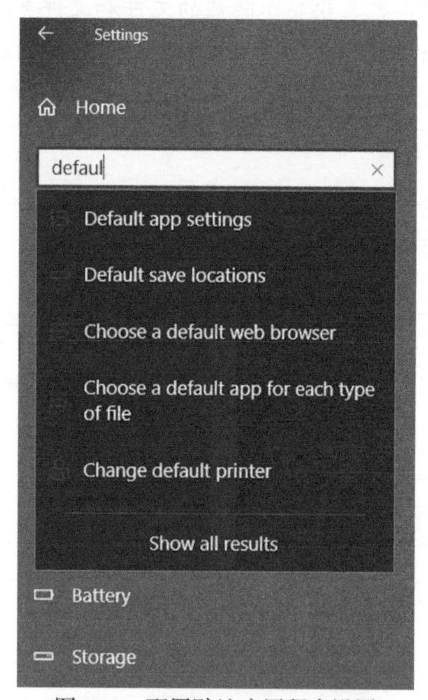

图 15.6　配置默认应用程序设置

(11) 如果要在笔记本电脑中保留关键信息，加密就至关重要了。有些情况下可能会丢失笔记本电脑。即使小偷设法窃取你的笔记本电脑，理论上也无法读取数据。大多数 Windows 用户可使用 BitLocker 等简单工具来加密数据。在搜索菜单中，查找 BitLocker 并将其打开。

(12) 在搜索菜单中查找 Windows Defender，查看机器的设置。如图 15.7 所示，你可能需要为系统启用保护。

图 15.7　开启 Windows Defender

(13) 现在已经设置好防病毒功能和防火墙，如果使用的是 Chrome 浏览器，则有一些功能可以检查恶意软件。打开 Chrome 浏览器。输入 URL chrome://settings/，如图 15.8 所示。滚动到页面底部，然后单击中间的 Advanced 按钮。这将打开浏览器中提供的高级功能。再次滚动到页面底部，将看到 Clean up computer 选项。单击 Checking for harmful software 按钮，这将需要几分钟时间才能运行。

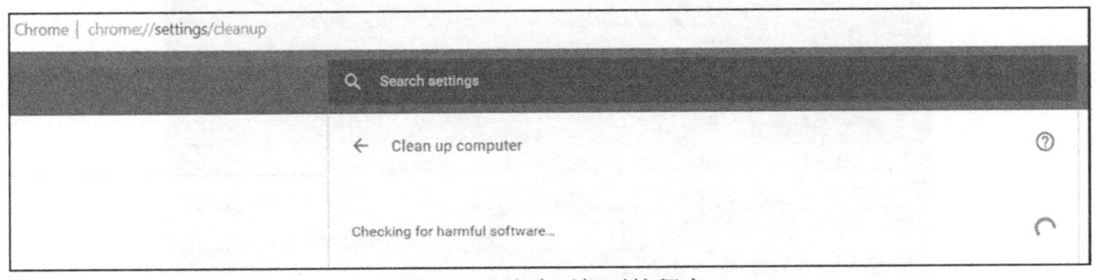

图 15.8　移除不想要的程序

(14) 当浏览网页时，有人可能会跟踪你的上网行为，营销人员会根据你的兴趣创建个人资料库，并为你提供相关的广告信息。让别人观察你在网上做什么并非是一件好事。要禁用广告 ID，请搜索 privacy 并转到 System Settings 下的 Privacy Settings。转到 General | Change Privacy Options 并关闭第一个选项以禁用基于兴趣的

广告。

禁用基于兴趣的广告后，营销人员将无法跟踪你的上网行为。你可能仍会看到广告，但它们是通用广告。

(15) Windows 可以跟踪你的位置，这对很多人都有帮助。它可以帮助你找到最近的餐馆，并获得有关当地天气的最新信息。但是，如果安全是你的首要任务，就需要阻止 Windows 跟踪你的位置，如图 15.9 所示。转到隐私设置中的 Location 部分，然后禁用位置服务选项。

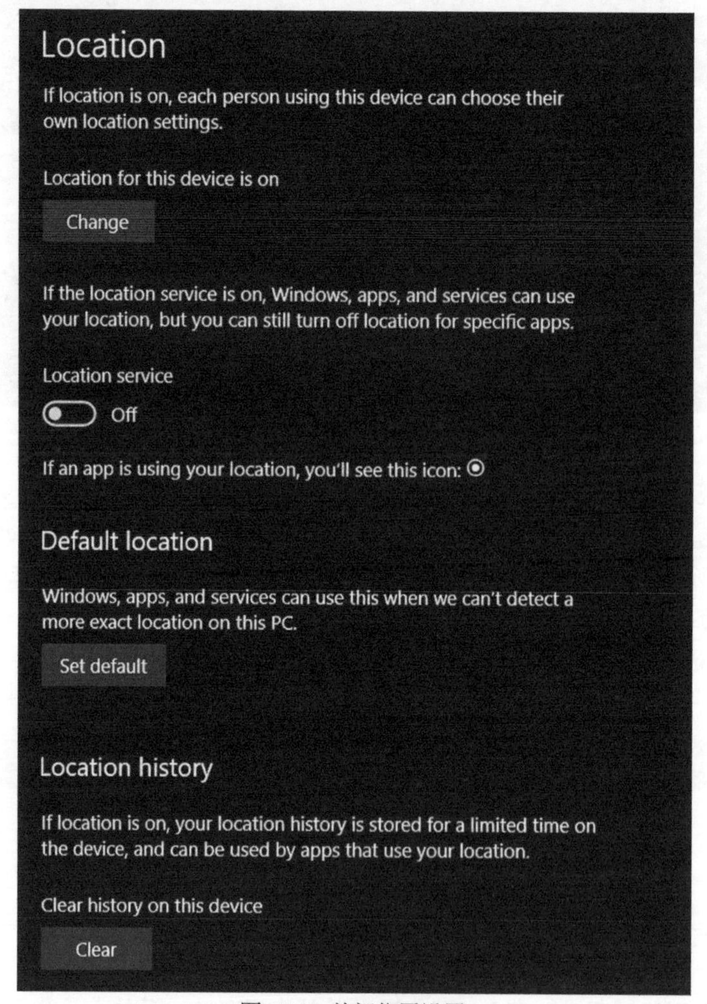

图 15.9　关闭位置设置

(16) 如果希望特定应用程序使用位置服务，请保留位置设置并向下滚动 Location 页面，直到你看到要使用位置服务的应用程序列表。这些应用程序可以单独打开或关闭。禁用此功能后，Windows 将保留过去的位置历史记录，直到将其删除为止。要删除过去的位置记录，请单击位置记录的 Clear 按钮以删除所有已保存的位置。

15.1.6　维护、监控、审计日志分析

如果没有适当的日志记录，攻击者的活动可能会被忽视，而且证据可能是不确定的。定期收集日志对于了解调查期间的安全事件至关重要。日志对基线、趋势分析和技术支持都很有用。日志事件至少应包括以下内容：

- 操作系统事件
    - 启动/关闭系统
    - 启动/关闭服务
    - 网络连接更改或失败
    - 对系统安全设置和控件的更改或尝试更改
- 操作系统审核日志
    - 登录尝试(成功或不成功)
    - 执行的功能
    - 账户更改，包括创建和删除
    - 使用特权账户(成功/失败)
- 应用账户信息
    - 应用验证尝试(成功/失败)
    - 使用应用特权
- 应用操作
    - 应用启动/关闭
    - 应用故障
    - 主要应用配置更改

我最喜欢的日志记录资源之一是一个名为 Malware Archaeology 的网站。

```
https://www.malwarearchaeology.com/cheat-sheets/
```

正如你在图 15.10 中看到的，它具有各种日志记录功能。

Cheat Sheets to help you in configuring your systems:

· The Windows Logging Cheat Sheet	Updated Mar 2018
· The Windows Advanced Logging Cheat Sheet	Updated Mar 2018
· The Windows HUMIO Logging Cheat Sheet	Released June 2018
· The Windows Splunk Logging Cheat Sheet	Updated Mar 2018
· The Windows File Auditing Logging Cheat Sheet	Updated Nov 2017
· The Windows Registry Auditing Logging Cheat Sheet	Updated Oct 2018
· The Windows PowerShell Logging Cheat Sheet	Updated Sept 2018
The Windows Sysmon Logging Cheat Sheet	Coming soon

MITRE ATT&CK Cheat Sheets

· The Windows ATT&CK Logging Cheat Sheet	Released Sept 2018
· The Windows LOG-MD ATT&CK Cheat Sheet	Released Sept 2018

图 15.10　日志备忘表单

在围绕六个基本 CIS 控件奠定了坚实基础后，就可添加基础和组织控件了。在图 15.11 中，将看到网络安全专业人员为保护组织和用户安全而使用的深度防御的后续层。

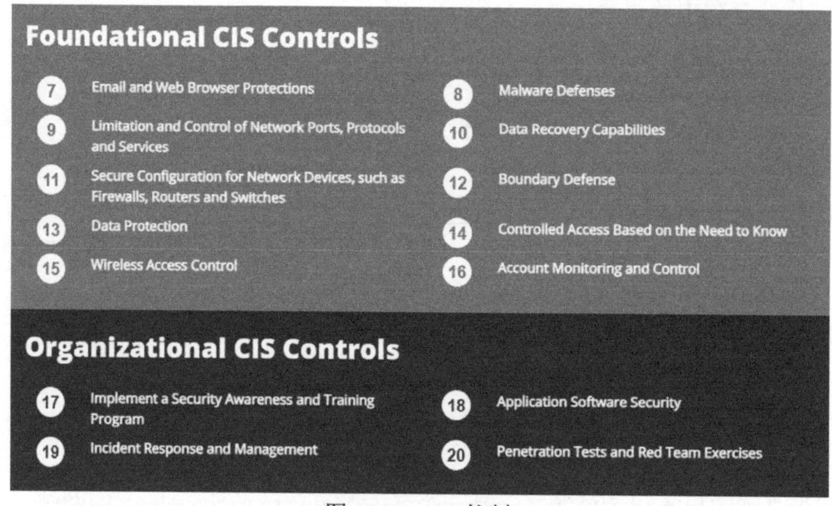

图 15.11　CIS 控制

15.2　结语

当我的丈夫建议我写一本我想读的书时，我决定写一本我开始从事 IT 行业时想阅读的书。我的职业生涯在做和教之间反复，我喜欢我的定位。作为一名技术教育工作者这不仅是我的工作，还是我的热情倾注之处。我试着为学生提供他们选择成功所需的工具和知识。

过去六个月的写作之旅促使我把我所知道的东西写在纸上，并讲述我如何利用这些知识让世界变得更安全。正如 Ryan 在前言中所说，在网络安全领域，我们不断受到新产品、新工具和新攻击技术的轰炸。我们每天都会在多个方面采取措施确保安全。希望我已经为你提供了获得成功所需的工具。

现在怎么办？继续，继续学习和扩展你的武器库。我们的行业在不断发展，你不得不跟上发展的步伐，甚至成为领导者。请分享你的知识。记住，当了解更多时，你会发现还有更多东西需要去探索，如果理解得足够好，可以简单地解释它。